高等学校电子与电气工程及自动化专业系列教材

自动控制原理实验教程

主　编　邵桂荣

副主编　周　玲　黄　晶　席晓晶　刘春艳

西安电子科技大学出版社

内 容 简 介

本书共分9章，分别为控制系统的基本概念及仿真、控制系统的数学模型、控制系统的时域分析法、控制系统的根轨迹法、控制系统的频率特性法、控制系统的校正、控制系统的PID设计、离散控制系统的分析和综合及控制系统的综合设计。本书第1～8章均包含基础知识和实验项目两个部分，这样一方面可以通过理论知识指导实验，另一方面可通过实验加深对理论知识的理解。第9章给出了5个控制系统的综合设计，旨在通过这些设计实例，提高学生的综合素质和实践能力，为后续从事相关领域的工作打下坚实的理论和实践基础。

本书可作为高等学校电气类、自动化类、电子信息类、仪器类、能源动力类、机械类等专业自动控制原理课程的实验教材，也可供自学自动控原理课程的科技人员或工程技术人员学习和参考。

图书在版编目（CIP）数据

自动控制原理实验教程 / 邵桂荣主编. -- 西安 ：西安电子科技大学出版社，2024. 8. -- ISBN 978-7-5606-7438-4

Ⅰ. TP13-33

中国国家版本馆 CIP 数据核字第 202418YT30 号

策　　划　曹　攀
责任编辑　曹　攀
出版发行　西安电子科技大学出版社（西安市太白南路2号）
电　　话　(029) 88202421　88201467　　邮　　编　710071
网　　址　www.xduph.com　　电子邮箱　xdupfxb001@163.com
经　　销　新华书店
印刷单位　广东虎彩云印刷有限公司
版　　次　2024年8月第1版　　2024年8月第1次印刷
开　　本　787毫米×1092毫米　1/16　　印张　12.75
字　　数　301千字
定　　价　39.00元
ISBN 978-7-5606-7438-4
XDUP 7739001-1

前言

Preface

自动控制原理是一门集理论、实践为一体的课程。实践教学旨在加强学生对理论知识的理解及应用，提高学生的问题分析能力、工程应用能力和创新能力，有助于培养工程应用型人才。因此，实践教学是自动控制原理课程教学不可或缺的组成部分。

本书是根据自动控制原理课程的基本内容和教学要求编写的，共分 9 章，主要内容如下：

第 1 章为控制系统的基本概念及仿真，主要介绍自动控制基本概念、MATLAB/Simulink 的基本操作实践。

第 2 章为控制系统的数学模型，主要介绍数学模型基础知识、连续系统数学模型的 MATLAB 实现、典型环节模拟电路设计及动态特性测试。

第 3 章为控制系统的时域分析法，主要介绍时域分析法基础知识、连续系统时域分析的 MATLAB 实现、二阶系统模拟电路设计及动态特性测试、三阶系统模拟电路设计及稳定性测试、二阶系统稳态误差测试。

第 4 章为控制系统的根轨迹法，主要介绍根轨迹法基础知识、连续系统根轨迹分析的 MATLAB 实现。

第 5 章为控制系统的频率特性法，主要介绍频率特性法基础知识、连续系统频域分析的 MATLAB 实现、典型环节频率特性测试、线性系统频率特性测试。

第 6 章为控制系统的校正，主要介绍校正的基础知识、连续系统时域法校正的 MATLAB 实现、连续系统频域法校正的 MATLAB 实现、串联校正模拟电路设计及动态特性测试。

第 7 章为控制系统的 PID 设计，主要介绍 PID 控制规律基础知识、连续系统 PID 校正的 MATLAB 实现、PID 控制器模拟电路设计及频率特性测试、基于 SISO Tool 的 PID 控制器设计。

第 8 章为离散控制系统的分析和综合，主要介绍离散控制系统的基础知识、离散控制系统分析的 MATLAB 实现。

第 9 章为控制系统的综合设计，主要介绍无刷直流电机的数学建模及性能分析、无刷直流电机双闭环调速系统的建模与仿真、无刷直流电机转速控制系统的设计、风力摆控制系统的设计、二阶系统时域分析的 GUI 设计。

本书具有以下特色：

(1) 软件仿真与硬件模拟相结合。软件仿真利用 MATLAB 工具，通过建立数学模型和编写相应程序，对控制系统进行分析和校正。硬件模拟采用电阻、电容、运放等构成典型控制系统，通过调节元件参数，利用示波器、波特仪等仪表观察系统的输出，可用 Multisim 软件模拟，也可在实验箱上连接硬件电路实现。

(2) 内容全面。每个实验均包括实验目的、实验预习、实验内容、实验思考题、实验报告。MATLAB 实验中还提供了相关函数的功能及调用方法，以加深学生对知识的理解，提高学生分析问题和解决问题的能力。

(3) 凸显课程思政。课程思政是实现非技术方面综合能力培养的一种有效途径。本书从自动控制原理实验涉及的知识点出发，围绕哲学思想、工匠精神、爱国精神、创新精神、团队合作精神、职业素养等，挖掘思政元素，提炼价值目标，实现知识传授、价值引领和能力培养的协同育人。

本书由运城学院邵桂荣担任主编并统稿、审定，由周玲、黄晶、席晓晶、刘春艳担任副主编。本书的编写得到了马紫微、孙慧霞、崔建利、李牡丹等多位老师的支持和帮助，书中部分图表由武怡晶、王佳柔、党蓓蓓、董宇、郝瑞敏等绘制完成，在此向他们深表谢意。在本书的编写过程中，编者参考或引用了参考文献中的有关内容，在此向其作者表示由衷的谢意。本书的编写得到了运城学院教材建设的资助，在此表示感谢。

由于编者水平有限，书中难免有不足之处，恳请读者批评指正并提出宝贵意见。编者 E-mail：shaoguirong@sina.com。

编　者

2024 年 4 月

目　录

CONTENTS

第1章

控制系统的基本概念及仿真

1.1 基础知识

自动控制理论是研究自动控制问题共同规律的一门技术科学，是自动控制技术的基础理论。

1.1.1 开环控制系统与闭环控制系统

常见的控制系统包括开环控制系统、闭环控制系统及复合控制系统。

开环控制系统只有输入量对输出量的控制，输出量对系统没有控制作用。

闭环控制系统又称负反馈控制系统，该系统检测输出量并经过物理量转换，将其反馈到输入端与给定值进行比较，利用比较后的偏差，以一定的控制规律产生控制作用，以抑制内部或外部扰动对输出量的影响，达到逐步减小以至消除这一偏差的目的。相比开环控制系统，闭环控制系统对参数变化不敏感、抑制扰动能力强，但系统结构较复杂。

复合控制系统是由开环控制和闭环控制组成的混合控制系统，兼有开环控制系统和闭环控制系统的特点。

1.1.2 自动控制系统的组成和分类

一个完善的自动控制系统通常由给定元件、测量反馈元件、比较元件、放大元件、校正元件、执行元件及被控对象等组成，通常把除被控对象以外的所有元件合在一起，称为控制器。

自动控制系统的种类很多，其结构、功能乃至控制任务也各不相同，因而有多种分类方法，常见的有以下 4 种分类方法。

(1) 按输入信号的特点分为恒值控制系统、程序控制系统、随动控制系统。

(2) 按描述系统的动态方程分为线性控制系统和非线性控制系统。

(3) 按系统的参数是否随时间变化分为定常控制系统和时变控制系统。

(4) 按信号的传递是否连续分为连续控制系统和离散控制系统。

工程上常常从稳、快、准三个方面来评价自动控制系统的总体精度。稳是指控制系统的稳定性和平稳性。稳定性指系统重新恢复平衡状态的能力，是自动控制系统正常工作的先决条件；平稳性指系统在过渡过程振荡的振幅与频率，即被控量围绕给定值摆动的幅度和摆动的次数。快是指控制系统的快速性。快速性指系统在过渡过程持续时间的长短，是衡量系统动态性能的重要指标。准是指控制系统的准确性。准确性是系统在过渡过程结束达到稳态时，被控量与给定值之间的偏差。

1.1.3 控制系统的仿真

随着计算机技术的发展，仿真技术在科学研究中发挥着越来越重要的作用。控制系统仿真基于仿真软件的计算、绘图功能进行分析和设计，是控制理论与控制工程领域发展研究的一个重要分支。

MATLAB 软件提供了许多专用的工具箱，如控制系统工具箱(Control System Toolbox)、模糊逻辑工具箱(Fuzzy Logical Toolbox)、系统辨识工具箱(System Identification Toolbox)、鲁棒控制工具箱(Robust Control Toolbox)等。

Simulink 是 MATLAB 提供的动态仿真集成环境，为用户提供了用图形模块搭建系统动态模型的平台。利用 Simulink，用户可以把更多的精力投入系统模型的构建，而非语言编程中。Simulink 提供了一些按功能分类的模块，用户只需要知道这些模块的输入、输出及模块的功能，而不必研究模块内部是如何实现的。通过对这些基本模块的调用，再将它们连接起来就可以构成所需要的系统模型(以.mdl 文件进行存取)，然后进行仿真分析与设计。

思政元素

自动控制系统是被控对象和自动控制装置按一定方式连接起来，以完成某种自动控制任务的有机整体。古代中国人民在长期的社会实践中逐渐形成了把事物诸因素联系起来作为一个整体或系统来进行分析和综合的思想。随着系统思想的产生，系统概念和处理问题的系统方法逐渐形成。许多古籍，如《孙子兵法》《皇帝内径》《易经》《老子》等，都有不少应用系统思想观察和认识事物以及解决实际问题的生动事例。中国古代思想家的系统思想表现在治学和社会实践的许多方面，尤其在朴素的宇宙观、中医学说、军事理论、农业生产和大型工程实践中尤为突出。当代大学生应理解系统论思想，逐渐形成系统概念和处理问题的系统方法，增强大局观念。

教学过程可以看作一个闭环反馈控制系统，其中学生为被控对象，学生的实际学习水平为被控量，教学大纲要求为给定值。当学生有关于学习方面的困惑时，可以通过作业及教师答疑进行反馈，教师根据实际情况及时调整教学方式或教学进度，帮助学生解决问题。通过教学过程的闭环反馈，大学生可以更加明确自己的学习方向，找到正确的学习方法，形成良好的学习习惯，养成独立思考和自主分析的能力。

中国古代有很多发明，如铜壶滴漏、候风地动仪、春秋战国时代的指南车以及苏颂和韩公廉发明的水运仪象台，这些都是早期的控制装置，是人类智慧的杰作。当代大学生应多了解我国古代能工巧匠的发明，努力学好专业知识，提高学习积极性和学习兴趣，同时应与时俱进，投入先进技术和工艺的研发，为中华民族的伟大复兴努力奋斗，增强文化自信。

钱学森是当代中国自动化控制之父，中国航天之父。其代表作《工程控制论》是中国第一本介绍自动控制的书籍。该书从技术科学的角度，对各种工程技术系统的自动控制理论作了全面研究，奠定了工程控制论的基础。钱学森的一生是辉煌的，作为爱国者，他克服重重阻力回到祖国。作为科学家，他在中华人民共和国"一穷二白"的条件下，为中国科学技术的发展做出了重大的贡献。当代大学生是中华民族未来的希望，应将钱学森先生作为榜样，以国家核心利益为重，用爱国主义精神激励和鞭策自己，全身心投入祖国的建设中，把爱国之情转化为爱国之行，做坚定的爱国者。

1.2 实验项目

1.2.1 MATLAB基本操作实践

1. 实验目的

(1) 了解MATLAB语言的主要特点。

(2) 熟悉MATLAB主界面，初步掌握MATLAB的基本操作方法。

(3) 掌握MATLAB中基本绘图、多项式计算及流程控制的程序编写。

2. 实验涉及的MATLAB函数

1) plot函数

功能：绘制二维平面上的线性坐标曲线图。

调用格式：

```
plot(x, y)                 % 绘制以x为横轴、y为纵轴的线性图形
plot(xl, yl, x2, y2, …)    % 在同一坐标系上绘制多条曲线
```

2) plotyy函数

功能：绘制双 y 轴图形。

调用格式：

```
plotyy (t, yl, t, y2)    % 绘制三维图形
```

3) subplot函数

功能：在同一个图形窗口里同时显示多幅独立的子图，即对图形窗口进行的分割。

调用格式：

```
subplot(m, n, i)    %在同一图形界面上产生一个m行n列的子图轴系，在第i个子图
                    %位置上作图
```

4) figure函数

功能：创建绘图窗口。

调用格式：

```
figure(N)    % 创建绘图窗口，N为所创建绘图窗口序号
```

5) title 函数

功能:在图形的上方标注图名。

调用格式:

```
title('string')        %在图形的上方标注由字符串表示的图名，其中 string 的内容可以是中文或
                       %英文
```

6) text 函数

功能:在当前坐标系中建立文本对象。

调用格式:

```
text(x, y, 'string')     % 在图形的(x, y)点上放置指定的字符串
```

7) xlabel 函数

功能：在横坐标的下方标注说明。

调用格式：

```
xlabel('string')     % 在横坐标的下方标注字符串说明，其中 string 的内容可以是中文或英文
```

8) ylabel 函数

功能：在纵坐标的左侧标注说明。

调用格式：

```
ylabel('string')       % 在纵坐标的左侧标注字符串说明，其中 string 的内容可以是中文或英文
```

9) legend 函数

功能：给图表加图例。

调用格式：

```
legend('string1', 'string2', … )    % 在图形指定位置(缺省时为右上角)加图例
```

10) hold on/hold off 函数

功能：当前曲线与坐标轴不被刷新或不再具备不被刷新功能。

调用格式：

```
hold on      % 使当前曲线与坐标轴具备不被刷新的功能
hold off     % 使当前曲线与坐标轴不再具备不被刷新的功能
```

说明：当前曲线与坐标轴不被刷新是指，再次使用 plot 函数时，在此之前所绘制的曲线及相应坐标轴特性保持不变。

11) conv 函数

功能：求多项式的积。

调用格式：

```
p=conv(p1, p2)      % p 为多项式 p1 和多项式 p2 的积
```

12) roots 函数

功能：求多项式的根。

调用格式：

```
r=roots(p)       % r 为多项式 p 的根
```

3. 实验预习

(1) 明确本次实验目的，掌握实验方法。

(2) 熟悉与本实验相关的 MATLAB 函数的功能及调用格式。

(3) 读懂实验内容有关例题程序，预先编写实验程序。

4. 实验内容

1) 图形绘制

例 1.1　在同一张图上绘制 $y=\sin x$ 和 $y=\cos x$ 曲线，加标题、图例及坐标。

解　MATLAB 程序：

```
x=0：0.1：2*pi;
y1=sin(x)；
y2=cos(x)；
figure(1)
plot(x，y1，'k'，x，y2，'k.')
legend('y=sinx'，'y=cosx')
title('y=sinx 和 y=cosx 曲线')
xlabel('x')，ylabel('y')
```

运行结果如图 1.1 所示。

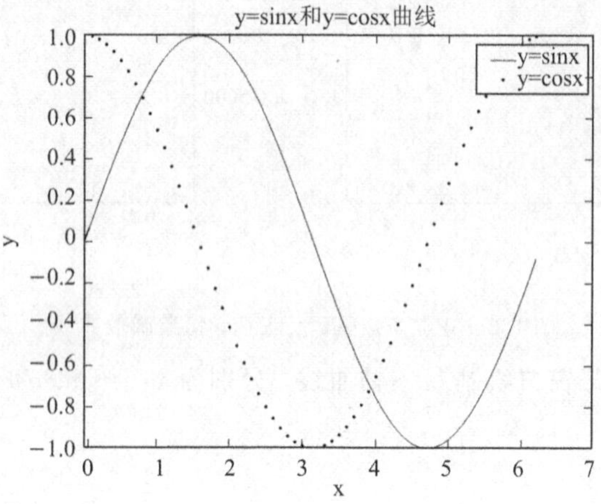

图 1.1　$y=\sin x$ 和 $y=\cos x$ 曲线

例 1.2　将图形窗口分割成 2×2 的窗格，在每个窗格中分别绘制正弦、余弦、反正切、指数函数曲线。

解　MATLAB 程序：

```
x=0：0.01：3*pi;
y1=sin(x)；
y2=cos(x)；
y3=atan(x)；
y4=exp(x)；
subplot(2，2，1)，plot(x，y1，'k')，title('正弦函数曲线')，xlabel('x')，ylabel('y')
subplot(2，2，2)，plot(x，y2，'k')，title('余弦函数曲线')，xlabel('x')，ylabel('y')
subplot(2，2，3)，plot(x，y3，'k')，title('反正切函数曲线')，xlabel('x')，ylabel('y')
```

```
subplot(2, 2, 4), plot(x, y4, 'k'), title('指数函数曲线'), xlabel('x'), ylabel('y')
```

运行结果如图 1.2 所示。

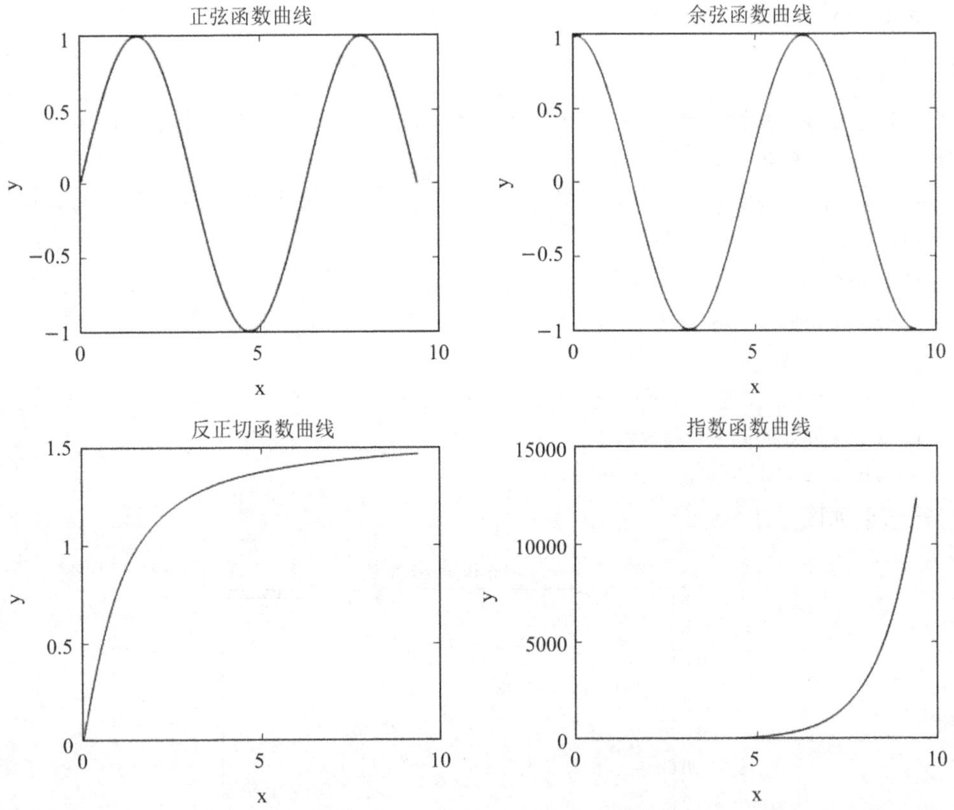

图 1.2 正弦、余弦、反正切、指数函数曲线

例 1.3 在同一图形窗口绘制双 y 轴曲线，分别为 $y_1=\sin x$ 和 $y_2=2\cos x$ 函数，并对图形进行标注。

解 MATLAB 程序：

```
x=-pi: pi/20: pi;
y1=sin(x);
y2=2 * cos(x);
plotyy(x, y1, x, y2);
title('双 y 轴正余弦曲线')
text(0, 0, '\leftarrowsinx')
text(pi/2, 0, '\leftarrow2cosx')
xlabel('x'), ylabel('sinx')
yyaxis right
ylabel('cosx')
ylin([-2 2])
```

运行结果如图 1.3 所示。

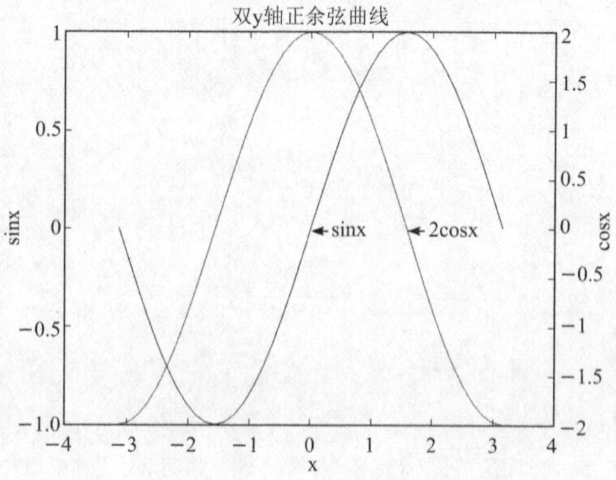

图 1.3　双 y 轴正余弦曲线图

2）多项式的表示及其运算

例 1.4　表示多项式 $p(x)=5x^3+3x^2+4x+1$。

解　MATLAB 程序：

```
p=[5 3 4 1]
```

运行结果：

```
p=
    5    3    4    1
```

例 1.5　求多项式 $p_1(x)=2x^2+6x+9$ 与 $p_2(x)=4x^2+7x+6$ 的积。

解　MATLAB 程序：

```
p1=[2 6 9];
p2=[4 7 6];
r=conv(p1, p2)
```

运行结果：

```
r=
    8    38    90    99    54
```

例 1.6　求多项式 $p(x)=2x^2+6x+9$ 的根。

解　MATLAB 程序：

```
p=[2 6 9];
a=roots(p)
```

运行结果：

```
a=
   -1.5000 + 1.5000i
   -1.5000 - 1.5000i
```

3）程序流程控制

例 1.7　求 1＋2＋3＋…＋100，分别利用 for 循环结构和 while 循环结构实现。

解 (1)for 循环。

MATLAB 程序：

```
s=0;
for i=1:100
s=s+i;
end
```

运行结果：

```
s=
    5050
```

(2) while 循环。

MATLAB 程序：

```
s=0; i=1;
while(i<=100)
s=s+i;
i=i+1;
end
```

运行结果：

```
s=
   5050
```

5. 实验思考题

(1) MATLAB 语言与其他计算机语言相比，有何特点？

(2) MATLAB 的工作环境主要包括几个窗口？这些窗口的主要功能是什么？

6. 实验报告

(1) 列写已调试通过的实验程序。

(2) 分析实验内容中各条语句的功能。

(3) 完成实验思考题，打印实验程序及运行结果。

1.2.2 Simulink 基本操作实践

1. 实验目的

(1) 熟悉 Simulink 界面和基本操作。

(2) 熟悉 Simulink 模块库及常用模块的功能。

(3) 掌握 Simulink 仿真参数设置的方法。

2. 实验预习

(1) 明确本次实验目的，掌握实验方法。

(2) 熟悉 Simulink 的基本操作，预先建立模型。

3. 实验内容

Simulink 是 MATLAB 的工具箱之一，主要功能是实现动态系统的建模、仿真与分析，它为用户提供了用图形模块搭建系统动态模型的平台。

1) Simulink 的启动

单击 MATLAB 工具栏的 Simulink 选项，如图 1.4 所示，弹出 Simulink Start Page 窗口，如图 1.5 所示。

图 1.4　MATLAB 工具栏

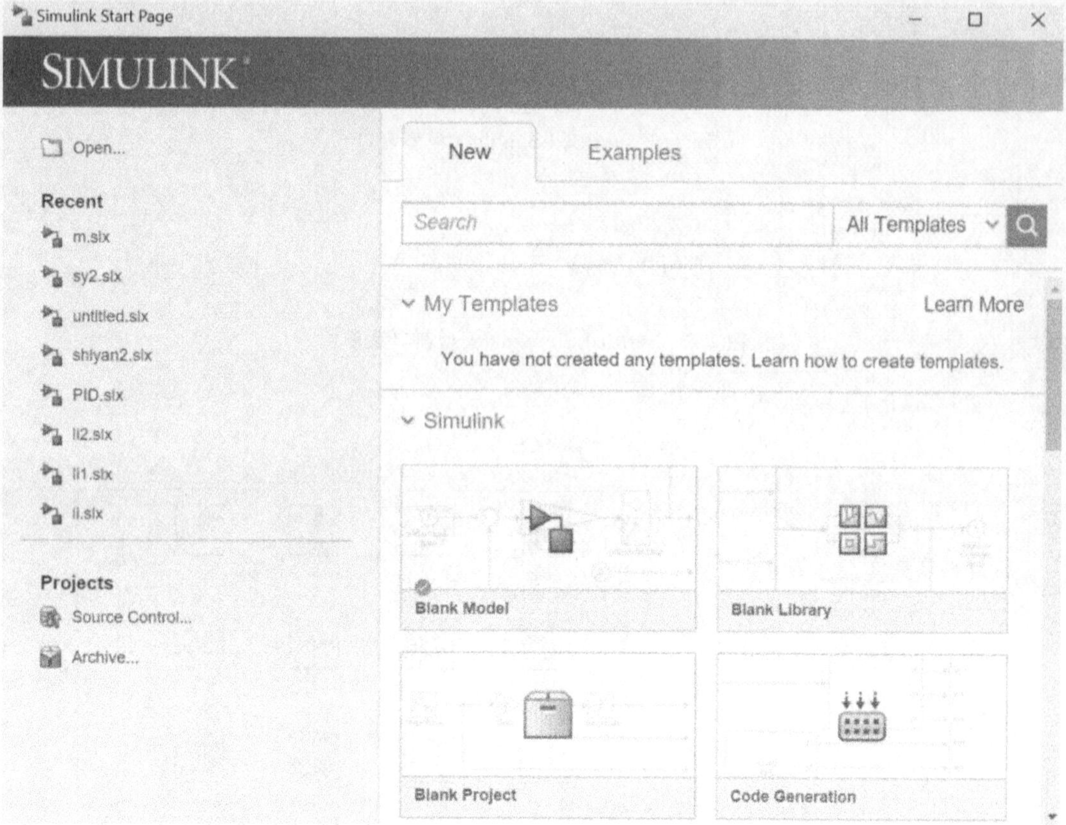

图 1.5　Simulink Start Page 窗口

2) Simulink 模型的新建

单击 Simulink Start Page 窗口中的 Blank Model 图标，弹出 untitled-Simulink 模型窗口，如图 1.6 所示。

单击 untitled-Simulink 模型窗口菜单栏的 Library Browser 选项，如图 1.7 所示，弹出 Simulink Library Browser 窗口，如图 1.8 所示。

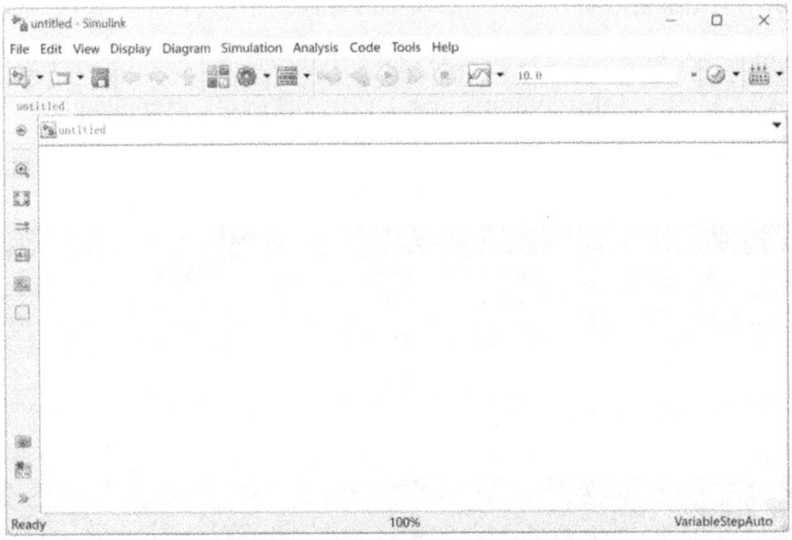

图 1.6　untitled-Simulink 模型窗口

图 1.7　untitled-Simulink 模型窗口菜单栏

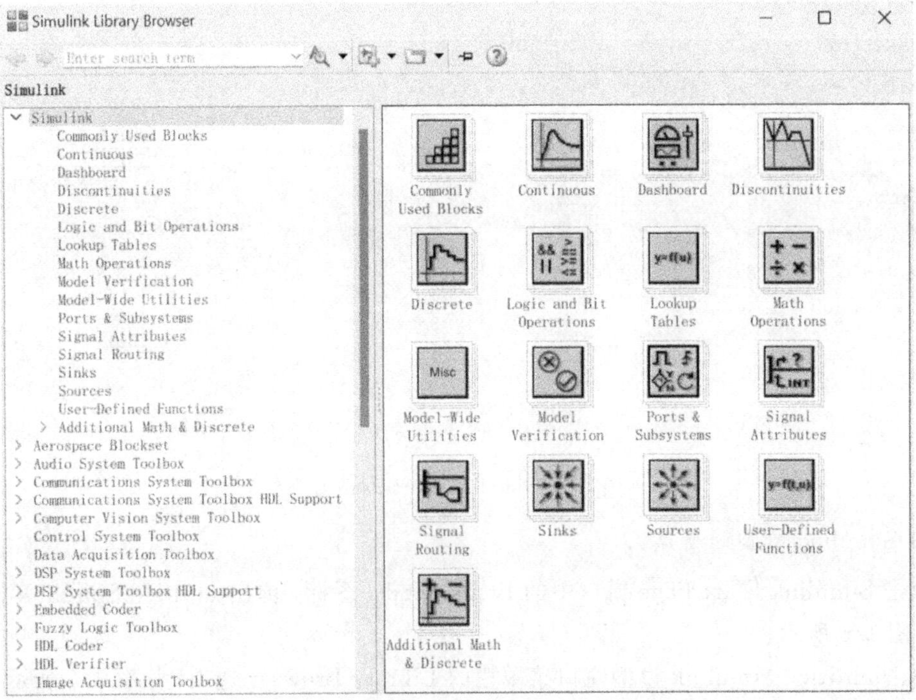

图 1.8　Simulink Library Browser 窗口

Simulink 包含 17 个模块库，分别是：Commonly Used Blocks（常用模块库）、Continuous（连续模块库）、Dashboard(仪表模块库)、Discontinuities（非线性模块库）、Discrete（离散模块库）、Logic and Bit Operations（逻辑和位运算模块库）、Lookup Tables（查表操作模块库）、Math Operations（数学运算模块库）、Mode-Wide Utilities（建模辅助工具模块库）、Model Verification（模型检验模块库）、Ports & Subsystems（模型接口和子系统模块库）、Signal Attributes（信号属性转换模块库）、Signal Routing（信号路由模块库）、Sinks（输出模块库）、Sources（信号源模块库）、User-Defined Functions（用户自定义模块库）和 Additional Math & Discrete（附加的数学模块和离散模块库）。

(1) 在模型窗口中放置功能模块。

根据所建系统模型的需要，从各模块库中用鼠标选中适合的功能模块，按住鼠标左键直接拖至已打开的模型窗口。

对放置在模型窗口中的各模块可进行一些基本操作，包括模块的移动、复制、删除、转向、改变大小、模块命名、颜色设置、参数设置等。当选中某个模块时，其 4 个角会出现黑色标记，此时可以对该模块进行各种基本操作。

移动：选中模块，按住鼠标左键将其拖到所需的位置即可。若要脱离连线进行移动，可按住【Shift】键，再进行拖动。

复制：选中模块，按住鼠标右键进行拖动，即可复制同样的一个功能模块；也可以按住【Ctrl】键不放，用鼠标左键按住要复制的模块并拖动该模块到适当的位置，松开鼠标左键和【Ctrl】键即可；还可以使用 Edit 菜单下的 Copy 和 Paste 来进行复制和粘贴。

删除：选中模块，按【Delete】键即可删除该模块。若要删除多个模块，可以按住【Shift】键不放，再用鼠标选中多个模块，按【Delete】键即可删除多个模块；也可以用鼠标选取某个区域，再按【Delete】键就可以把该区域中的所有模块和线等全部删除。

转向：为了能够顺序连接功能模块的输入和输出端，有时需要对功能模块进行转向。按下【Ctrl＋R】键可将模块顺时针旋转 90°。

改变大小：选中模块，对模块上出现的 4 个黑色标记进行拖动即可改变该模块的大小。

模块命名：单击需要更改的名称，直接更改即可。模块名称的位置设定有一定的规律：当模块的接口在左、右两侧时，模块名称只能位于模块的上、下两侧，默认在下侧；当模块的接口在上、下两侧时，模块名称只能位于模块的左、右两侧，默认在左侧。

颜色设置：选中模块，单击鼠标右键，可以用 Format 菜单中的 Foreground Color 改变模块的前景颜色，用 Background Color 改变模块的背景颜色；还可以选择 Format 菜单中的 shadow 命令给模块加上阴影，产生立体效果。

参数设置：用鼠标双击模块，可以进入模块的参数设定窗口，对模块进行参数设定。

(2) 设置各功能模块的参数。

根据所建系统模型，双击各功能模块，打开各功能模块的参数对话框，进行相关参数的设置。

(3) 对各功能模块进行连线。

Simulink 模型是通过连线将各种功能模块连接起来的，用鼠标可以在功能模块的输入端与输出端之间直接连线。方法是：移动鼠标到某一模块的输出端，光标的箭头会变成十字形，这时按住鼠标左键拖至另一个模块的输入端，当十字形光标出现重影时释放鼠标即可完成连接。在连线上双击鼠标左键，即可输入该连线的说明标签。此外对连线还可以进行以下处理：

线的折弯：移动鼠标使光标至连线的折弯处，会出现一个圆圈，表示折点，按住鼠标左键并移动鼠标就可以改变连线的形状。

线的分支：按住鼠标右键，在需要建立分支线的地方拉出即可建立分支线；或者按住【Ctrl】键，在需要建立分支线的地方按住鼠标左键拉出即可建立分支线。

线的删除：单击需要删除的连线，当连线上出现标记点时，表示连线已经被选中，然后按【Delete】键即可将此线删除。

3）Simulink 模型的保存

Simulink 模型建好后，单击模型窗口菜单栏的 Save 选项，如图 1.9 所示，定义保存路径，输入要保存的文件名，完成保存。

图 1.9 模型窗口菜单栏的 Save 选项

4）Simulink 模型的打开

需要打开某个 Simulink 模型时，单击模型窗口菜单栏的 File→Open 选项，如图 1.10 所示，选择打开路径，打开相关模型。

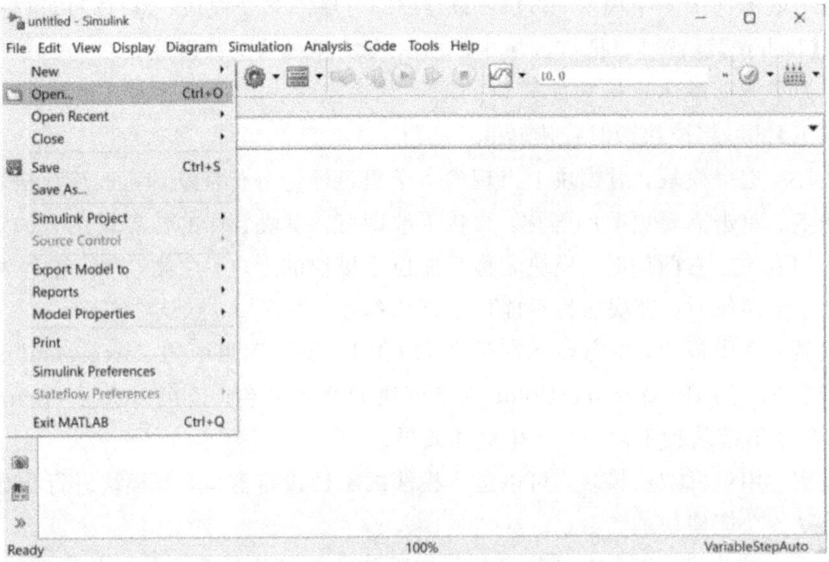

图 1.10 模型窗口菜单栏的 File→Open 选项

5）Simulink 模型的仿真

(1) 设置仿真参数。

在进行一个 Simulink 模型的仿真之前，首先应当设置好仿真参数。这些参数决定了系统仿真的时间长度、仿真算法、仿真解算精度、仿真步长类型和大小等性能特征。

单击模型窗口菜单栏的 Simulation→Model Configuration Parametes 选项，如图 1.11 所示，弹出仿真参数设置对话框，如图 1.12 所示。

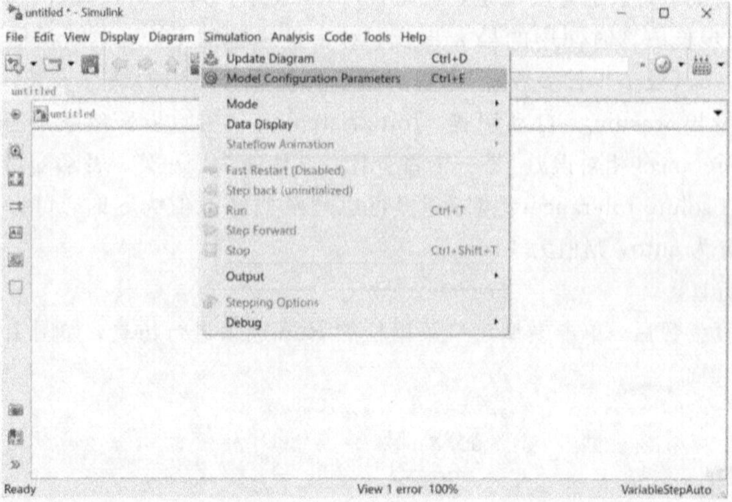

图 1.11　模型窗口菜单栏的 Simulation→Model Configuration Parametes 选项

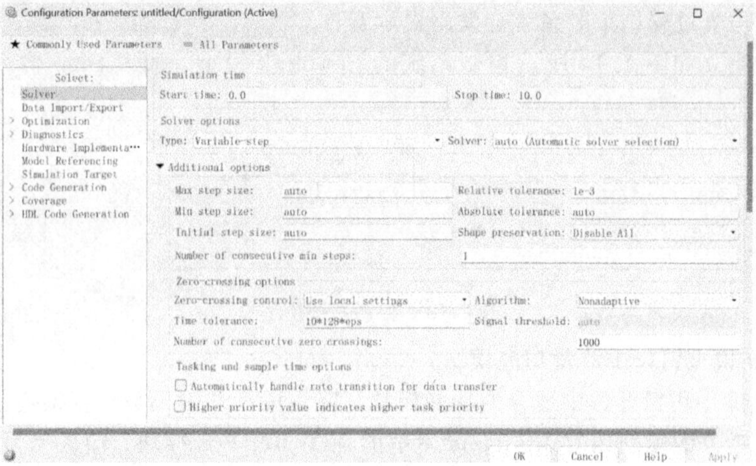

图 1.12　仿真参数设置对话框

• Simulation time(仿真时间)。在 Start time 后的数值框中输入仿真的开始时间，在 Stop time 后的数值框中输入仿真的结束时间。Stop time 减去 Start time 的数据即为仿真时间。

• Solver options(解法器选项)。Type 的下拉菜单用于指定仿真步长的选取类型，有 Variable-step(变步长)和 Fixed-step(固定步长)两种类型可供选择。在变步长模式下，仿真步长是由计算机自动改变的；在固定步长模式下，整个仿真过程都采用已设定的固定步长值，所以固定步长模式的仿真过程是以相等的时间间隔进行仿真计算的过程。Solver 的下拉菜单用于选择对应模式下解法器的算法。变步长模式下的解法器算法有 auto、discrete、 ode45、ode23、ode113、ode15s、ode23s、ode23t 和 ode23tb；固定步长模式下的解法器算法有 auto、discrete、ode8、ode5、ode4、ode3、ode2、ode1 和 ode14x。

• Additional options(附加选项)。对于变步长模式，用户可以设置步长和误差，步长和误差缺省的情况下，系统自动确定，它由值 auto 表示。其中 Max step size(最大步长参数)用来规定变步长仿真时使用的最大步长，对于连续型的 Solver，默认值为“仿真时长/50”；Min step size(最小步长参数)用来规定变步长仿真时使用的最小步长，默认值根据计算机的精度或发出 warnings 自动调整；Initial step size(初始步长参数)一般使用 auto 即可；Relative tolerance(相对误差)是一个百分比，默认值为“1e-3”，表示变量的计算值要精确到 0.1%；Absolute tolerance(绝对误差)可以理解成状态值为零时，可以接受的最大误差，如果被设置为 auto，则值为“1e-6”。

(2) 执行仿真。

设置好仿真参数后，单击模型窗口菜单栏的 Run 选项进行仿真，如图 1.13 所示。

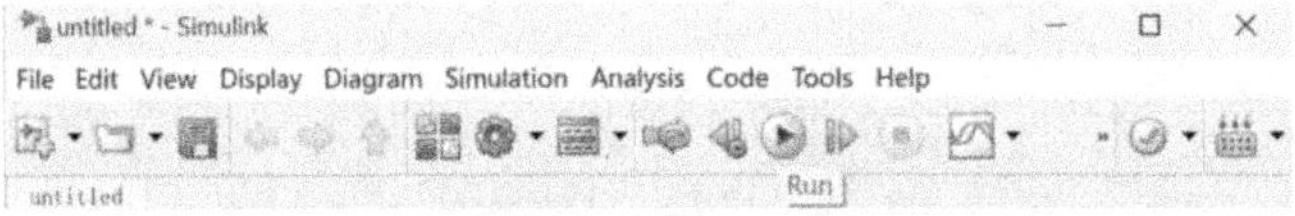

图 1.13　模型窗口菜单栏的 Run 选项

如果模型中有些参数没有定义，则会出现错误信息提示框；如果一切设置无误，则开始仿真运行。仿真过程结束时系统会发出提示音。

例 1.8　建立如图 1.14 所示控制系统的 Simulink 模型，加入 Step 输入信号并进行仿真。

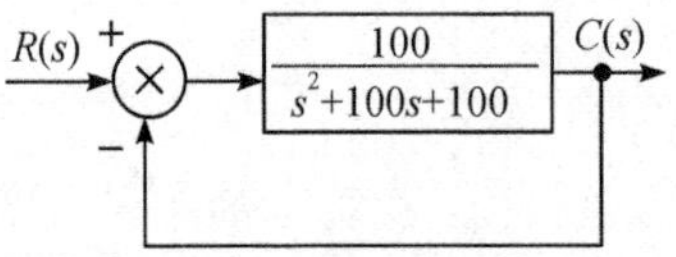

图 1.14　控制系统模型

解　① 在模型窗口中放置功能模块。

从各模块库中用鼠标选中适合的功能模块，按住鼠标左键不放，直接拖至已打开的模型窗口。被控对象的模型用 Continuous 库中的 Transfer Fcn 模块；输入信号源用 Sources 库中的 Step 模块；输出信号源用 Sinks 库中的 Scope 模块。

控制系统的组成模块如图 1.15 所示。

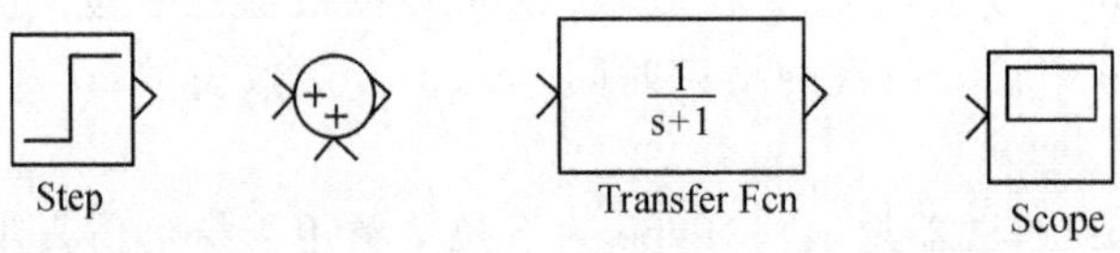

图 1.15　控制系统的组成模块

② 设置各功能模块的参数。

Step 模块：双击打开该模块的参数对话框，将 Step Time 由 1 改为 0。

相加点模块：双击打开该模块的参数对话框，将 List of signs 改为＋－。

Transfer Fcn 模块(传递函数多项式模型)：双击打开该模块的参数对话框，将 Numerator coefficients(分子系数)参数框设置为[100]，将 Denominator coefficients(分母系数)参数框设置为[1 100 100]。

③ 对各功能模块进行连线。

所有模块的参数设置完毕后，将各模块用线连接起来，得到控制系统的 Simulink 模型，如图 1.16 所示。

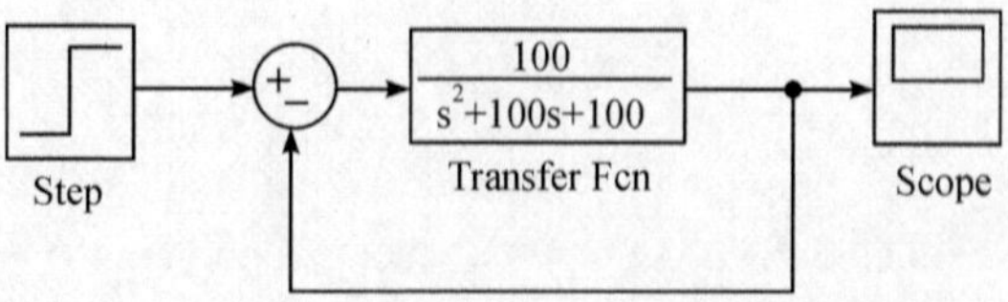

图 1.16　控制系统的 Simulink 模型

④ 设置仿真参数。

设置仿真结束时间为 50.0，即仿真时间为 50 s，设置仿真步长类型为 Variable-step(变步长)，设置解法器算法为 auto，如图 1.17 所示。

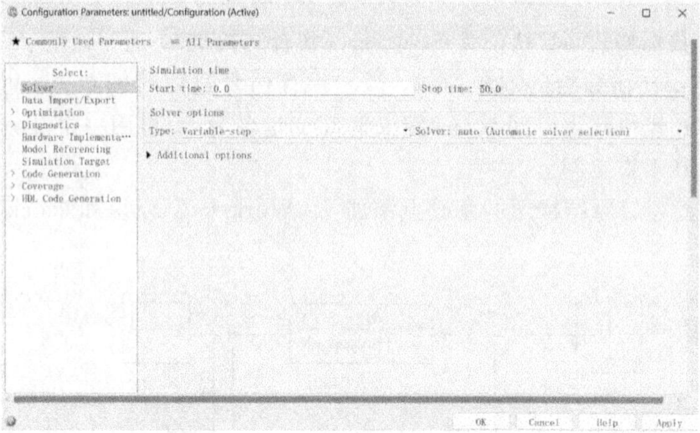

图 1.17　设置 Simulink 模型的仿真参数

⑤ 执行仿真。

单击模型窗口菜单栏的 Run 选项进行仿真运行。

⑥ 观察仿真结果。

对于仿真输出信号，常用 Scope(示波器)模块直接观察或者用 To Workspace 模块保存到 MATLAB 工作空间中等待处理。

a. Scope 模块的使用。

双击 Scope 模块，出现 Scope 窗口，可查看仿真输出信号波形，如图 1.18 所示。

b. To Workspace 模块的使用。

To Workspace 模块在 Sinks 模块库中。该模块把输入数据写入 MATLAB 工作空间指定的数组或结构中，这样返回的结果可以利用 MATLAB 命令进一步处理。

当通过该模块向工作区间传送数据时，应给数据指定一个变量名。Variable name(变量名)参数指定保存数组的名称，此处定义为 y；通过 Seve format(保存格式)列表框选择存

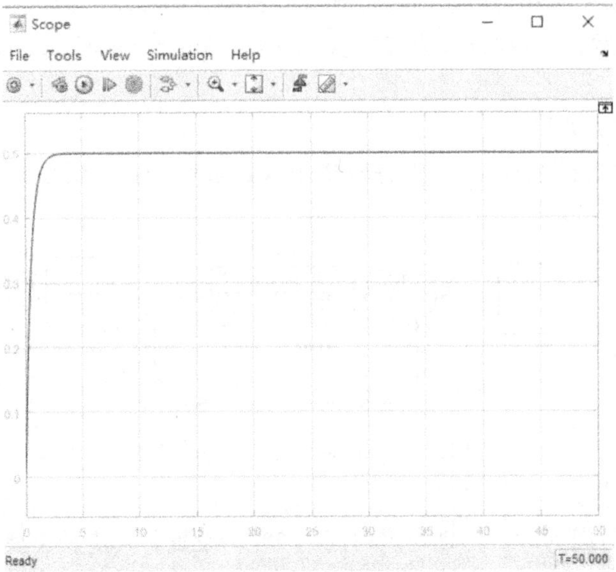

图 1.18 Scope 窗口的仿真输出信号波形

储到工作空间的数据格式，默认值为 Structure(联合结构型)，通常改为 Array(数组型)。

为了便于用 plot 函数绘制响应曲线，需要保存仿真过程时间数据。可用一个 Sources 模块库中的 Clock 模块产生时间数据，定义时间变量名为 t，再用一个 To Workspace 模块保存到 MATLAB 工作空间。

因此，在模型窗口原结构图的基础上添加 To Workspace 模块和 Clock 模块，如图1.19 所示。

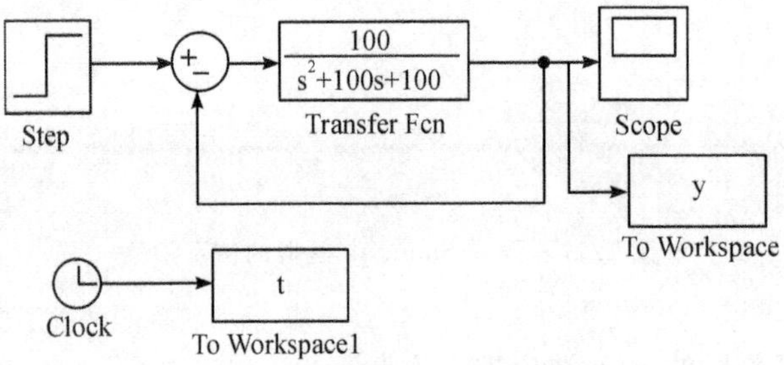

图 1.19 添加 To Workspace 模块和 Clock 模块

图 1.19 中 Clock 时钟端的 To Workspace1 模块参数设置：Variable name 改为 t，Seve format 改为 Array；系统输出端的 To Workspace 模块参数设置：Variable name 改为 y，Seve format 改为 Array。

在 MATLAB 命令窗口中输入：

```
plot(t, y)
```

按【Enter】键可得到如图 1.20 所示的仿真曲线，其为使用 plot 函数根据 To Workspace 模块保存到 MATLAB 工作空间的实验响应数据绘制出的曲线。

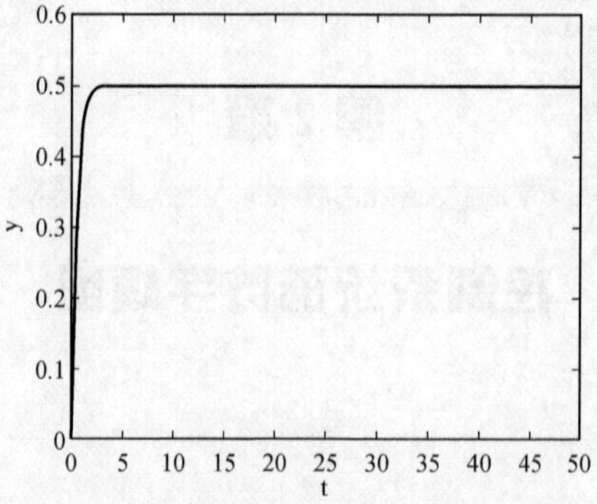

图 1.20　plot 函数绘制仿真输出信号波形

4. 实验思考题

已知某单位反馈系统的开环传递函数为 $G(s)=\dfrac{1}{s(s+2)}$，试建立 Simulink 模型并进行闭环系统的阶跃响应仿真。

5. 实验报告

(1) 完成例题，打印 Simulink 模型及运行结果。

(2) 完成实验思考题，打印 Simulink 模型及运行结果。

第 2 章

控制系统的数学模型

2.1 基础知识

在控制系统的分析和设计中，首先要建立系统的数学模型。描述系统的输入、输出及系统内部各个变量之间关系的数学表达式称为控制系统的数学模型。

2.1.1 传递函数

线性定常系统传递函数定义为：零初始条件下，控制系统输出量拉普拉斯变换与输入量拉普拉斯变换之比。传递函数的多项式表示形式为

$$G(s)=\frac{C(s)}{R(s)}=\frac{b_m s^m+b_{m-1}s^{m-1}+\cdots+b_1 s+b_0}{a_n s^n+a_{n-1}s^{n-1}+\cdots+a_1 s+a_0}$$

或

$$G(s)=\frac{s^m+d_{m-1}s^{m-1}+\cdots+d_1 s+d_0}{s^n+c_{n-1}s^{n-1}+\cdots+c_1 s+c_0}=k_g\frac{\prod_{i=1}^{m}(s+z_i)}{\prod_{j=1}^{n}(s+p_j)}$$

为了便于研究自动控制系统，通常按数学模型的不同进行归类，把系统或元件划分为若干典型环节，常见的典型环节有比例环节、惯性环节、积分环节、微分环节、振荡环节及延迟环节。

2.1.2 结构图及其等效变换

结构图是将系统中所有的环节用“方块”来表示，将各“方块”按一定顺序连接起来构成的。结构图可以进行等效变换，常用的结构图等效变换包括两类：一类是环节的合并，包括环节的串联、并联和反馈；另一类是信号分支点或相加点的移动，包括前移和后移。结构图在变换时必须遵循的原则是：变换前后系统的输出量与输入量之间的数学关系保持不变。

1. 环节的串联

环节串联的特点是前一个环节的输出信号是后一个环节的输入信号，依次按顺序连

接，如图 2.1 所示。

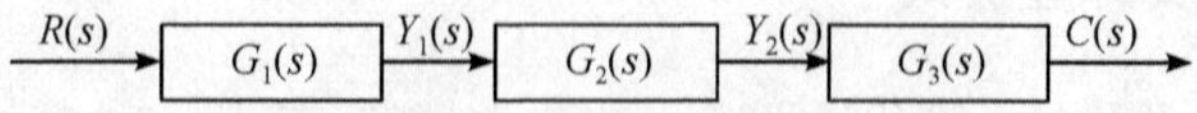

图 2.1　环节的串联

n 个环节串联的等效传递函数等于各个环节传递函数的乘积，即

$$G(s)=\prod_{i=1}^{n}G_i(s)$$

2. 环节的并联

环节并联的特点是各环节有相同的输入信号，并联输出信号等于各环节输出信号的代数和，如图 2.2 所示。

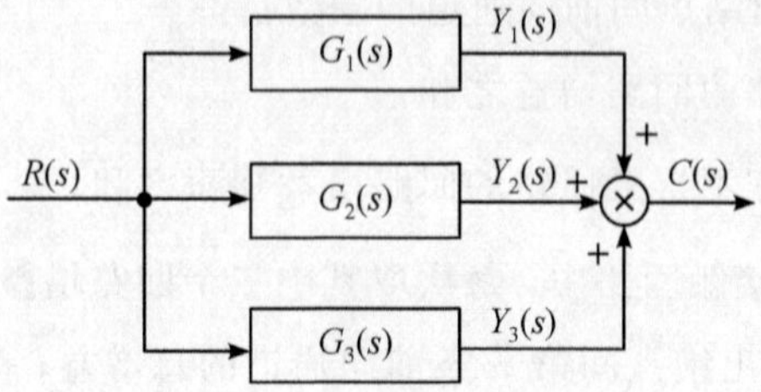

图 2.2　环节的并联

n 个环节并联的等效传递函数为各个环节传递函数之和，即

$$G(s)=\sum_{i=1}^{n}G_i(s)$$

3. 反馈连接

在自动控制系统中，常常将系统或环节的输出量返回到输入端构成闭环，借以改善环节的特性，如图 2.3 所示，这就构成了反馈连接。根据反馈连接方式可分为负反馈和正反馈，如果参考输入信号与反馈信号相减，则称为负反馈连接；反之，则为正反馈连接。

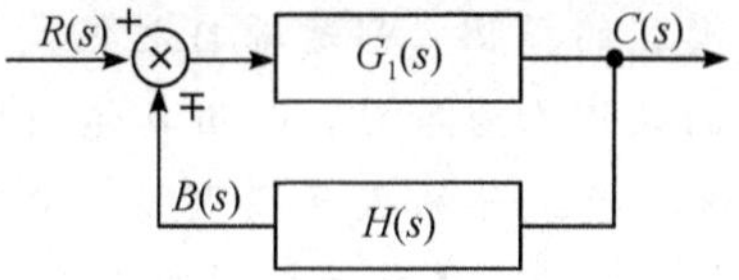

图 2.3　反馈连接

负反馈等效传递函数为

$$G(s)=\frac{C(s)}{R(s)}=\frac{G_1(s)}{1+G_1(s)H(s)}$$

正反馈等效传递函数为

$$G(s)=\frac{C(s)}{R(s)}=\frac{G_1(s)}{1-G_1(s)H(s)}$$

2.1.3 信号流图及梅逊公式

信号流图是控制系统的一种用图形表示的数学模型，应用这种方法时，不必对信号流图进行简化，可以根据梅逊公式直接求得系统的传递函数，因而适用于结构复杂的系统的分析。

计算任意输入结点和输出结点之间传递函数 $G(s)$ 的梅逊公式为

$$G(s)=\frac{1}{\Delta}\cdot\sum_{k=1}^{n}P_k\Delta_k$$

式中，Δ 为特征式，其计算公式为

$$\Delta=1-\sum L_a+\sum L_bL_c-\sum L_dL_eL_f+\cdots$$

n 为从输入结点到输出结点间前向通道的条数；

$\sum L_a$ 为所有不同回路的回路增益之和；

$\sum L_bL_c$ 为所有两两互不接触回路的回路增益乘积之和；

$\sum L_dL_eL_f$ 为所有不接触回路中，每次取其中三个回路增益的乘积之和；

P_k 为从输入结点到输出结点间第 k 条前向通道的总增益；

Δ_k 为第 k 条前向通道的余子式，即把与该通道相接触的回路增益置为零后，特征式 Δ 所余下的部分。

思政元素

数学建模是将控制系统从具体到抽象，运用数学语言进行描述的一种方法，是系统分析、设计的前提和基础。多种物理模型的数学模型(传递函数)可能是一致的，但仅根据传递函数无法得到具体的物理模型。大学生应养成科学的思维方式，加深理解特殊性与普遍性的对立统一。

数学模型有多种形式，常用的有微分方程、传递函数、结构图、信号流图、频率特性和状态空间模型等。每一种数学模型的提出，都是源自对控制系统分析与设计的实际需求。当代大学生应以辩证唯物主义的认识论为基础，运用具体问题具体分析的哲学方法，针对实际的控制系统及控制目标，选择最适合的数学模型。在学习和科研过程中，坚持理论与实践相结合，充分发挥想象力和洞察力，将自动控制理论的研究与实践不断向前推进。

结构图是控制系统的一种动态数学模型，是描述复杂系统的一种简便方法。结构图由各个环节构成，每个环节具有一定的功能和特点，各司其职，才能使系统具有良好的控制性能。大学生在小组学习过程中，应重视团队作用并发挥自身特长，才能高效完成任务，培养团队协作精神和责任担当意识。

信号流图也是系统的一种数学模型，其优点是无须简化系统结构图，可利用梅逊公式直接计算出系统的传递函数。大学生在系统设计过程中，应不受传统观念的束缚，与时俱进，敢于思考和提出新的方法，提高创新意识。

2.2 实验项目

2.2.1 连续系统数学模型的 MATLAB 实现

1. 实验目的

(1) 理解连续系统传递函数及结构图的基本知识。
(2) 掌握用 MATLAB/Simulink 建立连续系统的数学模型。
(3) 掌握传递函数不同形式的变换及复杂数学模型的连接。

2. 实验涉及的 MATLAB 函数

1) tf 函数

功能：建立连续系统的传递函数多项式模型，简称 TF 模型。

调用格式：

```
sys=tf(num, den)     % 建立以 num 为分子多项式，den 为分母多项式的 TF 模型
sys=tf('s')          % 建立拉普拉斯变换式形式的自变量 s 的 TF 模型
```

2) zpk 函数

功能：建立连续系统的零极点增益模型。

调用格式：

```
sys=zpk(z, p, k)       % 建立以 z 为零点，p 为极点，k 为增益的零极点模型
sys=zpk('s')           % 建立拉普拉斯变换式形式的自变量 s 的零极点模型
```

3) ss 函数

功能：建立连续系统的状态空间模型。

调用格式：

```
sys=ss(a, b, c, d)       % 建立状态空间模型
sys=ss(sys)              % 将 sys 转换为状态空间模型
```

4) ord2 函数

功能：生成标准形式的二阶系统模型。

调用格式：

```
[num, den]=ord2(wn, zeta)   % 生成无阻尼自然振荡频率为 wn，阻尼系数为 zeta 的标准二阶
                            % 系统对应的分子与分母多项式系数向量
```

5) tf2zp 函数

功能：将传递函数 TF 模型转换为零极点模型。

调用格式：

```
[z, p, k]=tf2zp(num, den)   % 将分子多项式为 num，分母多项式为 den 的 TF 模型转换为零
                            % 点为 z，极点为 p，增益为 k 的零极点模型
```

6) zp2tf 函数

功能：将传递函数零极点模型转换为 TF 模型。

调用格式：

```
[num, den]=zp2tf(z, p, k)   % 将零点为 z，极点为 p，增益为 k 的零极点模型转换为分子多项
                            % 式为 num，分母多项式为 den 的 TF 模型
```

7）tf2ss 函数

功能：将传递函数 TF 模型转换为状态空间模型。

调用格式：

```
[A, B, C, D]=tf2ss(num, den)   % 将分子多项式为 num，分母多项式为 den 的 TF 模型转换
                               % 为状态空间模型
```

8）ss2tf 函数

功能：将状态空间模型转换为传递函数 TF 模型。

调用格式：

```
[num, den]=ss2tf(A, B, C, D)   % 将状态空间模型转换为分子多项式为 num，分母多项式为
                               % den 的 TF 模型
```

9）ss2zp 函数

功能：将状态空间模型转换为零极点模型。

调用格式：

```
[z, p, k]=ss2zp(A, B, C, D)   % 将状态空间模型转换为零点为 z，极点为 p，增益为 k 的零
                              % 极点模型
```

10）zp2ss 函数

功能：将零极点模型转换为状态空间模型。

调用格式：

```
[A, B, C, D]=zp2ss(z, p, k)   % 将零点为 z，极点为 p，增益为 k 的零极点模型转换为状态
                              % 空间模型
```

11）residue 函数

功能：实现多项式模型与部分分式展开式的转换。

调用格式：

```
[r, p, k]=residue(num, den)    % 将分子多项式为 num，分母多项式为 den 的多项式模型转
                               % 换为留数为 r，极点为 p，常数项为 k 的部分分式展开式
[num, den]=residue(r, p, k)    % 将留数为 r，极点为 p，常数项为 k 的部分分式展开式转换
                               % 为分子多项式为 num，分母多项式为 den 的多项式模型
```

12）series 函数

功能：实现模型的串联连接。

调用格式：

```
sys=series(sys1, sys2)   % 将传递函数 sys1 和 sys2 进行串联连接
[num, den]=series(num1, den1, num2, den2)   % 将分子多项式为 num1，分母多项式为 den1
                                            % 构成的传递函数与分子多项式为 num2，分
                                            % 母多项式为 den2 构成的传递函数进行串联
                                            % 连接
```

13）parallel 函数

功能：实现模型的并联连接。

调用格式：

```
sys=parallel(sys1, sys2)        % 将传递函数 sys1 和 sys2 进行并联连接
[num, den]=parallel(num1, den1, num2, den2)  % 将分子多项式为 num1，分母多项式为
                                             % den1 构成的传递函数与分子多项式为
                                             % num2，分母多项式为 den2 构成的传递
                                             % 函数进行并联连接
```

14）feedback 函数

功能：实现模型的反馈连接。

调用格式：

```
sys=feedback(sys1, sys2, sign)  % 将前向通道 sys1 和反馈通道 sys2 进行反馈连接。sign 指
                                % 定反馈性质，sign=1 为正反馈，sign=-1 为负反馈，sign
                                % 缺省时默认为负反馈
```

15）linmod 函数

功能：通过对 Simulink 模型中的各模块进行线性化后获取状态空间模型。

调用格式：

```
[A, B, C, D]=linmod('mode')  % 将文件名为 mode 的 Simulink 模型转换为状态空间模型
```

16）minreal 函数

功能：删除传递函数中的零、极点对或消除状态空间模型中不可控或不可观测的状态。

调用格式：

```
sysr=minreal(sys)    % 获取 sys 的最简模型
```

3. 实验预习

(1) 明确本次实验目的，复习传递函数相关知识。

(2) 熟悉与本实验相关的 MATLAB 函数的功能及调用格式。

(3) 读懂实验内容有关例题程序，预先编写实验程序。

4. 实验内容

1）数学模型建立

例 2.1　已知传递函数如下，试建立控制系统的传递函数模型。

$$G(s)=\frac{3}{s^2+4s+2}$$

解　方法 1：用 num=[b_m, b_{m-1}, …, b_0] 和 den=[a_n, a_{n-1}, …, a_0]两个向量表示控制系统传递函数降幂排列的分子和分母多项式的系数，用函数 tf(num, den)建立传递函数多项式模型。

MATLAB 程序：

```
num=[3];
den=[1 4 2];
G=tf(num, den)
```

运行结果：

```
G=
        3
-----------
 s^2 + 4 s + 2
```

方法 2：用 s=tf('s')生成以 s 为变量的传递函数，则传递函数可以表示为

$$sys=b_m * s^m + b_{m-1} * s^{m-1} + \cdots/(a_n * s^n + a_{n-1} * s^{n-1} + \cdots)$$

MATLAB 程序：

```
s=tf('s');
sys=3/(s^2+4*s+2)
```

运行结果：

```
sys=
        3
-----------
 s^2 + 4 s + 2
```

例 2.2 已知传递函数如下，试建立控制系统的传递函数模型。

$$G(s)=\frac{(2s+1)(s^2+3s+2)}{(s^3+3s^2+2s+1)(s+2)(s+2)}$$

解 MATLAB 程序：

```
num=conv([2 1], [1 3 2]);
den=conv([1 3 2 1], conv([1 2], [1 2]));
G=tf(num, den)
```

运行结果：

```
G=
        2 s^3 + 7 s^2 + 7 s + 2
------------------------------------
 s^5 + 7 s^4 + 18 s^3 + 21 s^2 + 12 s + 4
```

例 2.3 已知传递函数如下，试建立控制系统的传递函模型。

$$G(s)=\frac{10(s+5)}{(s+1)(s+2)(s+3)}$$

解 MATLAB 程序：

```
k=10;
z=[-5];
p=[-1 -2 -3];
sys=zpk(z, p, k)
```

运行结果：

```
sys=
        10 (s+5)
-----------------
 (s+1) (s+2) (s+3)
```

例 2.4 已知系统状态空间的数学描述如下，试建立状态空间模型。

$$\boldsymbol{x}=\begin{bmatrix}0 & 2\\1 & -3\end{bmatrix}\boldsymbol{x}+\begin{bmatrix}2\\0\end{bmatrix}\boldsymbol{u},\ \boldsymbol{y}=\begin{bmatrix}0 & 2\end{bmatrix}\boldsymbol{x}$$

解　MATLAB 程序：

```
A=[0 2; 1 -3];
B=[2; 0];
C=[0 2];
D=[0];
G=ss(A, B, C, D)
```

运行结果：

```
G=
A=
        x1  x2
   x1   0   2
   x2   1   -3
B=
        u1
   x1   2
   x2   0
C=
        x1  x2
   y1   0   2
D=
        u1
   y1   0
```

例 2.5　建立标准二阶系统模型，其中 $\xi=0.1$，$\omega_n=2$。

解　MATLAB 程序：

```
wn=2;
zeta=0.1;
[num, den]=ord2(wn, zeta);
s=wn^2 * tf(num, den)
```

运行结果：

```
s=
           4
   -------------
   s^2 + 0.4 s + 4
```

2）数学模型形式的转换

例 2.6　已知传递函数如下，试将其转换成零极点模型。

$$G(s)=\frac{20}{s^3+6s^2+11s+6}$$

解　MATLAB 程序：

```
num=[20];
```

```
den=[1 6 11 6];
[z, p, k]=tf2zp(num, den);
sys=zpk(z, p, k)
```

运行结果：

```
sys=
            20
  -----------------
  (s+3) (s+2) (s+1)
```

例 2.7 已知传递函数如下，试将其转换成多项式模型。

$$G(s)=\frac{10}{(s+1)(s+2)(s+3)}$$

解 MATLAB程序：

```
k=10;
z=[];
p=[-1 -2 -3];
[num, den]=zp2tf(z, p, k);
sys=tf(num, den)
```

运行结果：

```
sys=
            10
  --------------------
  s^3 + 6 s^2 + 11 s + 6
```

例 2.8 已知传递函数如下，试将其转换成部分分式展开式。

$$G(s)=\frac{10}{s^3+6s^2+11s+6}$$

解 MATLAB程序：

```
num=[10];
den=[1 6 11 6];
[r, p, k]=residue(num, den)
```

运行结果：

```
r=
     5.0000
   -10.0000
     5.0000
p=
    -3.0000
    -2.0000
    -1.0000
k=
       [ ]
```

部分分式展开式为

$$G(s)=\frac{5}{s+3}+\frac{-10}{s+2}+\frac{5}{s+1}$$

例 2.9　已知系统的状态空间模型如下，试将其转换为多项式模型。

$$\begin{bmatrix}x_1\\x_2\end{bmatrix}=\begin{bmatrix}3 & 1\\1 & -2\end{bmatrix}=\begin{bmatrix}x_1\\x_2\end{bmatrix}+\begin{bmatrix}1\\3\end{bmatrix}\boldsymbol{u},\ \boldsymbol{y}=[1\quad 1]\begin{bmatrix}x_1\\x_2\end{bmatrix}$$

解　MATLAB 程序：

```
a=[3 1; 1 -2];
b=[1; 3];
c=[1 1];
d=[0];
[num, den]=ss2tf(a, b, c, d);
s1=tf(num, den)
```

运行结果：

```
s1=
        4 s - 3
   -------------
      s^2 - s - 7
```

例 2.10　已知系统的传递函数如下，试将其转换为状态空间模型。

$$\frac{C(s)}{R(s)}=\frac{2s^2+8s+6}{s^3+8s^2+16s+6}$$

解　MATLAB 程序：

```
num=[2 8 6];
den=[1 8 16 6];
[a, b, c, d]=tf2ss(num, den)
```

运行结果：

```
a=
    -8   -16    -6
     1     0     0
     0     1     0
b=
     1
     0
     0
c=
     2     8     6
d=
     0
```

3）数学模型连接

例 2.11　已知两个环节的传递函数分别为$G_1(s)=\frac{1}{s^2+2s+1}$、$G_2(s)=\frac{5}{s+3}$，求两个

环节串联、并联后的等效传递函数。

解 MATLAB程序：

```
num1=[1];
den1=[1 2 1];
sys1=tf(num1, den1);
num2=[5];
den2=[1 3];
sys2=tf(num2, den2);
G=series(sys1, sys2)
G1=parallel(sys1, sys2)
```

运行结果：

```
G=

                5
  --------------------
    s^3 + 5 s^2 + 7 s + 3

G1=

        5 s^2 + 11 s + 8
  --------------------
    s^3 + 5 s^2 + 7 s + 3
```

例 2.12 已知某单位负反馈系统，前向通道由两个环节串联而成，两个环节传递函数分别为 $G_1(s)=\dfrac{3}{s+4}$、$G_2(s)=\dfrac{s+2}{s^2+2s+3}$，求系统的闭环传递函数。

解 MATLAB程序：

```
num1=[3];
den1=[1 4];
sys1=tf(num1, den1);
num2=[1 2];
den2=[1 2 3];
sys2=tf(num2, den2);
G=series(sys1, sys2);
G1=feedback(G, 1)
```

运行结果：

```
G1=

        3 s + 6
  --------------------
  s^3 + 6 s^2 + 14 s + 18
```

4) Simulink 动态系统建模

例 2.13 已知控制系统的结构图如图 2.4 所示，利用 Simulink 建立结构图模型，并求系统的闭环传递函数。

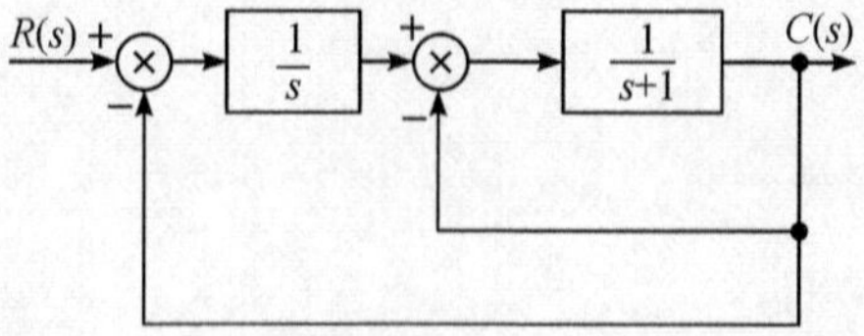

图 2.4　控制系统的结构图

解　Simulink 建模如图 2.5 所示，保存文件名为“zksy”。

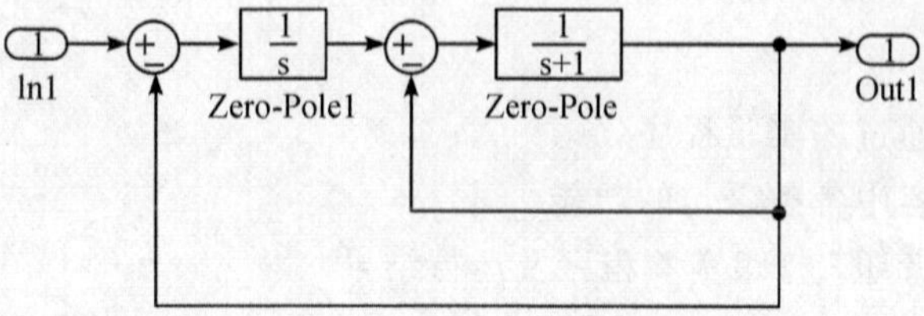

图 2.5　Simulink 模型

MATLAB 程序：

```
[A, B, C, D]=linmod('zksy');
[n1 d1]=ss2tf(A, B, C, D);
s2=tf(n1, d1)
```

运行结果：

```
s2=

         1
  ------------

    s^2 + 2 s + 1
```

5）梅逊公式求传递函数

例 2.14　已知控制系统的结构图如图 2.4 所示，依据梅逊公式编写程序，求系统的闭环传递函数。

解　MATLAB 程序：

```
s=tf('s');
p1=1/(s*(s+1));
L1=1/(s+1);
L2=1/(s*(s+1));
L=L1+L2;
H=minreal(L);
dita=1+H;
N=minreal(dita);
dita1=1;
phi=(p1*dita1)/(N);
M=minreal(phi)
```

运行结果：

```
M=

          1
  ------------
   s^2 + 2 s + 1
```

5. 实验思考题

(1) 求取控制系统传递函数有哪些方法?

(2) MATLAB提供的求取各环节串联、并联及反馈连接的等效传递函数的函数有哪些? 在使用时需要注意哪些问题?

6. 实验报告

(1) 列写已调试通过的实验程序。

(2) 分析实验内容中各条语句的功能。

(3) 完成实验思考题,打印实验程序及运行结果。

2.2.2 典型环节模拟电路设计及动态特性测试

1. 实验目的

(1) 加深理解典型环节的传递函数、结构图及动态特性。

(2) 掌握典型环节模拟电路的构成,能够运用集成运放设计典型环节。

(3) 熟练采用 Multisim 软件对典型环节进行建模、仿真与测试,能够正确分析参数变化对单位阶跃响应的影响。

2. 实验原理

1) 比例环节

比例环节的结构图如2.6所示。

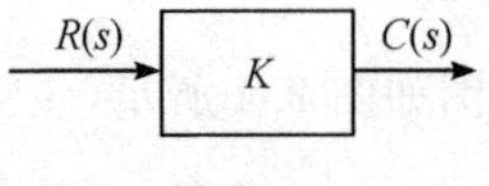

图 2.6 比例环节的结构图

比例环节的模拟电路(后级为反相器)如图2.7所示。

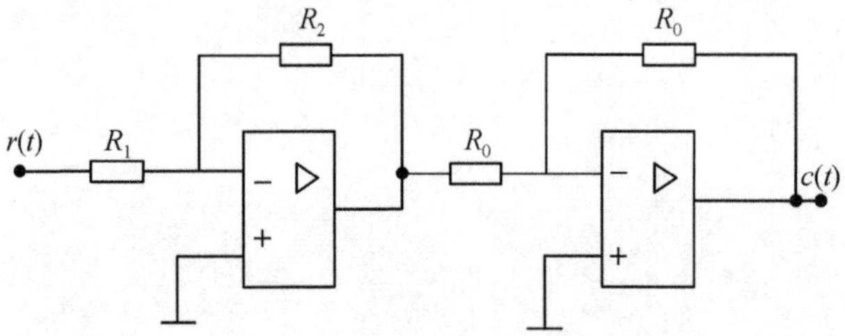

图 2.7 比例环节的模拟电路

比例环节的传递函数为

$$G(s)=\frac{L[c(t)]}{L[r(t)]}=\frac{C(s)}{R(s)}=K$$

式中，$c(t)$为环节的输出量，$r(t)$为环节的输入量，K 为比例系数且 $K=\frac{R_2}{R_1}$。比例环节又称为放大环节，比例环节的输出量能够无失真、无滞后地按一定比例复现输入量。

2）积分环节

积分环节的结构图如图 2.8 所示。

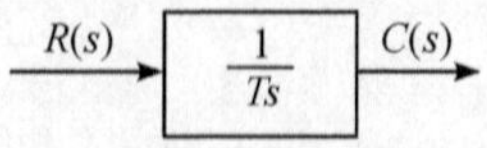

图 2.8　积分环节的结构图

积分环节的模拟电路如图 2.9 所示。

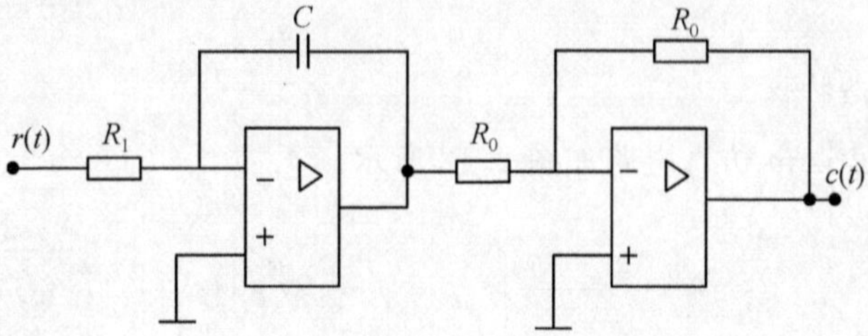

图 2.9　积分环节的模拟电路

积分环节的传递函数为

$$G(s)=\frac{L[c(t)]}{L[r(t)]}=\frac{C(s)}{R(s)}=\frac{1}{Ts}$$

式中，$c(t)$为环节的输出量，$r(t)$为环节的输入量，T 为积分时间常数且 $T=R_1C$。理想积分环节的输出量与输入量的积分成正比，即输出量随时间成正比地无限增加。

3）惯性环节

惯性环节的结构图如图 2.10 所示。

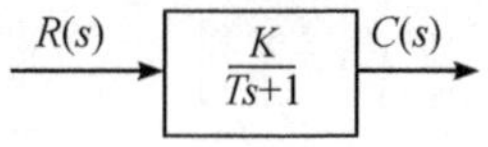

图 2.10　惯性环节的结构图

惯性环节的模拟电路如图 2.11 所示。

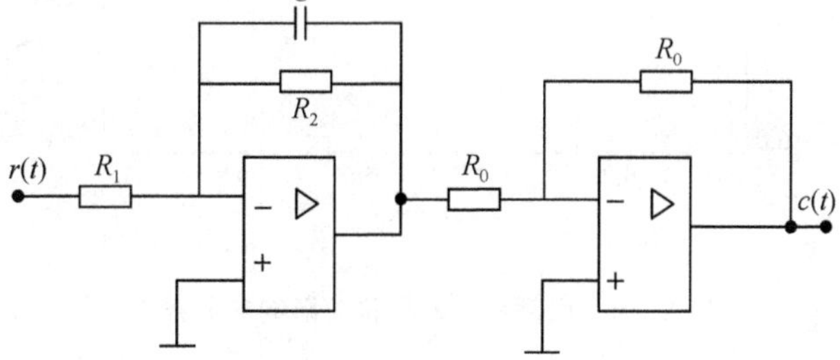

图 2.11　惯性环节的模拟电路

惯性环节的传递函数为

$$G(s)=\frac{L[c(t)]}{L[r(t)]}=\frac{C(s)}{R(s)}=\frac{K}{Ts+1}$$

式中，$c(t)$为环节的输出量，$r(t)$为环节的输入量，K 为比例系数且 $K=\frac{R_2}{R_1}$，$T=R_2C$。时间常数 T 越大，环节的惯性越大，则延迟的时间也越长，反之亦然。

3. 实验预习

(1) 明确本次实验目的，掌握实验方法。

(2) 复习比例、积分、惯性环节的传递函数及单位阶跃响应等基本知识。

(3) 根据实验内容，预先设计比例、积分、惯性环节的模拟电路。

4. 实验内容

1) 比例环节动态特性

比例环节的 Multisim 仿真电路如图 2.12 所示。

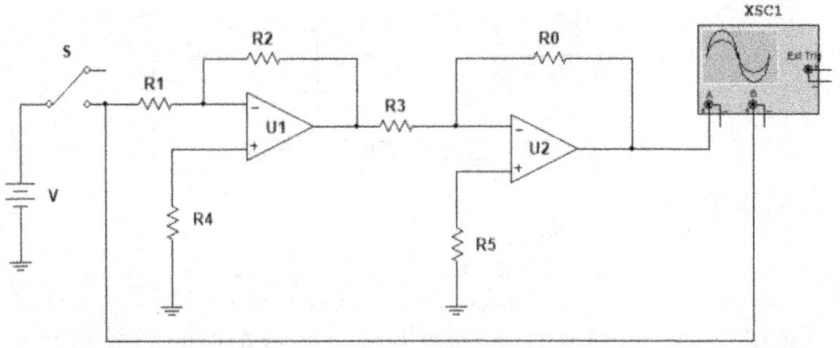

图 2.12 比例环节的仿真电路

实验参数 1：阶跃输入信号 $V=1$ V，$R_1=100$ kΩ，$R_2=200$ kΩ，$R_0=R_3=200$ kΩ，$R_4=R_5=49$ kΩ，运行结果如图 2.13 所示。

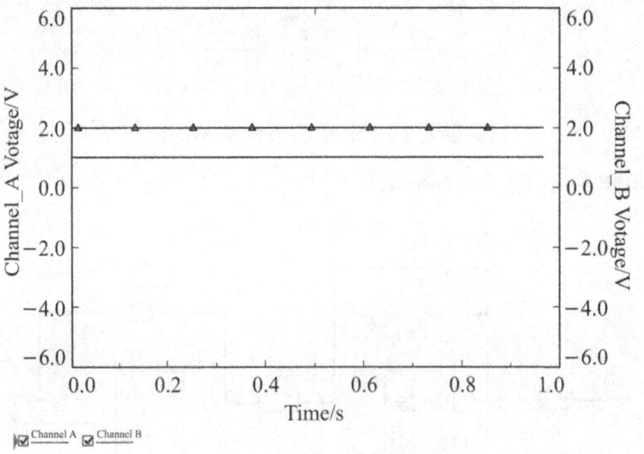

图 2.13 比例环节的单位阶跃响应曲线 1

实验参数 2：阶跃输入信号 $V=1$ V，$R_1=100$ kΩ，$R_2=500$ kΩ，$R_0=R_3=200$ kΩ，$R_4=R_5=49$ kΩ，运行结果如图 2.14 所示。

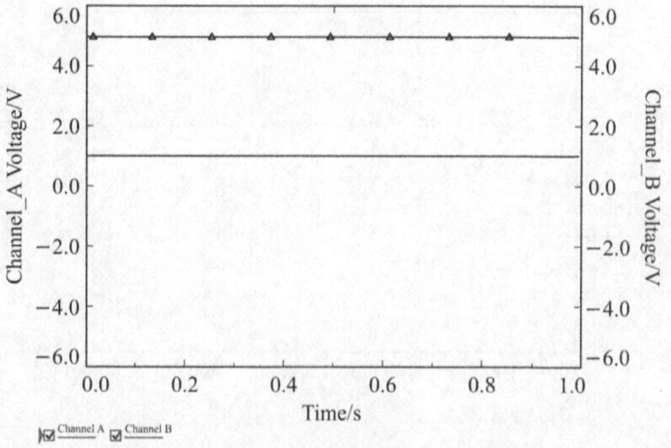

图 2.14　比例环节的单位阶跃响应曲线 2

2）积分环节动态特性

积分环节的 Multisim 仿真电路如图 2.15 所示。

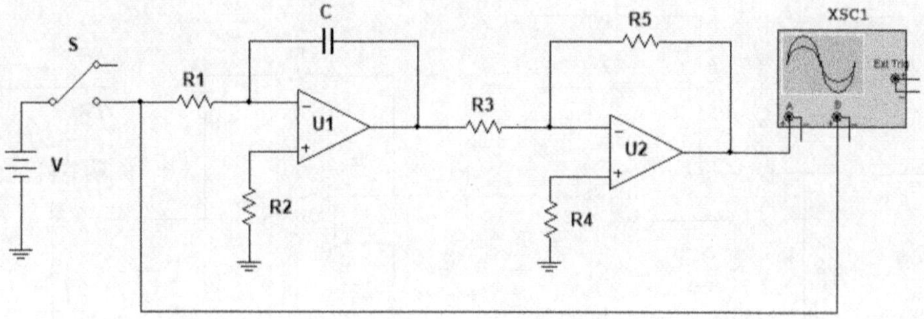

图 2.15　积分环节的仿真电路

实验参数 1：阶跃输入信号 $V=1$ V，$C=2$ μF，$R_1=R_2=R_4=100$ kΩ，$R_3=R_5=200$ kΩ，运行结果如图 2.16 所示。

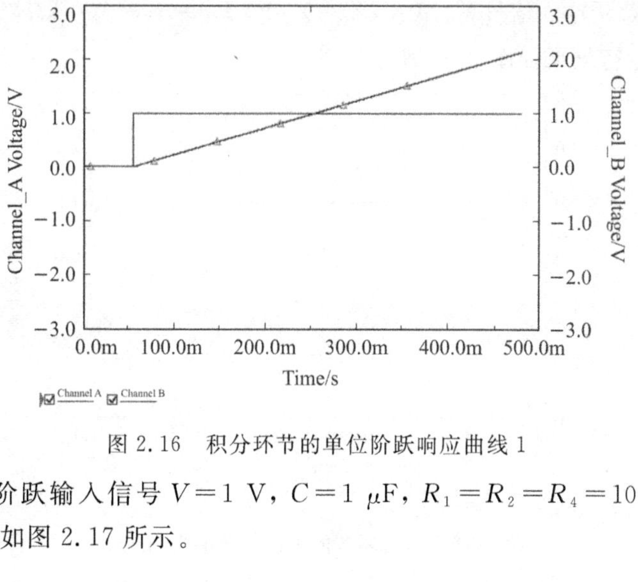

图 2.16　积分环节的单位阶跃响应曲线 1

实验参数 2：阶跃输入信号 $V=1$ V，$C=1$ μF，$R_1=R_2=R_4=100$ kΩ，$R_3=R_5=200$ kΩ，运行结果如图 2.17 所示。

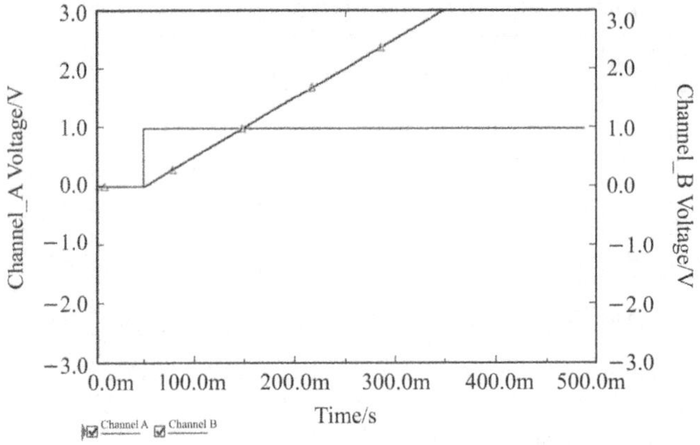

图 2.17 积分环节的单位阶跃响应曲线 2

3）惯性环节动态特性

惯性环节的 Multisim 仿真电路如图 2.18 所示。

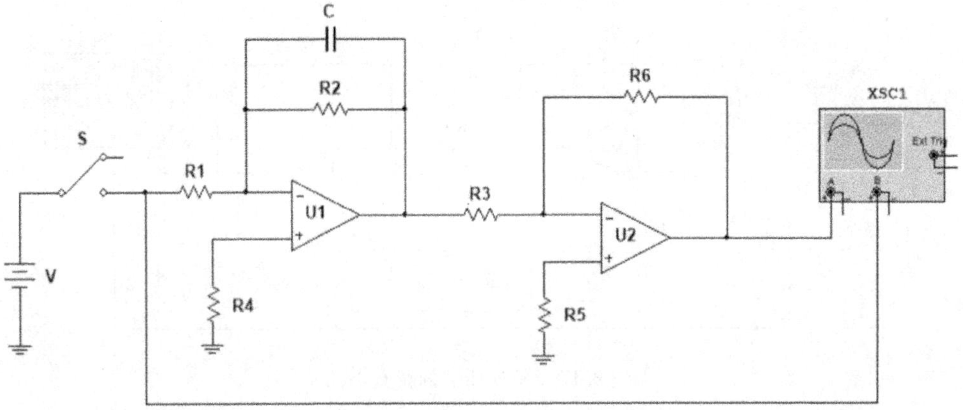

图 2.18 惯性环节的仿真电路

实验参数 1：阶跃输入信号 $V=1$ V，$C=1\ \mu$F，$R_1=R_2=100$ kΩ，$R_3=R_6=200$ kΩ，$R_4=R_5=1$ kΩ，运行结果如图 2.19 所示。

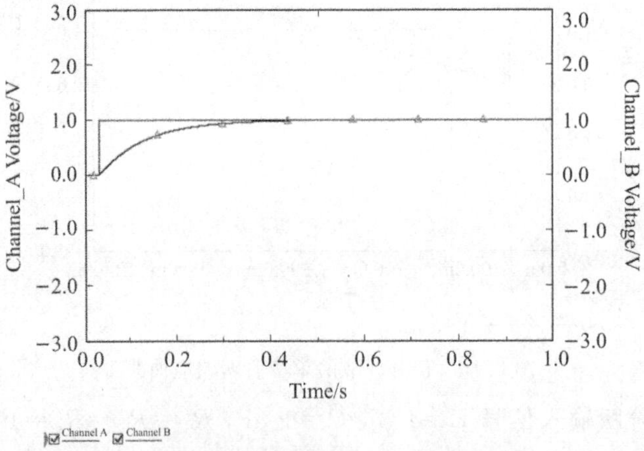

图 2.19 惯性环节的单位阶跃响应曲线 1

实验参数 2：阶跃输入信号 $V=1$ V，$C=1\ \mu$F，$R_1=R_2=100$ kΩ，$R_3=R_4=200$ kΩ，$R_5=R_6=1$ kΩ，运行结果如图 2.20 所示。

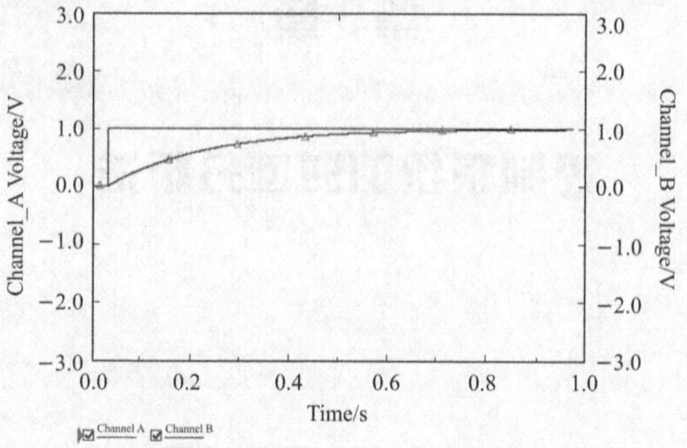

图 2.20　惯性环节的单位阶跃响应曲线 2

5. 实验思考题

(1) 采用集成运放模拟典型环节时，在哪两个假设条件下近似推导出传递函数？

(2) 如何根据单位阶跃响应曲线，确定积分环节和惯性环节的时间常数？

(3) 采用 MATLAB/Simulink 绘制典型环节的单位阶跃响应曲线，与 Multisim 模拟电路实验结果进行对比分析。

6. 实验报告

(1) 设计比例、积分、惯性环节的模拟电路，在 Multisim 软件中进行仿真。

(2) 测试典型环节的单位阶跃响应，绘制单位阶跃响应曲线，分析参数变化对单位阶跃响应曲线的影响。

(3) 完成实验思考题，打印仿真电路及运行结果。

第3章

控制系统的时域分析法

3.1 基础知识

时域分析法是一种直接在时间域中对系统进行分析的方法，具有直观、准确的优点，并且可以提供系统时间响应的全部信息。

3.1.1 典型输入信号及时域性能指标

常用的典型输入信号有阶跃函数、斜坡函数、抛物线函数、脉冲函数、正弦函数。在输入信号的作用下，控制系统的时间响应分别称为阶跃响应、斜坡响应、抛物线响应、脉冲响应、正弦响应。

在典型输入信号的作用下，任何一个控制系统的时间响应都是由动态过程和稳态过程组成。

动态过程又称为过渡过程或瞬态过程，是指系统在典型输入信号作用下，系统输出量从初始状态到接近最终状态的响应过程。动态过程一般表现为衰减、发散或等幅振荡形式。动态性能指标包括上升时间 t_r、峰值时间 t_p、调节时间 t_s、超调量 $\sigma\%$ 和振荡次数 N，超调量 $\sigma\%$ 和调节时间 t_s 是反映系统动态性能好坏的两个最主要指标。

稳态过程是指系统在典型输入信号作用下，当时间 t 趋于无穷时，系统输出量的表现方式。稳态过程又称为稳态响应，表征系统输出量最终复现输入量的程度，提供系统有关稳态精度的信息，用稳态误差 e_{ss} 来描述。

3.1.2 二阶系统的动态性能

凡是由二阶微分方程描述的系统，称为二阶系统。在控制工程中的许多系统都是二阶系统，如电学系统、力学系统等。即使是高阶系统，在简化系统分析的情况下有许多也可以近似成二阶系统。因此，二阶系统的性能分析在自动控制系统分析中有非常重要的地位。

二阶系统的数学模型如下：

$$\Phi(s)=\frac{1}{T^2s^2+2\zeta Ts+1}=\frac{\omega_n^2}{s^2+2\zeta\omega_n s+\omega_n^2}$$

式中，T 为无阻尼振荡周期，ω_n 为无阻尼振荡频率，ζ 为阻尼比。

二阶系统的单位阶跃响应与系统阻尼比 ζ、闭环极点分布有关，关系如表 3.1 所示。

表 3.1　二阶系统阻尼比、闭环极点分布及其单位阶跃响应的关系

阻尼比 ζ	闭环极点分布	单位阶跃响应
$\zeta=0$（无阻尼）	一对共轭虚根	等幅正弦振荡
$0<\zeta<1$（欠阻尼）	一对负实部的共轭复根	衰减振荡
$\zeta=1$（临界阻尼）	一对相等的负实根	单调上升
$\zeta>1$（过阻尼）	两个不相等的负实根	近似一阶系统单位阶跃响应

3.1.3　稳定性和稳态误差

稳定性是系统重新恢复平衡状态的能力，是控制系统正常工作的先决条件。如果控制系统在初始条件影响下，响应过程随时间的推移逐渐衰减并趋于零，则系统稳定。线性连续系统的稳定性只与自身的结构、参数有关，与初始条件、外界扰动等无关。

控制系统稳定的充分必要条件是：系统特征方程的所有根（即系统闭环极点）均具有负的实部（或特征方程的所有根均在 s 平面的左半部）。劳斯稳定判据的内容是：特征方程式各项系数大于零，且劳斯表中第一列元素均大于零。若劳斯表中第一列元素有小于零的值，则系统就不稳定，其符号变化的次数等于该特征方程的根在 s 右半平面的个数。

稳态误差是系统的稳态性能指标，是系统控制精度的度量，计算系统的稳态误差以系统稳定为前提条件。稳态误差与系统本身的结构参数及外作用的形式都有关系。

控制系统的典型结构如图 3.1 所示。

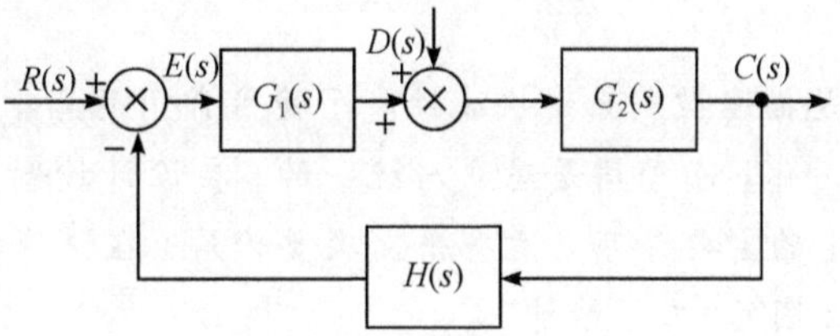

图 3.1　控制系统的典型结构

稳态误差的计算如下：

$$e_{ss}=\lim_{s\to 0}sE(s)=\frac{s}{1+G_1(s)G_2(s)H(s)}R(s)-\frac{sG_2(s)H(s)}{1+G_1(s)G_2(s)H(s)}D(s)$$

二阶系统稳态误差与系统型别的关系如表 3.2 所示。

表 3.2　稳态误差与系统型别的关系

系统型别	稳态误差系数			阶跃输入 $r(t)=A\cdot 1(t)$	斜坡输入 $r(t)=Bt\cdot 1(t)$	加速度输入 $r(t)=\frac{C}{2}t^2\cdot 1(t)$
ν	K_p	K_v	K_a	$e_{ssr}=\frac{A}{K_p}$	$e_{ssr}=\frac{B}{K_v}$	$e_{ssr}=\frac{C}{K_a}$
0	$1+K$	0	0	$\frac{A}{1+K}$	∞	∞

续表

系统型别	稳态误差系数			阶跃输入 $r(t)=A\cdot 1(t)$	斜坡输入 $r(t)=Bt\cdot 1(t)$	加速度输入 $r(t)=\frac{C}{2}t^2\cdot 1(t)$
Ⅰ	∞	K	0	0	$\frac{B}{K_v}$	∞
Ⅱ	∞	∞	K	0	0	$\frac{C}{K_a}$

思政元素

稳定性是控制系统能够正常工作的首要条件。自动控制理论的一个基本任务就是研究控制系统的稳定性问题，并且找出措施来保证控制系统的稳定运行。当代大学生应理解维护稳定的重要性，小到宿舍、班级、家庭，大到学校、社会、国家，都应具有强烈的社会责任感和使命感，坚决维护国家安全、社会和谐稳定，践行“富强、民主、文明、和谐”的社会主义核心价值观。

劳斯稳定判据是由特征方程的系数判别特征方程根的分布。谢绪恺教授打破常规，大胆假设并缜密论证，经过多年努力推导出了线性控制系统稳定性的代数判据。吴麒教授主编的教材《自动控制原理》将“谢绪恺-聂义勇判据”与世界公认的两大判据—“劳斯判据”和“赫尔维茨判据”并列，将原有的两大判据变成三大判据，从而在稳定性方面开始出现以中国人命名的研究成果。谢教授对教学高度负责，将科研和教学密切结合，为国家的科研和教育事业做出了自己的贡献。当代大学生应以谢教授为榜样，做学问要深入，具有严谨细致的科研精神。

调节时间和超调量是描述控制系统快速性和平稳性常用的两个重要的性能指标，但快速性和平稳性是一对矛盾体，而矛盾是对立与统一的。在设计控制系统时要精准把握系统设计的要求，抓住系统中的主要矛盾，适当平衡次要矛盾，在快速性和平稳性中找到系统最优的“平衡点”，发扬大国的“工匠精神”。

控制系统的稳态误差是系统控制精度的一种度量，是控制系统设计中的一项重要的稳态性能指标。误差是不可避免的，但应该采用一定的方法减小或消除误差，从而提高控制系统的精度。当代大学生应在工作和生活中，应具有精益求精的职业精神。

3.2 实验项目

3.2.1 连续系统时域分析的 MATLAB 实现

1. 实验目的

(1) 掌握常用典型输入信号的绘制。

(2) 掌握连续系统响应曲线的绘制及动态性能的分析。

(3) 掌握连续系统的稳定性分析及稳态性能分析。

2. 实验涉及的 MATLAB 函数

1) gensig 函数

功能：产生正弦、方波、脉冲序列输入信号。

调用格式：

```
[u, t]=gensig(type, tau)              % 产生一个类型为 type、周期为 tau 的信号序列 u(t)，其
                                      % 中，type 可以是以下字符串之一：sin(正弦波)，square
                                      %（方波），pulse(脉冲序列)
[u, t]=gensig(type, tau, Tf, Ts)      % 产生一个类型为 type、周期为 tau、持续时间为 Tf、采样
                                      % 时间为 Ts 的信号序列 u(t)
```

2) step 函数

功能：求取系统的单位阶跃响应。

调用格式：

```
step(sys)          % 绘制系统 sys 的单位阶跃响应曲线，sys 为闭环系统模型名称
step(sys, t)       % 绘制系统 sys 指定时间 t 的单位阶跃响应曲线
step(sys1, sys2, …, sysN)       % 绘制多个系统的单位阶跃响应曲线
step(sys1, sys2, …, sysN, t)    % 绘制多个系统指定时间 t 的单位阶跃响应曲线
step(sys1, 'PlotStyle1', …, sysN, 'PlotStyleN')   % 绘制多个系统的单位阶跃响应曲线，并为
                                                  % 每条曲线指定独特的颜色、线条样式和标
                                                  % 记等
y=step(sys, t)          % 输出系统 sys 指定时间 t 的单位阶跃响应 y，不绘制曲线
[y, t]=step(sys)        % 输出系统 sys 的单位阶跃响应 y、时间 t，不绘制曲线
[y, t, x]=step(sys)     % 输出系统 sys 的单位阶跃响应 y、时间 t 和状态轨迹 x(仅用于状态空
                        % 间模型)，不绘制曲线
```

3) impulse 函数

功能：求取系统的单位脉冲响应。

调用格式：

```
impulse(sys)          % 绘制系统 sys 的单位脉冲响应曲线，sys 为闭环系统模型名称
impulse(sys, t)       % 绘制系统 sys 指定时间 t 的单位脉冲响应曲线
impulse(sys1, sys2, …, sysN)       % 绘制多个系统的单位脉冲响应曲线
impulse(sys1, sys2, …, sysN, t)    % 绘制多个系统指定时间 t 的单位脉冲响应曲线
impulse(sys1, 'PlotStyle1', …, sysN, 'PlotStyleN')   % 绘制多个系统的单位脉冲响应曲线，并
                                                     % 为每条曲线指定独特的颜色、线条样式
                                                     % 和标记等
y=impulse(sys, t)          % 输出系统 sys 指定时间 t 的单位脉冲响应 y，不绘制曲线
[y, t]=impulse(sys)        % 输出系统 sys 的单位脉冲响应 y、时间 t，不绘制曲线
[y, t, x]=impulse(sys)     % 输出系统 sys 的单位脉冲响应 y、时间 t 和状态轨迹 x(仅用于状
                           % 态空间模型)，不绘制曲线
```

4) lsim 函数

功能：求取任意输入信号时控制系统的时间响应。

调用格式：

```
lsim(num, den, u, t)          % 绘制时间响应曲线，num 为传递函数分子多项式，den 为传递函数
                              % 分母多项式，u 为输入信号，t 为时间
lsim(sys, u, t)               % 绘制时间为 t，输入信号为 u 时系统 sys 的时间响应曲线，sys 为闭
                              % 环系统模型名称
lsim(sys1, sys2, …, sysN, u, t)  % 绘制时间为 t，输入信号为 u 时多个系统的时间响应曲线
lsim(sys1, 'PlotStyle1', …, sysN, 'PlotStyleN', u, t)  % 绘制时间为 t，输入信号为 u 时多个
                                                       % 系统的时间响应曲线，并为每条曲
                                                       % 线指定独特的颜色、线条样式和标
                                                       % 记等
y=lsim(sys, u, t)         % 输出时间为 t，输入信号为 u 时系统的时间响应 y，不绘制曲线
[y, t]=lsim(sys, u, t)  % 输出时间为 t，输入信号为 u 时系统的时间响应 y、时间 t，不绘制曲线
```

5) roots 函数

功能：求取特征根。

调用格式：

```
roots(p)  % 求取特征根，p 为降幂排列的多项式系数
```

6) dcgain 函数

功能：求取稳态增益。

调用格式：

```
kp=dcgain(gopen)  % 求取静态位置误差系数 kp，gopen 为开环传递函数模型
kv=dcgain([nopen 0], dopen)    % 求取静态速度误差系数 kv，nopen 为开环传递函数分子多
                               % 项式的系数，dopen 为开环传递函数分母多项式的系数
ka=dcgain([nopen 0 0], dopen)   % 求取静态加速度误差系数 ka，nopen 为开环传递函数分子
                                % 多项式的系数，dopen 为开环传递函数分母多项式的系数
```

3. 实验预习

(1) 明确本次实验目的，复习连续系统时域分析法相关知识。

(2) 熟悉与本实验相关的 MATLAB 函数的功能及调用格式。

(3) 读懂实验内容有关例题程序，预先编写实验程序。

4. 实验内容

1) 典型输入信号的产生

例 3.1 编程产生一个周期为 1 s、持续时间为 10 s、采样时间为 0.01 s 的正弦信号，以及一个周期为 2 s、持续时间为 20 s、采样时间为 0.02 s 的脉冲信号。

解 MATLAB 程序：

```
[u1, t1]=gensig('sin', 1, 10, 0.01);
```

```
[u2, t2]=gensig('pulse', 2, 20, 0.02);
subplot(2, 1, 1);
plot(t1, u1, 'k');
axis([0 10 -1.1 1.1]);
title('sin')
xlabel('Time/s'), ylabel('Amplitude')
subplot(2, 1, 2);
plot(t2, u2, 'k');
axis([0 20 -0.1 1.1]);
title('pulse')
xlabel('Time/s'), ylabel('Amplitude')
```

运行结果如图 3.2 所示。

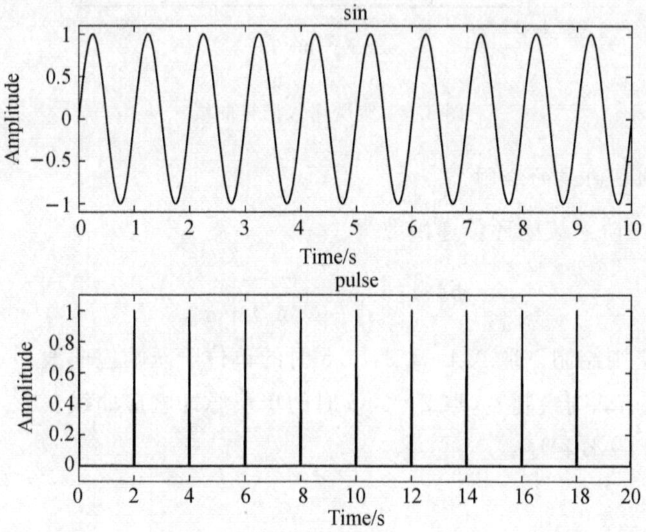

图 3.2　用 gensig 函数产生正弦信号与脉冲信号

例 3.2　编程产生 $1(t)$、t 和 $0.5t^2$ 三种信号。

解　MATLAB 程序：

```
Ts=0.01;
T=5;
t=0: Ts: T;
u1=ones(length(t));
u2=t;
u3=0.5*t.^2;
plot(t, u1, 'k', t, u2, 'k--', t, u3, 'k-.');
axis([0 5 0 5]);
gtext('单位阶跃信号');
gtext('单位斜坡信号');
```

```
gtext('单位抛物线信号');
xlabel('Time/s'), ylabel('Amplitude')
```

运行结果如图 3.3 所示。

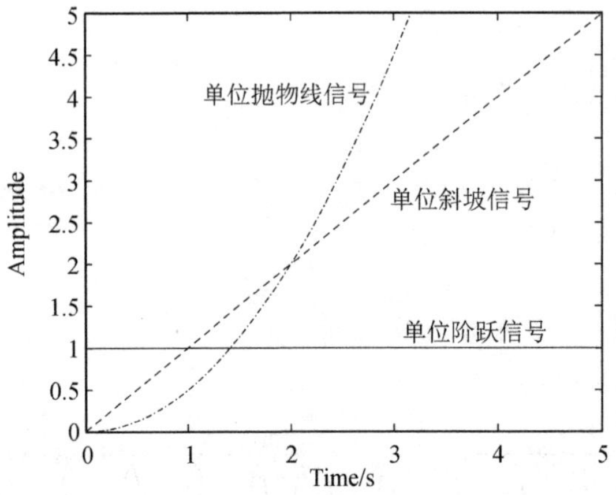

图 3.3 典型输入信号曲线

2）连续系统响应曲线的绘制

例 3.3 已知二阶系统闭环传递函数为

$$\Phi(s)=\frac{\omega_n^2}{s^2+2\zeta\omega_n s+\omega_n^2}$$

(1) 若 $\omega_n=8$，则绘制 ζ 取 0.1，0.3，0.5 时的单位阶跃响应曲线。

(2) 若 $\zeta=0.707$，则绘制 ω_n 取 2，4，6 时的单位脉冲响应曲线。

解 (1) MATLAB 程序：

```
wn=8;
zeta=[0.1: 0.2: 0.5];
figure(1)
hold on
for i=1: 3
num=wn^2;
den=[1, 2*zeta(i)*wn, wn^2];
step(num, den)
end
legend('zeta=0.1', 'zeta=0.3', 'zeta=0.5')
title('Step Response')
xlabel('Time/s'), ylabel('Amplitude')
hold off
```

运行结果如图 3.4 所示。

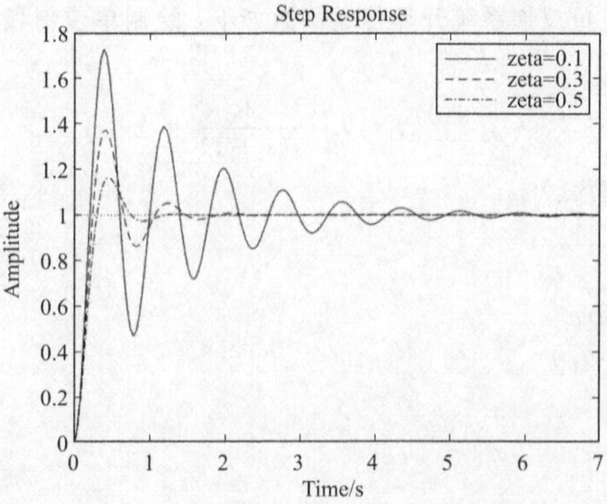

图 3.4　ζ 取不同值时的单位阶跃响应曲线

(2) MATLAB 程序：

```
zeta=0.707;
wn=[2: 2: 6];
figure(2)
hold on
for j=1: 3
num=wn(j)^2;
den=[1, 2 * zeta * wn(j), wn(j)^2];
impulse(num, den)
end
legend('wn=2', 'wn=4', 'wn=6')
title('Impulse Response')
xlabel('Time/s'), ylabel('Amplitude')
hold off
```

运行结果如图 3.5 所示。

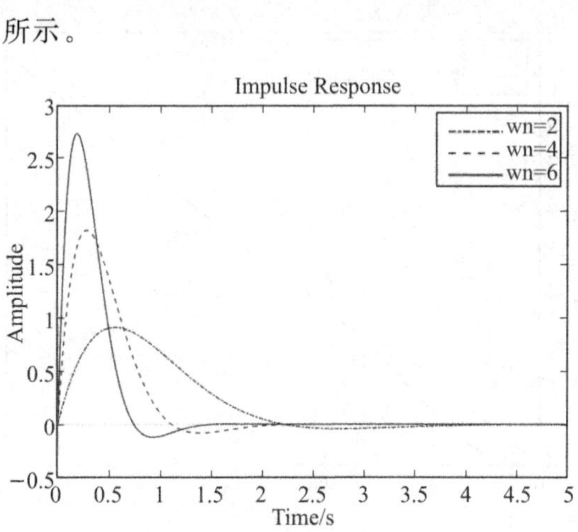

图 3.5　ω_n 取不同值时的单位脉冲响应曲线

例 3.4 已知单位负反馈系统开环传递函数如下，绘制单位斜坡响应曲线及单位加速度响应曲线。

$$G_k(s)=\frac{2}{s(s+1)}$$

解 MATLAB 程序：

```
num=[2];
den=[1 1 0];
s0=tf(num, den);
sys1=feedback(s0, 1)
```

命令窗口显示：

```
sys1=
        2
-----------
    s^2 + s + 2
```

(1) 单位斜坡响应。

对于单位斜坡信号有：$R(s)=\frac{1}{s^2}$，$C(s)=\frac{2}{s^2+s+2}\times\frac{1}{s^2}=\frac{2}{s^2+s+2}\times\frac{1}{s}\times\frac{1}{s}$。求系统单位斜坡响应，相当于求原系统乘一个积分环节后的系统的单位阶跃响应。

MATLAB 程序：

```
t=0: 0.1: 10;
g1=sys1 * tf(1, [1 0]);
y=step(g1, t);
plot(t, t, 'k-.', t, y, 'k');
grid;
legend('\it t', '单位斜坡响应')
xlabel('Time/s'), ylabel('Amplitude')
```

运行结果如图 3.6 所示。

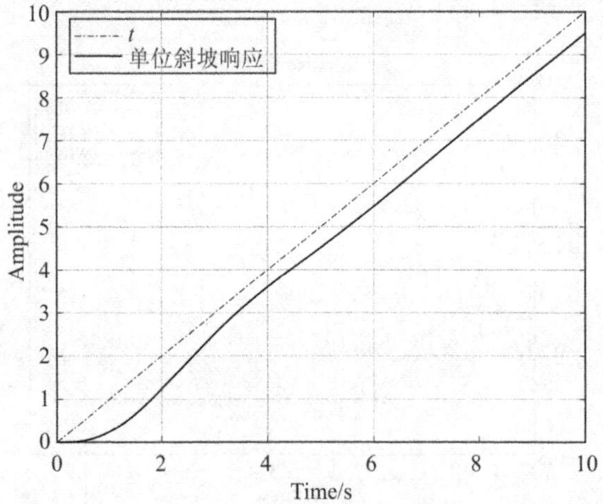

图 3.6 单位斜坡响应曲线

（2）单位加速度响应。

对于单位加速度信号有：$R(s)=\dfrac{1}{s^3}$，$C(s)=\dfrac{2}{s^2+s+2}\times\dfrac{1}{s^3}=\dfrac{2}{s^2+s+2}\times\dfrac{1}{s^2}\times\dfrac{1}{s}$。求系统的单位加速度响应，相当于求原系统与两个积分环节串联后系统的单位阶跃响应。

MATLAB 程序：

```
g2=sys1 * tf(1, [1 0 0]);
y1=step(g2, t);
r0=0.5 * t.^2;
plot(t, r0, 'k-.', t, y1, 'k');
grid;
legend('\it 0.5t^2', '单位加速度响应')
xlabel('Time/s'), ylabel('Amplitude')
```

运行结果如图 3.7 所示。

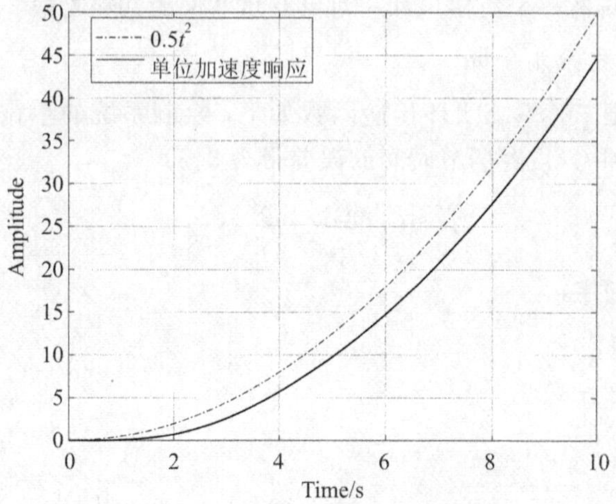

图 3.7　单位加速度响应曲线

3）连续系统的稳定性分析

例 3.5　已知某系统闭环特征方程 $s^4+2s^3+s^2+7s+6=0$，判断该系统的闭环稳定性。

解　MATLAB 程序：

```
p=[1 2 1 7 6];
roots(p)
```

命令窗口显示：

```
ans=
0.6160+1.6011i
0.6160-1.6011i
-2.3727
-0.8592
```

特征根说明该系统有两个负实根和一对具有正实部的共轭复根，此系统不稳定。

例 3.6　已知单位负反馈系统开环传递函数如下，分析该闭环系统的稳定性。

$$G_k(s)=\frac{100(s+3)}{s(s+1)(s+10)}$$

解 MATLAB程序：

```
k=100;
z=[-3];
p=[0, -1, -10];
[n1, d1]=zp2tf(z, p, k);
G=tf(n1, d1);
p=n1+d1;
roots(p)
```

命令窗口显示：

```
ans=
-3.7007 + 8.3469i
-3.7007 - 8.3469i
-3.5986
```

特征根说明该系统有一个负实根和一对具有负实部的共轭复根，此系统稳定。

4) 连续系统的动态性能分析

例 3.7 已知典型二阶系统闭环传递函数如下，绘制系统的单位阶跃响应曲线，并求出动态性能指标 $\sigma\%$ 和 t_s（设置调节时间的误差带为 3%）。

$$\Phi(s)=\frac{8}{s^2+4s+8}$$

解 MATLAB程序：

```
num=[8];
den=[1 4 8];
sys=tf(num, den);
t=0: 0.01: 10;
step(sys, t, 'k')
title('Step Response')
xlabel('Time/s'), ylabel('Amplitude')
```

运行结果如图 3.8 所示。

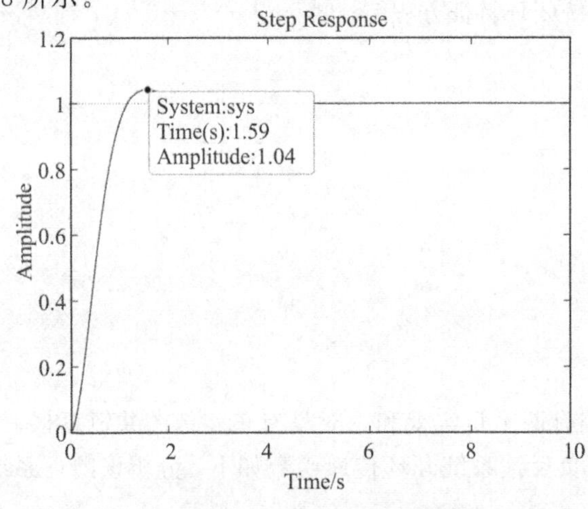

图 3.8 例 3.7 单位阶跃响应曲线

将鼠标指针移至图 3.8 曲线上任意一点并单击，图形将自动显示此点对应的响应时间与幅值大小，拖动鼠标在响应曲线上移动，可以显示任意点对应的响应时间与幅值大小。由响应曲线可得，响应稳态值为 1，最大超调量 $\sigma\%=(1.04-1)/1\times100\%=0.4\%$，调节时间 $t_s=1.87$ s。

例 3.8　已知单位负反馈系统开环传递函数如下，求峰值时间 t_p、上升时间 t_r 和超调量 $\sigma\%$。

$$G_k(s)=\frac{100}{s^2+4s}$$

解　MATLAB 程序：

```
s1=tf(100, [1 4 0]);
closys=feedback(s1, 1);
[y, t]=step(closys);
plot(t, y, 'k');
[cp, T]=max(y);
tp=t(T)
ess=dcgain(closys);
sigma=100 * (cp-ess)/ess
n=1;
while y(n)<0.1 * ess
n=n+1;
end
m=1;
while y(m)<0.9 * ess
m=m+1;
end
tr=t(m)-t(n)
xlabel('Time/s'), ylabel('Amplitude')
```

命令窗口显示：

```
tp=
    0.3224
sigma=
    52.6542
tr=
    0.1151
```

运行结果如图 3.9 所示。

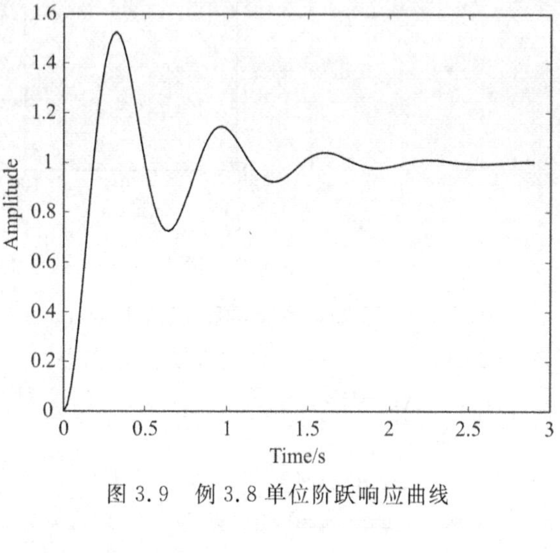

图 3.9　例 3.8 单位阶跃响应曲线

5）连续系统的稳态性能分析

例 3.9　已知单位负反馈系统开环传递函数如下，计算输入分别为 $r_1(t)=1(t)+2t$，$r_2(t)=t^2$ 时的系统稳态误差。

$$G_k(s)=\frac{4}{s(s+1)(s+2)}$$

解　(1) 输入 $r_1(t)=1(t)+2t$ 时的系统稳态误差。

MATLAB 程序：

```
num=[4];
den=conv(conv([1 0], [1 1]), [1 2]);
s0=tf(num, den);
GG=feedback(s0, 1);
t=0: 0.1: 100;
u=ones(length(t), 1)+2*t';
y1=lsim(GG, u, t);
e=u-y1;
subplot(1, 2, 1);
plot(t, u, 'k--', t, y1, 'k');
xlabel('Time/s'), ylabel('Amplitude')
subplot(1, 2, 2);
plot(t, e, 'k');
xlabel('Time/s'), ylabel('Amplitude')
```

运行结果如图 3.10 所示。

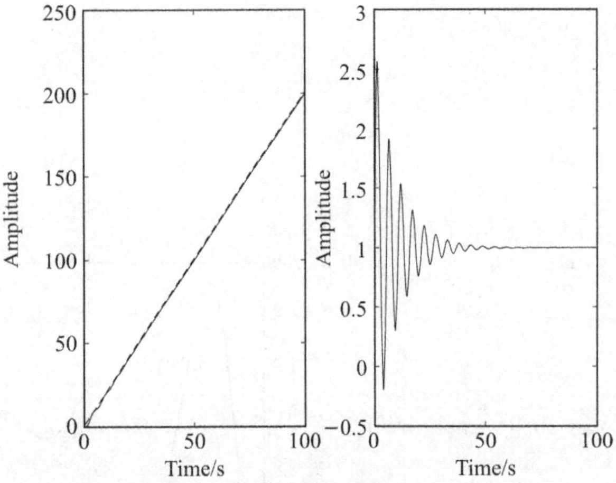

图 3.10 输入 $r_1(t)$时的单位阶跃响应及误差响应曲线

由图 3.10 可知，系统的稳态误差为 1。

(2) 输入 $r_2(t)=t^2$ 时的系统稳态误差。

MATLAB 程序：

```
num=[4];
den=conv(conv([1 0], [1 1]), [1 2]);
s0=tf(num, den);
GG=feedback(s0, 1);
t=0: 0.1: 100;
u=t.^2';
y1=lsim(GG, u, t);
e=u-y1;
subplot(1, 2, 1);
```

```
plot(t, u, 'k--', t, y1, 'k');
xlabel('Time/s'), ylabel('Amplitude')
subplot(1, 2, 2);
plot(t, e, 'k');
xlabel('Time/s'), ylabel('Amplitude')
```

运行结果如图 3.11 所示。

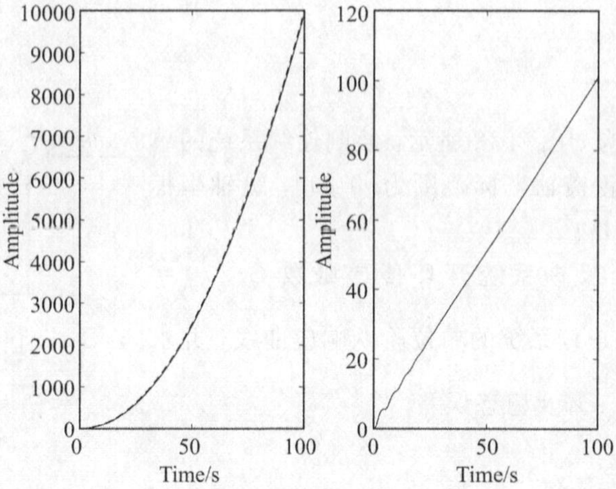

图 3.11　输入 $r_2(t)$时的单位阶跃响应及误差响应曲线

由图 3.11 可知，系统的稳态误差持续增加，即稳态误差为无穷大。

例 3.10　已知单位负反馈系统开环传递函数如下，求系统的稳态位置误差系数 k_p、稳态速度误差系数 k_v、稳态加速度误差系数 k_a，并计算当输入信号 $r(t)=(1+5t+t^2)\cdot 1(t)$ 时的稳态误差。

$$G_k(s)=\frac{7(s+1)}{s(s+4)(s^2+2s+3)}$$

解　MATLAB 程序：

```
num=[7 7];
den=conv([1 0], conv([1 4], [1 2 3]));
sys=tf(num, den);
A=1;
B=5;
C=2;
kp=dcgain(sys) ;
kv=dcgain([num 0], den) ;
ka=dcgain([num 0 0], den) ;
essp=A/(1+kp)
essv=B/kv
essa=C/ka
ess=essp+essv+essa
```

命令窗口显示：

```
essp=
    0
essv=
    8.5714
essa=
    Inf
ess=
    Inf
```

5. 实验思考题

(1) 连续系统结构如图 3.12 所示，绘制连续系统的单位阶跃响应曲线，设置横轴坐标范围为[0 20]，纵轴坐标范围为[0 1]，并加栅格。

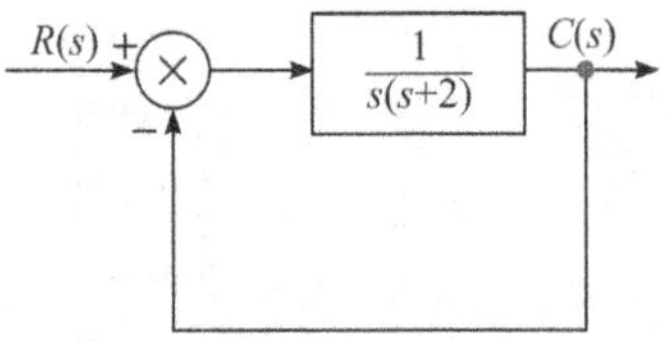

图 3.12 连续系统结构图

(2) 已知单位负反馈系统开环传递函数 $G_k(s)=\dfrac{50}{s^2+2s+1}$，编程绘制连续系统的单位阶跃响应曲线，并求动态性能指标 t_p、t_r、$\sigma\%$及稳态误差。

6. 实验报告

(1) 列写已调试通过的实验程序。

(2) 分析实验内容中各条语句的功能。

(3) 完成实验思考题，打印实验程序及运行结果。

3.2.2 二阶系统模拟电路设计及动态特性测试

1. 实验目的

(1) 加深理解二阶系统的传递函数、结构图及动态特性。

(2) 掌握二阶系统模拟电路的构成，能够运用典型环节设计二阶系统。

(3) 熟练应用 Multisim 软件对二阶系统进行建模、仿真与测试，能够正确分析二阶系统动态特性与参数之间的关系。

2. 实验原理

1) 二阶系统的数学模型

二阶系统的结构图如图 3.13 所示。

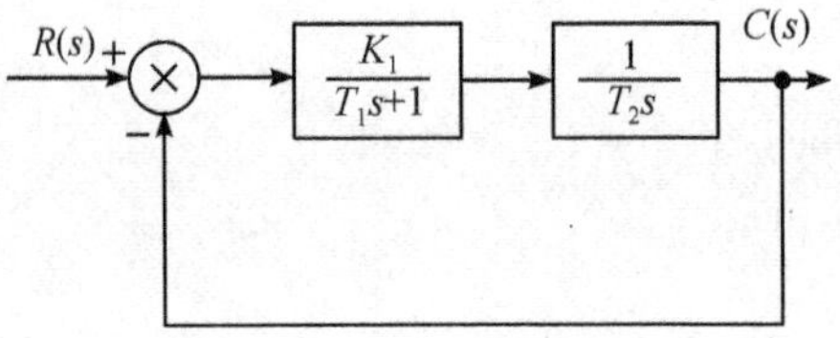

图 3.13 二阶系统的结构图

二阶系统的开环传递函数为

$$G(s)=\frac{K_1/T_2}{s(T_1s+1)}=\frac{K}{s(T_1s+1)}$$

二阶系统的闭环传递函数为

$$\Phi(s)=\frac{\dfrac{K}{T_1}}{s^2+\dfrac{1}{T_1}s+\dfrac{K}{T_1}}=\frac{\omega_n^2}{s^2+2\zeta\omega_n s+\omega_n^2}$$

式中，$\omega_n=\sqrt{\dfrac{K_1}{T_1T_2}}$，$\zeta=\dfrac{1}{2}\sqrt{\dfrac{T_2}{K_1T_1}}$。

二阶系统的特征方程式为

$$s^2+2\zeta\omega_n+\omega_n^2=0$$

二阶系统的特征根(闭环极点)为

$$s_{1,2}=-\zeta\omega_n\pm\omega_n\sqrt{\zeta^2-1}$$

2）二阶系统的模拟电路

二阶系统的模拟电路如图 3.14 所示。

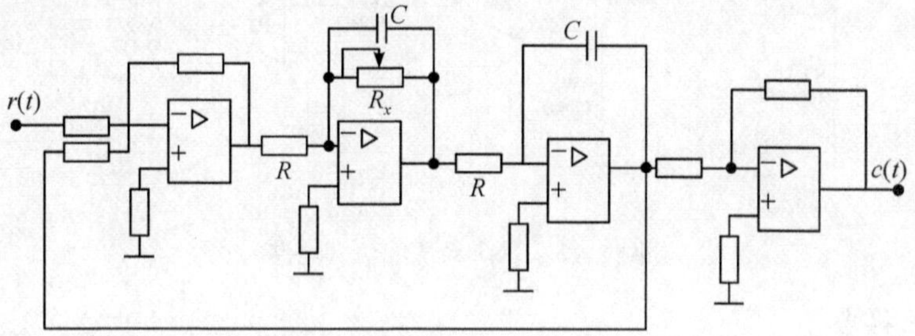

图 3.14　二阶系统的模拟电路

3）二阶系统动态特性与系统参数的关系

由图 3.14 可知，二阶系统由惯性环节、积分环节构成。

二阶系统包括的惯性环节的传递函数为

$$G_1(s)=-\frac{K_1}{T_1s+1}$$

式中，$T_1=R_xC$，$K_1=\dfrac{R_x}{R}$。

二阶系统包括的积分环节的传递函数为

$$G_2(s)=-\frac{1}{T_2s}$$

式中，$T_2=RC$。

将 $T_1=R_xC$，$K_1=\dfrac{R_x}{R}$，$T_2=RC$ 代入 $\zeta=\dfrac{1}{2}\sqrt{\dfrac{T_2}{K_1T_1}}$，得 $\zeta=\dfrac{R}{2R_x}$。

假设 $R=100\ \text{k}\Omega$，可推出如下结论：

(1) 当 $R_x=50\ \text{k}\Omega$ 时，$\zeta=1$，系统处于临界阻尼状态。

(2) 当 $R_x>50\ \text{k}\Omega$ 时，$0<\zeta<1$，系统处于欠阻尼状态。

(3) 当 $R_x<50\ \text{k}\Omega$ 时，$\zeta>1$，系统处于过阻尼状态。

3. 实验预习

(1) 明确本次实验目的，认真阅读实验原理，掌握实验方法。

(2) 复习二阶系统的传递函数、阻尼比及单位阶跃响应等基本知识。

(3) 根据实验内容，预先设计二阶系统的模拟电路。

4. 实验内容

二阶系统由惯性环节和积分环节构成，Multisim 仿真电路如图 3.15 所示。

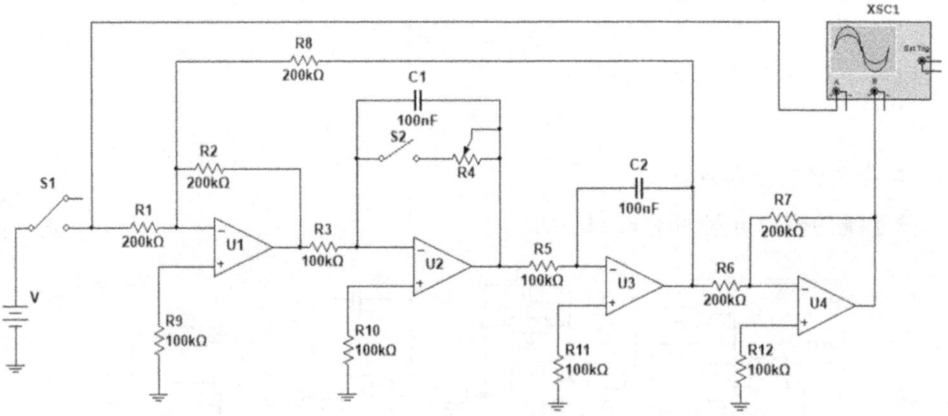

图 3.15　二阶系统的仿真电路

1) 无阻尼状态

图 3.15 中，当开关 S2 断开时，$\zeta=0$，系统处于无阻尼状态，响应曲线呈现等幅振荡，运行结果如图 3.16 所示。

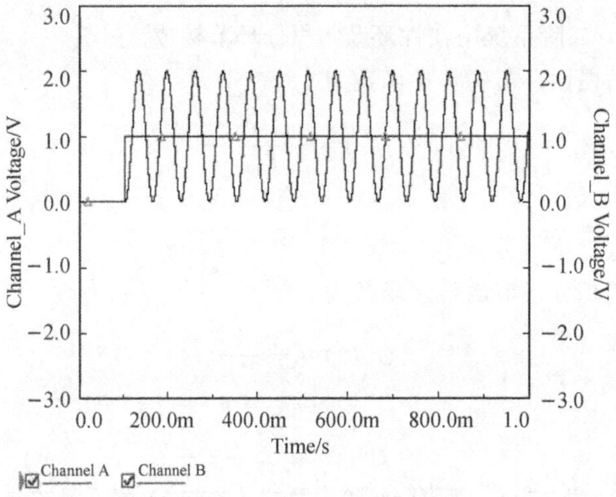

图 3.16　无阻尼时二阶系统的单位阶跃响应曲线

2）欠阻尼状态

图 3.15 中，闭合开关 S2，当 $R_4>50\ \mathrm{k\Omega}$，$0<\zeta<1$ 时，系统处于欠阻尼状态，响应曲线呈现衰减振荡，运行结果如图 3.17 所示。

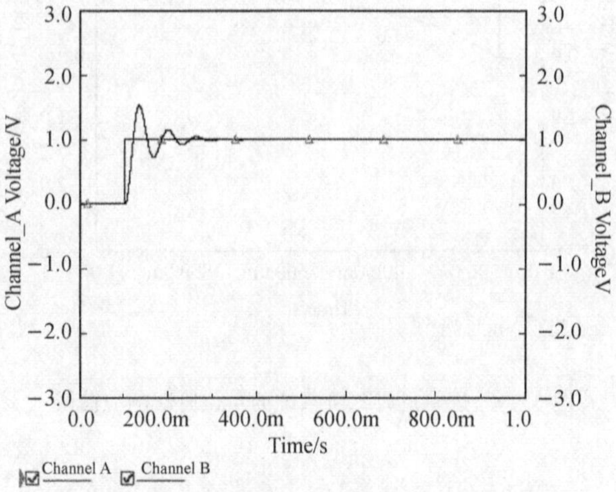

图 3.17　欠阻尼时二阶系统的单位阶跃响应曲线

3）临界阻尼状态

图 3.15 中，闭合开关 S2，当 $R_4=50\ \mathrm{k\Omega}$，$\zeta=1$ 时，系统处于临界阻尼状态，响应曲线呈现单调上升，运行结果如图 3.18 所示。

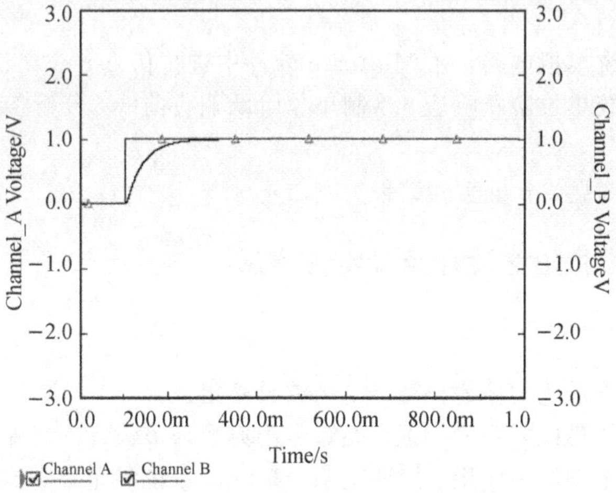

图 3.18　临界阻尼时二阶系统的单位阶跃响应曲线

4）过阻尼状态

图 3.15 中，闭合开关 S2，当 $R_4<50\ \mathrm{k\Omega}$，$\zeta>1$ 时，系统处于过阻尼状态，响应曲线呈现单调上升，上升速度较处于临界阻尼时慢，运行结果如图 3.19 所示。

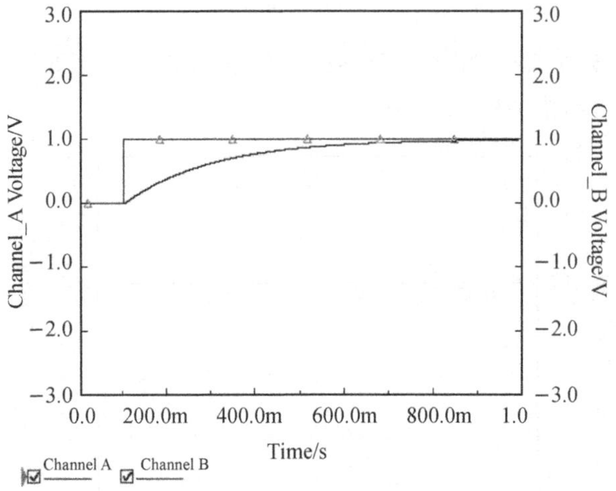

图 3.19 过阻尼时二阶系统的单位阶跃响应曲线

5. 实验思考题

(1) 在模拟电路中如何实现负反馈？如果反馈回路中有偶数个运算放大器，构成什么反馈？

(2) 通过实验分析 ζ 和 ω_n 对上升时间 t_r、最大超调量 $\sigma\%$ 及调节时间 t_s 的影响。

(3) 采用 MATLAB/Simulink 绘制二阶系统的单位阶跃响应曲线，与 Multisim 模拟电路实验结果进行对比分析。

6. 实验报告

(1) 设计二阶系统模拟电路，在 Multisim 软件中进行仿真。

(2) 测试二阶系统单位阶跃响应，绘制单位阶跃响应曲线，分析参数 R_x 变化对单位阶跃响应曲线的影响。

(3) 完成实验思考题，分析实验结果。

3.2.3 三阶系统模拟电路设计及稳定性测试

1. 实验目的

(1) 加深理解三阶系统的传递函数、结构图及稳定性。

(2) 掌握三阶系统模拟电路的构成，能够运用典型环节设计三阶系统。

(3) 掌握劳斯稳定判据的应用，能够正确分析三阶系统稳定性与参数之间的关系。

(4) 熟练应用 Multisim 软件对三阶系统进行建模、仿真与测试。

2. 实验原理

1) 三阶系统的数学模型

三阶系统的结构图如图 3.20 所示。

三阶系统的开环传递函数为

$$G_k(s)=\frac{K_1K_2}{T_3s(T_1s+1)(T_2s+1)}$$

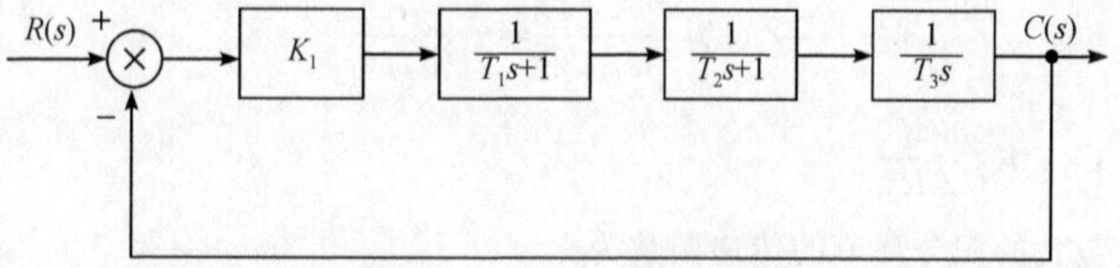

图 3.20 三阶系统的结构图

三阶系统的闭环传递函数为

$$G(s)=\frac{C(s)}{R(s)}=\frac{K_1K_2}{T_3s(T_1s+1)(T_2s+1)+K_1K_2}$$

三阶系统的特征方程式为

$$T_1T_2T_3s^3+T_3(T_1+T_2)s^2+T_3s+K_1K_2=0$$

2) 三阶系统的模拟电路

三阶系统的模拟电路如图 3.21 所示。

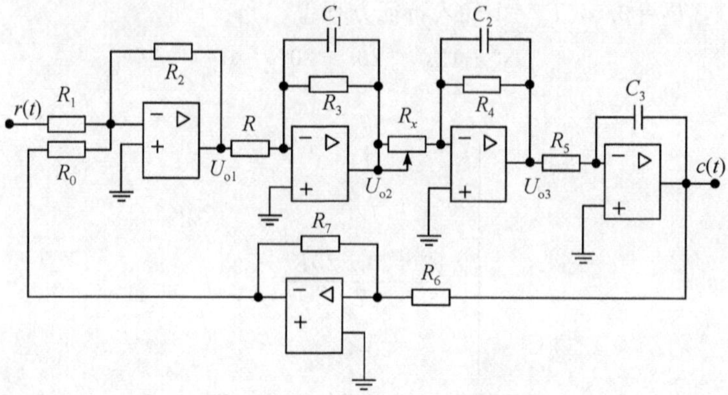

图 3.21 三阶系统的模拟电路

3) 三阶系统稳定性与系统参数的关系

结合图 3.20 和图 3.21 可知，三阶系统由 1 个比例环节、2 个惯性环节和 1 个积分环节构成，$R_3=R$。

三阶系统包含的比例环节的传递函数为

$$G_1(s)=\frac{U_{o1}(s)}{R(s)}=-K_1$$

式中，$K_1=\frac{R_2}{R_1}$。

三阶系统包含的第一个惯性环节的传递函数为

$$G_2(s)=\frac{U_{o2}(s)}{U_{o1}(s)}=-\frac{1}{T_1s+1}$$

式中，$T_1=R_3C_1$。

三阶系统包含的第二个惯性环节的传递函数为

$$G_3(s)=\frac{U_{o3}(s)}{U_{o2}(s)}=-\frac{K_2}{T_2s+1}$$

式中，$T_2=R_4C_2$，$K_2=\frac{R_4}{R_x}$。

三阶系统包含的积分环节的传递函数为

$$G_4(s)=\frac{C(s)}{U_{o3}(s)}=-\frac{1}{T_3s}$$

式中，$T_3=R_5C_3$。

若令 $R_1=R_2=200\ \text{k}\Omega$，$R_3=R_5=100\ \text{k}\Omega$，$R_4=500\ \text{k}\Omega$，$C_1=C_2=1\ \mu\text{F}$，$C_3=10\ \mu\text{F}$，则 $T_1=0.1$，$T_2=0.5$，$T_3=1$。由于 $K=K_1K_2=K_2=\frac{R_4}{R_x}=\frac{500}{R_x}$，改变 R_x 的阻值，可改变三阶系统的放大系数 K。

该系统的特征方程为

$$T_1T_2T_3s^3+T_3(T_1+T_2)s^2+T_3s+K_1K_2=0$$

将 $T_1=0.1$，$T_2=0.5$，$T_3=1$ 代入特征方程得

$$s^3+12s^2+20s+20K=0$$

列劳斯表为

s^3	1	20
s^2	12	$20K$
s^1	$\frac{12\times 20-20K}{12}$	0
s^0	$20K$	

由劳斯判据可知，劳斯表第一列元素大于零，系统稳定。即 $0<K<12$，系统稳定；$K=12$，系统临界稳定；$K>12$，系统不稳定。

根据 $K=\frac{500}{R_x}$ 计算可得，$R_x>\frac{125}{3}\ \text{k}\Omega$，系统稳定；$R_x=\frac{125}{3}\ \text{k}\Omega$，系统临界稳定；$0<R_x<\frac{125}{3}\ \text{k}\Omega$，系统不稳定。

3. 实验预习

(1) 明确本次实验目的，认真阅读实验原理，掌握实验方法。

(2) 复习三阶系统传递函数、劳斯稳定判据等基本知识。

(3) 根据实验内容，预先设计三阶系统的模拟电路。

4. 实验内容

三阶系统 Multisim 仿真电路如图 3.22 所示。该系统由 1 个比例环节、2 个惯性环节和 1 个积分环节构成。

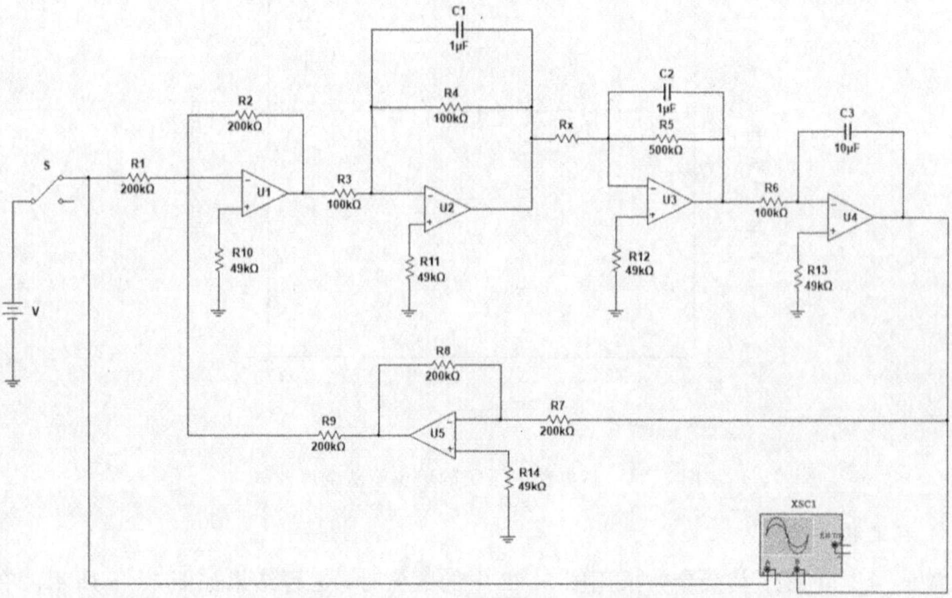

图 3.22　三阶系统的仿真电路

1）不稳定状态

由实验原理可知，当 $R_x=30\ \mathrm{k\Omega}$，其余参数采用图 3.22 中的数值时，运行结果如图 3.23 所示。单位阶跃响应曲线呈发散振荡，系统处于不稳定状态。

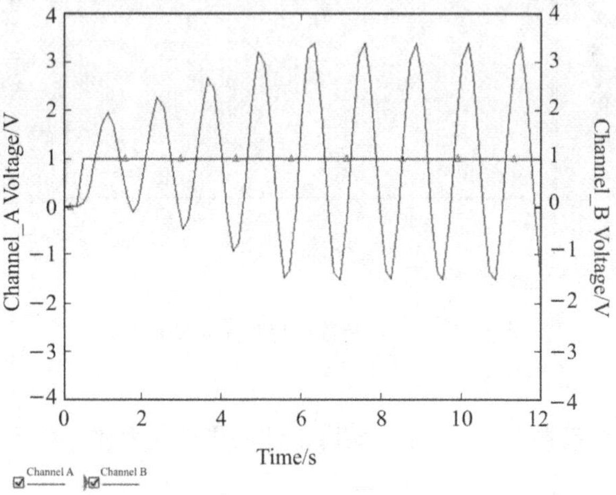

图 3.23　不稳定系统的单位阶跃响应曲线

2）临界稳定状态

当 $R_x=\dfrac{125}{3}\ \mathrm{k\Omega}$，其余参数采用图 3.22 中的数值时，运行结果如图 3.24 所示。单位阶跃响应曲线呈等幅振荡，系统处于临界稳定状态。

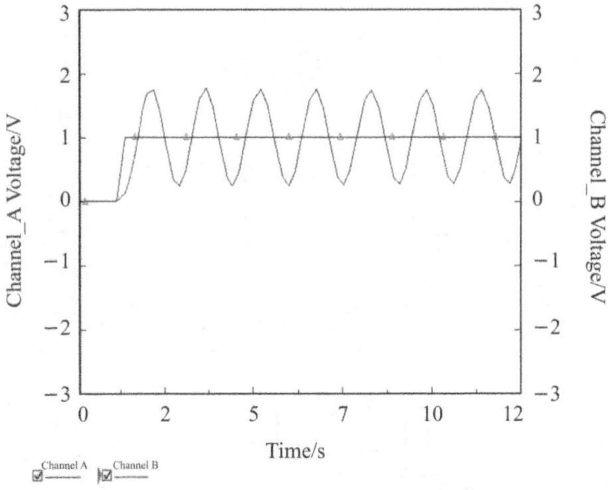

图 3.24 临界稳定系统的单位阶跃响应曲线

3）稳定状态

当 $R_x = 100\ k\Omega$，其余参数采用图 3.22 中的数值时，运行结果如图 3.25 所示。单位阶跃响应曲线呈衰减振荡，系统处于稳定状态。

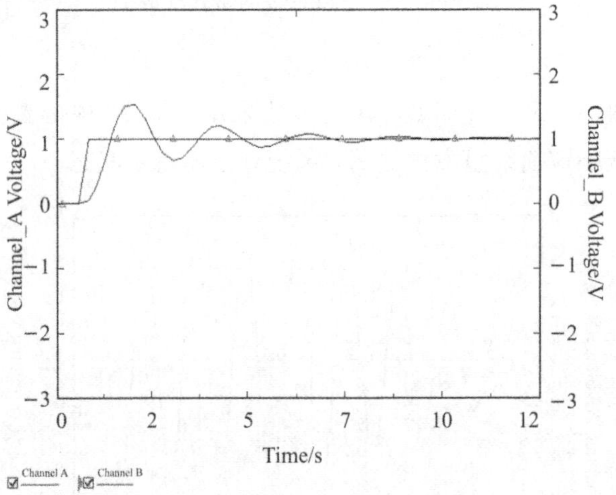

图 3.25 稳定系统的单位阶跃响应曲线

5. 实验思考题

（1）分析开环放大系数 K 对三阶系统稳定性的影响，为使三阶系统能稳定工作，K 的取值小一些还是大一些？

（2）分析三阶系统中惯性环节的时间常数 T 对系统稳定性的影响。

（3）采用 MATLAB/Simulink 绘制三阶系统的单位阶跃响应曲线，与 Multisim 模拟电路实验结果进行对比分析。

6. 实验报告

（1）设计三阶系统的模拟电路图，在 Multisim 软件中进行仿真。

（2）测试三阶系统处于不稳定、临界稳定和稳定三种情况下的单位阶跃响应，研究参数变化对系统稳定性的影响。

（3）完成实验思考题，打印仿真电路及运行结果。

3.2.4　二阶系统稳态误差测试

1. 实验目的

（1）加深理解 0 型、I 型二阶系统的偏差传递函数及稳态误差。

（2）掌握 0 型、I 型二阶系统模拟电路构成，能够运用典型环节设计 0 型、I 型二阶系统。

（3）掌握稳态误差与系统型别、输入信号及系统参数之间的关系。

（4）熟练应用 Multisim 软件对 0 型、I 型二阶系统进行建模、仿真与测试。

2. 实验原理

稳态误差是系统的稳态性能指标。稳态误差不仅与系统的结构和参数有关，也与输入信号的形式、大小和作用点有关。计算系统的稳态误差应以系统稳定为前提条件。

1）二阶系统的稳态误差

二阶系统的结构图如图 3.26 所示。

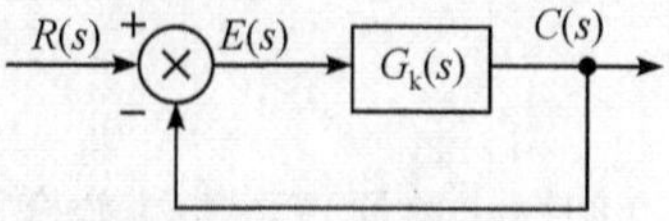

图 3.26　二阶系统的结构图

二阶系统的误差传递函数为

$$\frac{E(s)}{R(s)}=\frac{1}{1+G_{\mathrm{k}}(s)}$$

二阶系统的稳态误差为

$$e_{\mathrm{ss}}=\lim_{s\to 0}sE(s)=\lim_{s\to 0}\frac{s\times R(s)}{1+G_{\mathrm{k}}(s)}$$

根据二阶系统的开环传递函数 $G_{\mathrm{k}}(s)$ 中包含积分环节的个数，常见的二阶系统又可分为 0 型二阶系统和 I 型二阶系统。

2）二阶系统的模拟电路

0 型二阶系统由 2 个惯性环节构成，模拟电路如图 3.27 所示。

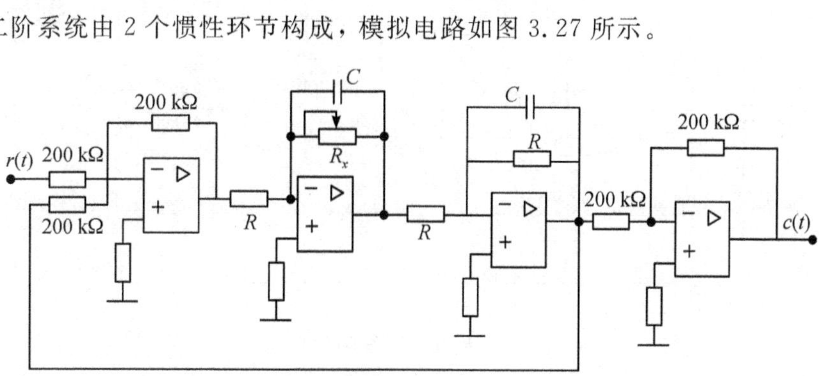

图 3.27　0 型二阶系统的模拟电路

0 型二阶系统的开环传递函数为

$$G_k(s)=\frac{K}{(T_1s+1)(T_2s+1)}$$

I 型二阶系统由 1 个惯性环节和 1 个积分环节构成，模拟电路如图 3.28 所示。

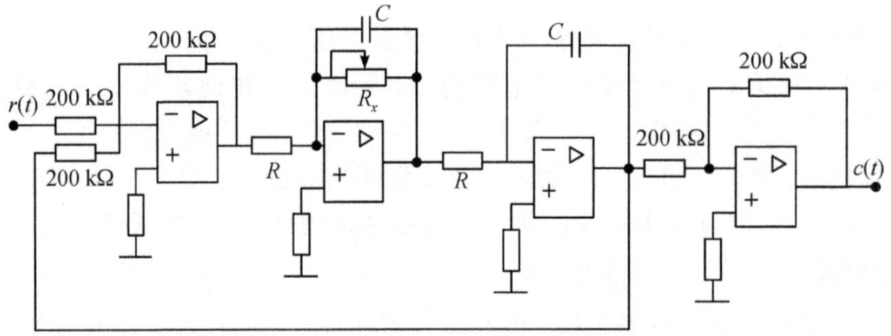

图 3.28 I 型二阶系统的模拟电路

I 型系统的开环传递函数为

$$G_k(s)=\frac{K}{T_1s(Ts+1)}$$

3. 实验预习

(1) 明确本次实验目的，认真阅读实验原理，掌握实验方法。

(2) 复习 0 型、I 型二阶系统的偏差传递函数、稳态误差等基本知识。

(3) 根据实验内容，预先设计 0 型、I 型二阶系统的模拟电路。

4. 实验内容

1) 0 型二阶系统稳态误差

(1) Multisim 建模。

0 型二阶系统由 2 个惯性环节构成。在 Multisim 仿真环境中，建立 0 型二阶系统的仿真电路如图 3.29 所示。

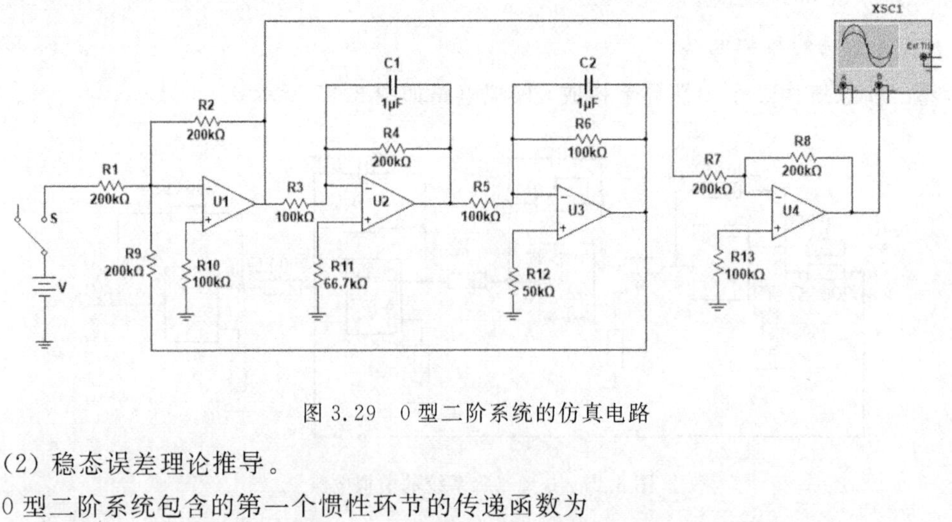

图 3.29 0 型二阶系统的仿真电路

(2) 稳态误差理论推导。

0 型二阶系统包含的第一个惯性环节的传递函数为

$$G_1(s)=-\frac{\frac{R_4}{R_3}}{R_4C_1s+1}$$

0型二阶系统包含的第二个惯性环节的传递函数为

$$G_2(s)=-\frac{\frac{R_6}{R_5}}{R_6C_2s+1}$$

0型二阶系统的开环传递函数为

$$G_k(s)=G_1(s)\cdot G_2(s)$$

将图3.29中的相关数值代入上式并化简可得

$$G_k(s)=\frac{2}{(0.2s+1)(0.1s+1)}$$

由实验原理可知，0型二阶系统的稳态误差的表达式为

$$e_{ss}=\lim_{s\to 0}s\cdot E(s)=\lim_{s\to 0}\frac{s}{1+G_k(s)}\times R(s)=\lim_{s\to 0}\frac{(0.2s+1)(0.1s+1)s}{(0.2s+1)(0.1s+1)+2}\times R(s)$$

当输入信号为单位阶跃信号时$\left(\text{即 }R(s)=\frac{1}{s}\right)$，0型二阶系统的稳态误差为

$$e_{ss}=\lim_{s\to 0}\frac{(0.2s+1)(0.1s+1)s}{(0.2s+1)(0.1s+1)+2}\times\frac{1}{s}=\frac{1}{3}$$

当输入信号为单位斜坡信号时$\left(\text{即 }R(s)=\frac{1}{s^2}\right)$，0型二阶系统的稳态误差为

$$e_{ss}=\lim_{s\to 0}\frac{(0.2s+1)(0.1s+1)s}{(0.2s+1)(0.1s+1)+2}\times\frac{1}{s^2}=\infty$$

(3) Multisim仿真。

仿真过程中，单位阶跃输入信号由电源和开关代替，单位斜坡输入信号由积分环节的单位阶跃响应代替，设置开关的T_{on}为0.1 s，采用图3.29中的参数取值，示波器采用B通道。0型二阶系统在单位阶跃输入信号和单位斜坡输入信号作用下的误差响应曲线如图3.30和图3.31所示。

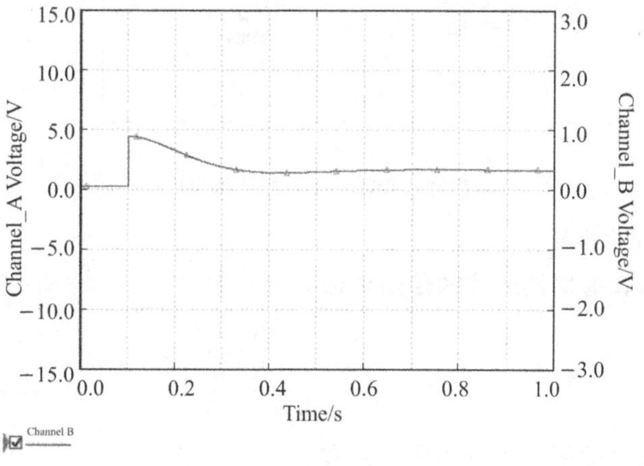

图3.30 0型二阶系统在单位阶跃输入信号作用下的误差响应曲线

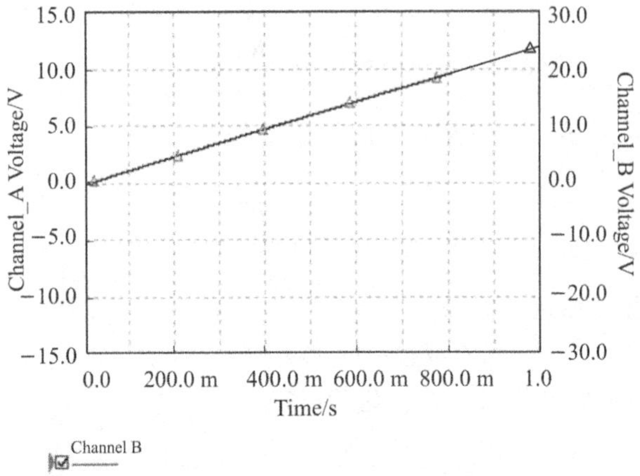

图 3.31　0 型二阶系统在单位斜坡输入信号作用下的误差响应曲线

从图 3.30 可知：0 型二阶系统在单位阶跃输入信号作用下，误差随时间增大而逐渐变小，稳态误差为 0.3 左右。从图 3.31 可知：0 型二阶系统在单位斜坡输入信号作用下，误差随时间增大而逐渐增大，稳态误差为无穷大。

2）I 型二阶系统稳态误差

(1) Multisim 建模。

I 型二阶系统模拟电路由 1 个惯性环节和 1 个积分环节构成。在 Multisim 仿真环境中，建立 I 型二阶系统仿真电路如图 3.32 所示。

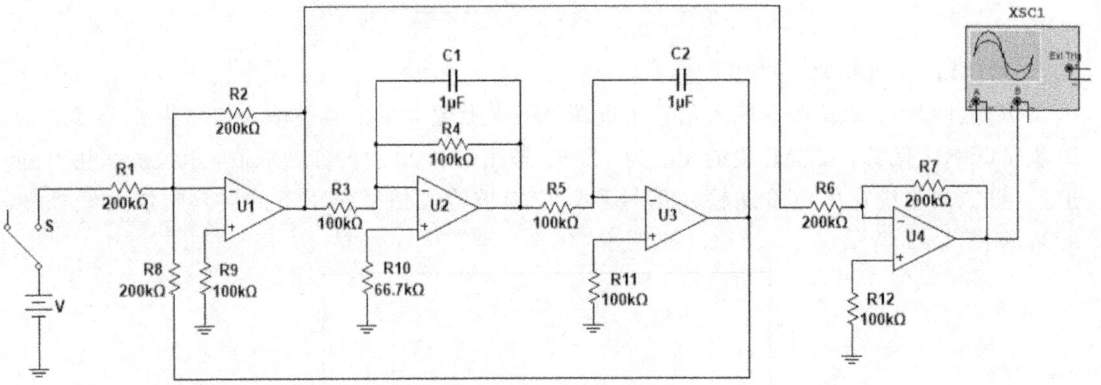

图 3.32　I 型二阶系统的仿真电路

(2) 稳态误差理论推导。

I 型二阶系统包含的惯性环节的传递函数为

$$G_1(s) = -\frac{\frac{R_4}{R_3}}{R_4 C_1 s + 1}$$

I 型二阶系统包含的积分环节的传递函数为

$$G_2(s)=-\frac{1}{R_5C_2s}$$

Ⅰ型二阶系统的开环传递函数为

$$G_k(s)=G_1(s)\cdot G_2(s)$$

将图 3.32 中的相关数值代入上式并化简可得

$$G_k(s)=\frac{10}{s(0.1s+1)}$$

由实验原理可知，Ⅰ型二阶系统的稳态误差的表达式为

$$e_{ss}=\lim_{s\to 0}s\cdot E(s)=\lim_{s\to 0}\frac{s}{1+G_k(s)}\times R(s)=\lim_{s\to 0}s\times\frac{s(0.1s+1)}{s(0.1s+1)+10}\times R(s)$$

当输入信号为单位阶跃信号$\left(即\ R(s)=\frac{1}{s}\right)$，Ⅰ型二阶系统的稳态误差为

$$e_{ss}=\lim_{s\to 0}s\times\frac{s(0.1s+1)}{s(0.1s+1)+10}\times\frac{1}{s}=0$$

当输入信号为单位斜坡信号$\left(即\ R(s)=\frac{1}{s^2}\right)$，Ⅰ型二阶系统的稳态误差为

$$e_{ss}=\lim_{s\to 0}s\times\frac{s(0.1s+1)}{s(0.1s+1)+10}\times\frac{1}{s^2}=\frac{1}{10}$$

(3) Multisim 仿真。

仿真过程中，单位阶跃输入信号由电源和开关代替，单位斜坡输入信号由积分环节的单位阶跃响应代替，设置开关的 T_{on} 为 0.1 s，采用图 3.32 中的参数取值，示波器采用 B 通道。Ⅰ型二阶系统在单位阶跃输入信号和单位斜坡输入信号作用下的误差响应曲线如图 3.33 和图 3.34 所示。

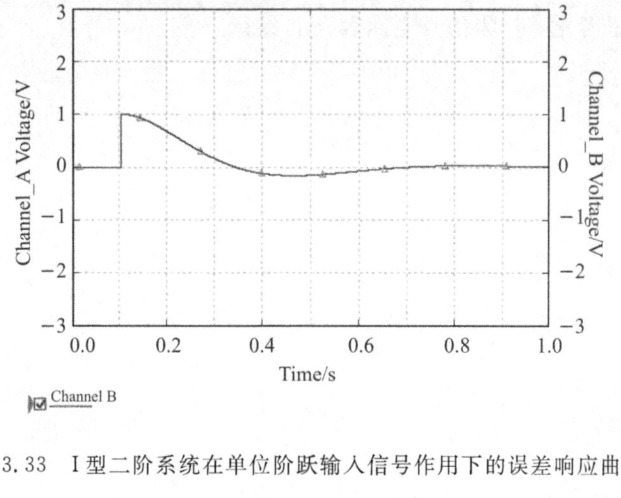

图 3.33　Ⅰ型二阶系统在单位阶跃输入信号作用下的误差响应曲线

从图 3.33 可知：Ⅰ型二阶系统在单位阶跃输入信号作用下，误差随时间增大而逐渐变小，稳态误差为 0。从图 3.34 可知：Ⅰ型二阶系统在单位斜坡输入信号作用下，误差随时间增大呈而振荡衰减，稳态误差为 0.1。

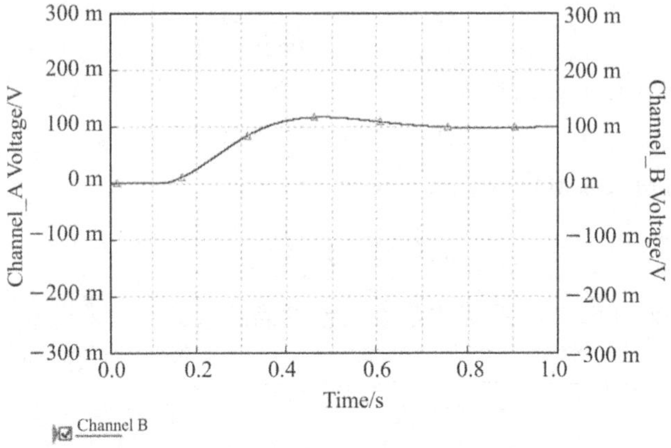

图 3.34 I 型二阶系统在单位斜坡输入信号作用下的误差响应曲线

5. 实验思考题

(1) 影响二阶系统稳态误差的因素有哪些？在保证二阶系统稳定的前提下，减小和消除二阶系统稳态误差的措施有哪些？

(2) 假设输入信号为加速度信号，二阶系统的稳态误差会发生怎样的变化？

(3) 采用 MATLAB/Simulink 绘制 0 型、I 型二阶系统误差响应曲线并计算稳态误差，与 Multisim 模拟电路实验结果进行对比分析。

6. 实验报告

(1) 设计 0 型、I 型二阶系统的模拟电路，在 Multisim 软件中进行仿真。

(2) 测试 0 型、I 型二阶系统在不同输入信号情况下的误差响应，研究二阶系统在不同输入信号作用下的稳态误差。

(3) 完成实验思考题，打印仿真电路及运行结果。

第4章

控制系统的根轨迹法

4.1 基础知识

4.1.1 根轨迹方程

根轨迹法就是在复平面上由开环零点、极点确定闭环系统极点的图解方法。

1. 根轨迹概念

系统开环传递函数中某一参数(例如根轨迹增益 K_g)变化时，闭环特征方程的根(闭环极点)在复平面上的变化轨迹，就是系统的根轨迹。

2. 根轨迹方程

典型闭环控制系统结构如图 4.1 所示。

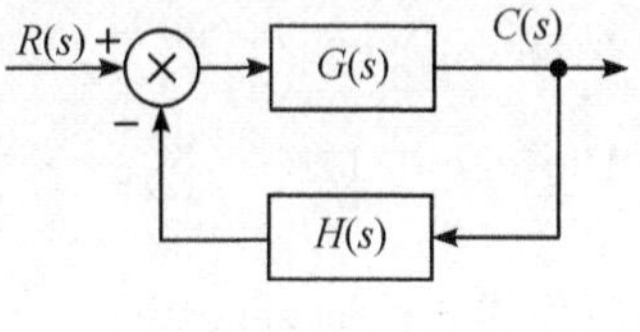

图 4.1　典型闭环控制系统结构

典型闭环控制系统的开环传递函数为

$$G_k(s)=G(s)H(s)$$

典型闭环控制系统的闭环传递函数为

$$\Phi(s)=\frac{C(s)}{R(s)}=\frac{G(s)}{1+G(s)H(s)}=\frac{G(s)}{1+G_k(s)}$$

典型闭环控制系统的闭环特征方程为

$$1+G_k(s)=0$$

典型闭环控制系统的根轨迹方程为

$$G_k(s)=-1$$

根轨迹分析就是根据系统的结构和参数绘制出系统的根轨迹，利用根轨迹对系统的性能进行分析。

4.1.2 绘制根轨迹的基本规则

绘制根轨迹的基本规则如下：

(1) 系统根轨迹的各分支是连续的，而且对称于实轴。

(2) n 阶系统根轨迹的各分支数为 n。

(3) 当 $K_g=0$ 时，根轨迹的各分支从开环极点出发，当 $K_g\to\infty$ 时，有 m 条分支趋向开环零点，另外有 $(n-m)$ 条分支趋向无穷远处。

(4) 根轨迹中 $(n-m)$ 条趋向无穷远处分支的渐近线与实轴的交点 $-\sigma_a$ 及夹角 θ 分别为

$$-\sigma_a=\frac{\sum_{j=1}^{n}(-p_j)-\sum_{i=1}^{m}(-z_i)}{n-m}$$

$$\theta=\frac{180^\circ(2k+1)}{n-m}\quad k=0,\ 1,\ 2,\ \cdots,\ n-m-1$$

(5) 在 s 平面实轴的线段上存在根轨迹的条件是：在这些线段右边的开环实数零点和极点的数目之和为奇数。

(6) 根轨迹的分离点和会合点由 $D(s)N'(S)-N(S)D'(s)=0$ 计算可得。

(7) 开环复数极点处根轨迹的出射角为

$$\theta_{xc}=\mp180^\circ(2k+1)+\left[\sum_{i=1}^{m}\alpha_i-\sum_{\substack{j=1\\ j\neq x}}^{n}\beta_j\right]$$

式中，α_i 是由其他各开环零点指向该极点的向量的幅角，β_j 是由其他各开环极点指向该极点的向量的幅角。

开环零点处根轨迹的入射角为

$$\theta_{yr}=\pm180^\circ(2k+1)-\left[\sum_{\substack{i=1\\ i\neq y}}^{m}\alpha_i-\sum_{j=1}^{n}\beta_j\right]$$

式中，α_i 是由其他各开环零点指向该零点的向量的幅角，β_j 是由其他各开环极点指向该零点的向量的幅角。

(8) 根轨迹与虚轴的交点可用 $s=j\omega$ 代入特征方程求解，或者利用劳斯判据确定。

根轨迹可能与虚轴相交，交点坐标的 ω 值及相应的 K_g 值可由劳斯判据求得，也可在特征方程中令 $s=j\omega$，然后使特征方程的实部和虚部分别为零求得。根轨迹和虚轴交点对应于系统处于临界稳定状态。此时增益 K_g 称为临界根轨迹增益，用 K_{gp} 表示。

(9) 当 $n-m\geqslant2$ 时，闭环极点的和与积分别为

$$\sum_{j=1}^{n}(-s_j)=\sum_{j=1}^{n}(-p_j)=-a_{n-1}$$

$$\prod_{j=1}^{n}(-s_j)=\prod_{j=1}^{n}(-p_j)+(-1)^{n-m}K_g\prod_{i=1}^{m}(-z_i)$$

式中，$-s_j$ 为系统闭环极点。

思政元素

根轨迹的绘制规则有很多条，但每一条规则都是以根轨迹的幅值方程和相角方程为依据。当代大学生应在学习和科研过程中，善于总结、归纳事物的发展规律，通过现象看本质，抓住主要问题和关键问题，解决难点问题，避免“眉毛胡子一把抓”。

利用根轨迹分析系统性能时，根轨迹上的几个关键点会引起系统的稳定性、稳态性能和动态性能发生根本性的变化，比如随着根轨迹增益的增大，系统可能会从稳定变为不稳定。当代大学生应理解任何事物的变化都是由量变到质变的过程，量变到一定程度引起质变，产生新质，然后，在新质的基础上又开始新的量变；还应理解唯物辩证法的量变质变规律，把握大学生涯的关键节点，学习榜样的优秀事迹，撸起袖子加油干。

4.2　实验项目：连续系统根轨迹分析的 MATLAB 实现

1. 实验目的

(1) 理解连续系统根轨迹分析法的思想。

(2) 掌握连续系统零极点图及根轨迹的绘制。

(3) 能够利用根轨迹分析系统的性能。

2. 实验涉及的 MATLAB 函数

1) pzmap 函数

功能：绘制线性系统的零极点图。

调用格式：

```
[p, z]=pzmap(num, den)   % 返回系统的极点和零点，num 为开环传递函数分子多项式，den
                         % 为开环传递函数分母多项式，不绘制零极点图
pzmap(num, den)   % 在复平面上绘制系统的零极点图，极点用×表示，零点用 o 表示
```

2) rlocus 函数

功能：绘制线性系统的根轨迹。

调用格式：

```
rlocus(num, den)          % 绘制系统根轨迹图，根轨迹增益的值从零变化到无穷大，num 为开
                          % 环传递函数分子多项式，den 为开环传递函数分母多项式
rlocus(num, den, k)       % 根据根轨迹增益 k 的变化范围，绘制系统根轨迹图
[r, k]=rlocus(num, den)   % 不绘制系统根轨迹图，返回根轨迹增益 k 及对应的闭环系统特征方
                          % 程的根 r
```

3) rlocfind 函数

功能：返回根轨迹上任意一点的相关数值。

调用格式：

```
[k, poles]=rlocfind(num, den)     % 绘制系统的根轨迹图，同时产生一个光标。利用光标在根
                                  % 轨迹上选择希望的闭环极点，命令执行结果为：k为光标
                                  % 选择点处的根轨迹增益，poles为相应增益处的所有闭环
                                  % 特征根
[k, poles]=rlocfind(num, den, p)  % 绘制系统的根轨迹图，并返回给定闭环极点p的根轨迹
                                  % 增益k及所有闭环极点poles
```

4) sgrid 函数

功能：在连续系统根轨迹图或零极点图中绘制阻尼系数和自然振荡频率栅格线。

调用格式：

```
sgrid          % 在根轨迹图或零极点图上作出等阻尼比和等自然振荡频率的栅格线
sgrid(z, wn)   % 绘制指定的阻尼比为z、自然振荡频率为wn的栅格线
sgrid('new')   % 先清屏，再绘制栅格线
```

3. 实验预习

(1) 明确本次实验目的，复习连续系统根轨迹分析法相关知识。

(2) 熟悉与本实验相关的 MATLAB 函数功能及调用格式。

(3) 读懂实验内容有关例题程序，预先编写实验程序。

4. 实验内容

1) 零极点图的绘制

例 4.1 已知系统开环传递函数如下，求系统的开环零点和极点，并绘制开环零极点图。

$$G_k(s)=\frac{0.01s^3+0.06s^2+2s+9}{0.06s^3+0.09s^2+5s+7}$$

解 MATLAB程序：

```
num=[0.01  0.06  2  9];
den=[0.06  0.09  5  7];
sys=tf(num, den);
[p, z]=pzmap(sys)
pzmap(sys)
```

命令窗口显示：

```
p=
    -0.0488 + 9.1211i
    -0.0488 - 9.1211i
    -1.4023 + 0.0000i
z=
    -0.6769 +13.9015i
    -0.6769 -13.9015i
    -4.6461 + 0.0000i
```

运行结果如图 4.2 所示。

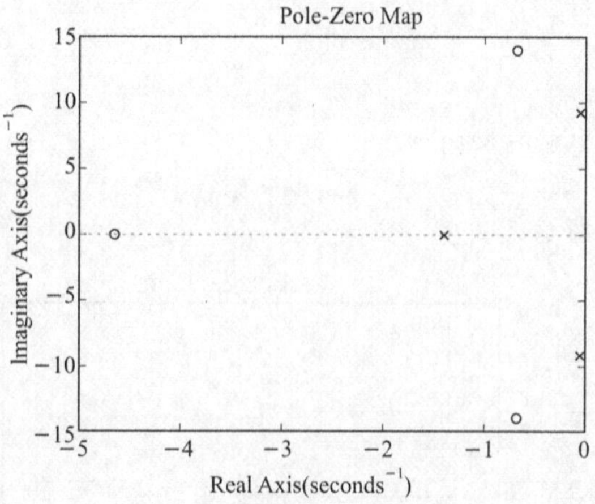

图 4.2　零极点图

2）根轨迹的绘制

例 4.2　已知负反馈系统的开环传递函数如下，绘制系统的根轨迹。

$$G_k(s)=\frac{K(s+3)}{s(s+5)(s+6)}$$

解　MATLAB 程序：

```
num=[1 3];
den=conv([1 0], conv([1 5], [1 6]));
sys=tf(num, den);
rlocus(sys)
```

运行结果如图 4.3 所示。

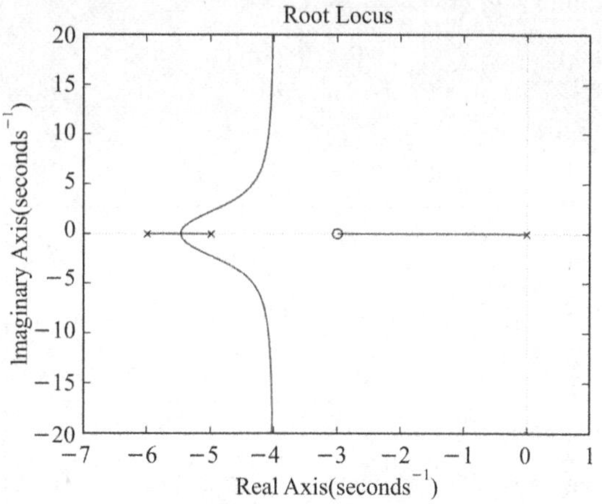

图 4.3　例 4.2 根轨迹

例 4.3　已知负反馈系统的开环传递函数如下，绘制系统的根轨迹。

$$G_k(s)=\frac{K(s+3)}{(s+1)(s+2)}$$

解　MATLAB 程序：

```
k=1;
z=[-3];
p=[-1 -2];
[num, den]=zp2tf(z, p, k);
rlocus(num, den)
```

运行结果如图 4.4 所示。

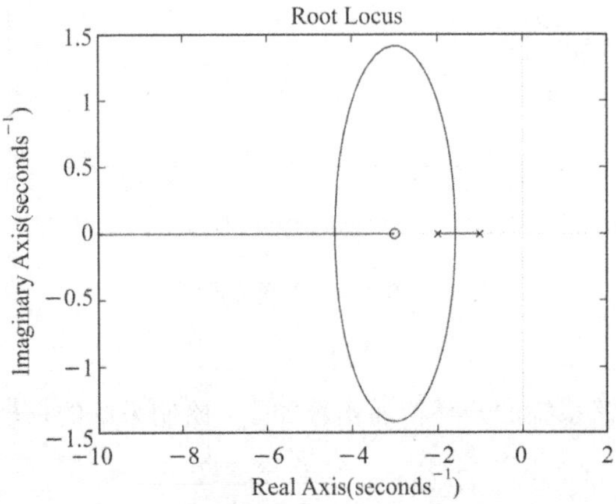

图 4.4 例 4.3 根轨迹

例 4.4 已知正反馈系统开环传递函数如下，绘制系统的根轨迹。

$$G_k(s)=\frac{K(s+2)}{s^2+4}$$

解 MATLAB 程序：

```
num=[1 2];
den=[1 0 4];
rlocus(-num, den)
```

运行结果如图 4.5 所示。

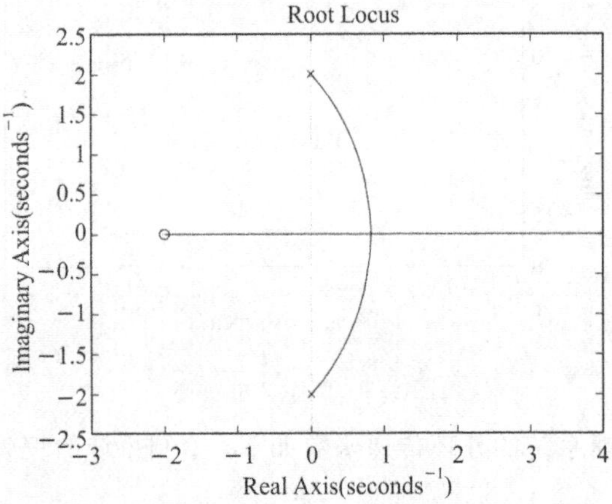

图 4.5 例 4.4 根轨迹

例 4.5　已知负反馈系统开环传递函数如下，绘制 K 在(1，10)时闭环系统的根轨迹。

$$G_k(s)=\frac{K}{(s+1)^2(s+2)(s+5)}$$

解　MATLAB 程序：

```
num=[1];
den=conv([1 1], conv([1 1], conv([1 2], [1 5])));
sys=tf(num, den);
k=[1: 0.5: 10];
rlocus(sys, k)
```

运行结果如图 4.6 所示。

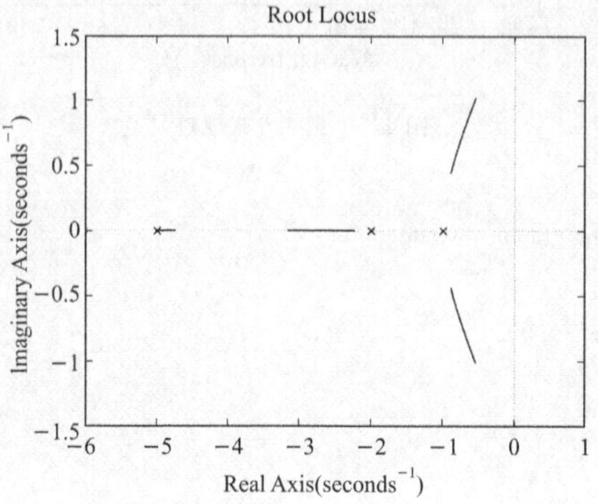

图 4.6　K 在(1，10)的根轨迹

3) 根轨迹分析

例 4.6　已知负反馈系统开环传递函数如下，绘制系统的根轨迹，确定根轨迹与虚轴的交点对应的根轨迹增益与其他闭环极点，并分析系统稳定时 K 的取值范围。

$$G_k(s)=\frac{K}{s(s+3)(s+5)}$$

解　MATLAB 程序：

```
k=1;
z=[ ];
p=[0 -3 -5];
[num, den]=zp2tf(z, p, k);
rlocus(num, den);
[k1, p1]=rlocfind(num, den)
```

运行结果如图 4.7 所示。

程序执行时先画出图 4.7 的根轨迹，并有一个“十字光标”提示用户，当将“十字光标”放在根轨迹与虚轴交点处并单击，在 MATLAB 命令窗口显示此点的根轨迹增益及此时所有的闭环极点值，并在根轨迹图形上标示。

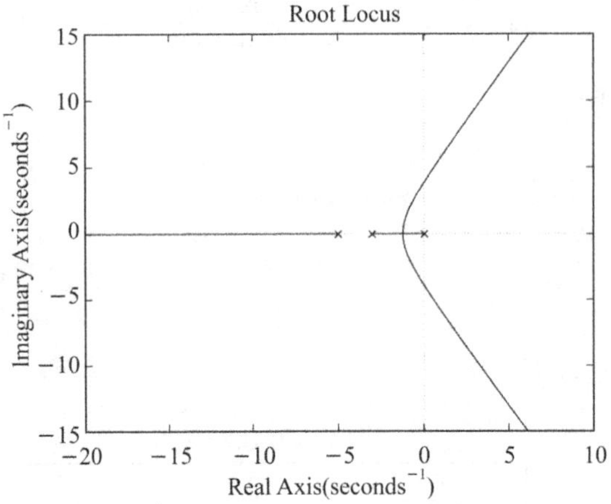

图 4.7 例 4.6 根轨迹

命令窗口显示：

```
Select a point in the graphics window
selected_point=
0.0009 + 3.8370i
k1=
117.8125
p1=
-7.9722
-0.0139 + 3.8442i
-0.0139 - 3.8442i
```

根轨迹与虚轴交点处临界根轨迹增益为 117.81，虚轴上闭环极点为±3.84i，实轴上第三个闭环极点坐标为−7.97，系统稳定时 K 的取值范围为 $0<K<117.81$。

例 4.7 已知系统开环传递函数如下，绘制系统根轨迹及等 $\zeta(\zeta=0.5, 0.707)$ 线和等 $\omega_n(\omega_n=1, 2, 3)$ 线，并确定 $\zeta=0.707$ 时的 K 值。

$$G_k(s)=\frac{s^2+5s+1}{2s^2+3s+5}$$

解 MATLAB 程序：

```
num=[1 5 1];
den=[2 3 5];
rlocus(num, den);
sgrid([0.5, 0.707], [1, 2, 3])
```

运行结果如图 4.8 所示。

移动鼠标，单击图 4.8 中根轨迹与 $\zeta=0.707$ 的等阻尼比线的交点，可得 $\zeta=0.707$ 时的 K 值为 0.42。

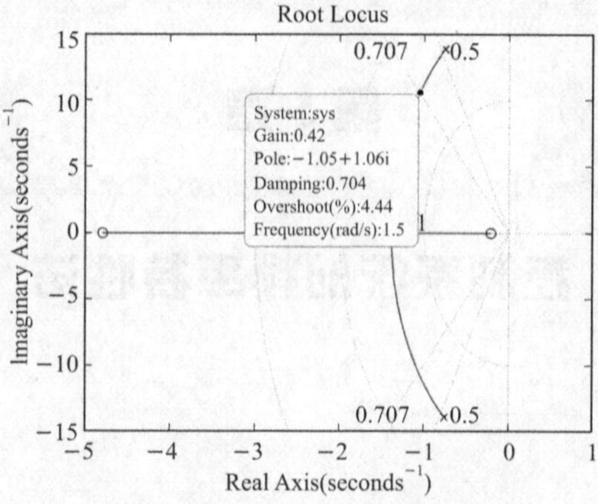

图 4.8　根轨迹及等 ζ 线和等 ω_n 线

5. 实验思考题

(1) 已知系统开环传递函数如下，编程确定系统的开环零点和极点，并绘制系统的开环零极点图。

$$G_k(s)=\frac{s+1}{s^4+3s^3+9s^2+6s+2}$$

(2) 已知系统开环传递函数如下，编程完成：

$$G_k(s)=\frac{K}{s(s+1)(s+2)}$$

① 绘制闭环系统的根轨迹；

② 确定系统稳定时 K 的值取值范围；

③ 确定阻尼比为 0.707 时的 K 值。

6. 实验报告

(1) 列写已调试通过的实验程序。

(2) 分析实验内容中各条语句的功能。

(3) 完成实验思考题，打印实验程序及运行结果。

第 5 章

控制系统的频率特性法

5.1 基 础 知 识

5.1.1 频率特性基本概念

频率特性法是利用系统的频率特性(元件或系统对不同频率正弦输入信号的响应特性)来分析系统性能的方法，是一种图解的分析方法，它可以利用系统的开环频率特性分析闭环的响应性能。

1. 频率响应

频率响应是控制系统对正弦输入信号的稳态正弦响应。一个稳定的线性定常系统，在正弦信号的作用下，稳态时输出是一个与输入同频率的正弦信号，且稳态输出的幅值与相位是输入正弦信号频率的函数。即当输入信号为正弦信号 $r(t)=\sin(\omega t)$时，过渡过程结束后系统的稳态输出必为 $c_{ss}(t)=A(\omega)\sin(\omega t+\varphi(\omega))$，如图 5.1 所示。

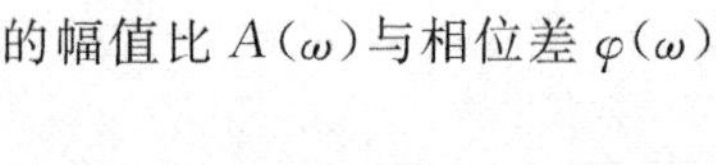

图 5.1 线性定常系统及其频率响应

2. 频率特性及频率特性曲线

线性定常系统(或元件)在零初始条件下，当输入信号的频率 ω 在 $0\to\infty$的范围内连续变化时，系统输出与输入信号的幅值比 $A(\omega)$与相位差 $\varphi(\omega)$随输入频率 ω 变化而呈现的变化规律就是系统的频率特性。

频率特性 $G(j\omega)$可由传递函数的复变量 s 用 $j\omega$ 代替得到，频率特性的幅值与相角分别为幅频特性 $A(\omega)$和相频特性 $\varphi(\omega)$。由于系统的开环传递函数较易获取，并与系统的元件一一对应，在控制系统的频域分析法中分析与设计系统一般是基于系统的开环频率特性。

为直观地看出幅频特性 $A(\omega)$和相频特性 $\varphi(\omega)$随频率 ω 变化的情况，将幅频特性与相频特性在相应的坐标系中绘成曲线，并从这些曲线的某些特点来判断系统的稳定性、快速性和其他品质以便对系统进行分析与综合。频率特性曲线有三种，分别是奈氏图、伯德图和尼柯尔斯图。

奈氏图反映 $A(\omega)$ 与 $\varphi(\omega)$ 随 ω 变化的规律。

伯德图包括对数幅频特性曲线 $L(\omega)$ 和对数相频特性曲线 $\varphi(\omega)$，反映 $L(\omega)=20\lg A(\omega)$ 与 $\varphi(\omega)$ 随 $\lg\omega$ 变化的规律。

尼柯尔斯图反映 $L(\omega)=20\lg A(\omega)$ 随 $\varphi(\omega)$ 的变化规律，主要用于求取闭环频率特性。

5.1.2　频域稳定性分析

1. 稳定性分析

分析系统稳定性的另一种常用判据为奈奎斯特稳定判据(奈氏判据)，绘制系统的开环奈氏图或伯德图，使用奈氏判据就可以分析系统的稳定性。

奈奎斯特稳定判据：若系统的开环右极点个数为 P，在 GH 平面上当 ω 从 $-\infty$ 变化到 $+\infty$ 时，系统开环频率特性曲线 $G_K(j\omega)$ 及其镜像曲线 $G_K(-j\omega)$ 所组成的封闭曲线顺时针包围 $(-1, j0)$ 点的圈数为 N 圈 $(N>0)$ (若逆时针包围则 $N<0$)，其中当封闭曲线顺时针绕 $(-1, j0)$ 点旋转 360°即包围一次，则系统的闭环右极点的个数为 Z，且满足 $Z=N+P$。当 $Z=0$ 时，系统稳定；当 $Z>0$ 时，系统不稳定。

简化的奈奎斯特稳定判据：因为开环频率特性曲线 $G_K(j\omega)$ 与其镜像 $G_K(-j\omega)$ 的曲线完全关于实轴对称，则 ω 从 0 变化到 $+\infty$ 时的开环频率特性曲线 $G_K(j\omega)$ 顺时针包围 $(-1, j0)$ 点的圈数 N' 满足 $N'=N/2$，则奈奎斯特稳定判据可以写为 $Z=2N'+P$。开环频率特性曲线 $G_K(j\omega)$ 顺时针包围 $(-1, j0)$ 点的情况，可以利用频率特性曲线在负实轴 $(-\infty, -1)$ 区间的正、负穿越次数 N'_+ 和 N'_- 来表达，即 $N'=N'_- - N'_+$，因此奈奎斯特稳定判据可以写为 $Z=2(N'_- - N'_+)+P$。当 $Z=0$ 时，系统稳定；当 $Z>0$ 时，系统不稳定。

伯德图的奈奎斯特稳定判据：若系统的开环右极点个数为 P，在对数幅频特性曲线 $L(\omega)>0$ dB 的频率范围内，当频率增加时对数相频特性曲线 $\varphi(\omega)$ 对 $-180°$ 相位线的正、负穿越次数为 N'_+ 与 N'_-，则闭环右极点个数 $Z=2(N'_- - N'_+)+P$。当 $Z=0$ 时，系统稳定；当 $Z>0$ 时，系统不稳定。

2. 相对稳定性分析

控制系统的实际应用中，要求系统具备相当的稳定裕度。通常用相角裕度 γ 和幅值裕度 h_g (或 L_h) 两个指标衡量系统的相对稳定性。

$\gamma>0$，系统稳定，γ 越大，系统相对稳定性越高；$\gamma<0$，系统不稳定。

$h_g>1$ (或 $L_h>0$ dB)，系统稳定，h_g (或 L_h) 越大，系统相对稳定性越高；$h_g<1$ (或 $L_h<0$ dB)，系统不稳定。

对非最小相位系统，只有 $\gamma>0$ 且 $L_h>0$ dB(或 $h_g>1$) 时，才能判断系统的稳定性；对最小相位系统，仅需 $\gamma>0$ 或 $L_h>0$ dB(或 $h_g>1$) 即可，一般取 $\gamma>0$。

5.1.3　频域动态性能和稳态性能分析

最小相位系统利用开环对数幅频特性曲线 $L(\omega)$ 可以分析闭环系统的稳态性能、动态性能和抗干扰性能。

开环对数幅频特性曲线 $L(\omega)$的低频段，可以反映系统的稳态性能。低频段可以确定系统型别 ν 和开环放大系数 K，也就确定了系统响应输入信号是否存在误差，以及稳态误差的大小。

开环对数幅频特性曲线 $L(\omega)$的中频段，可以反映系统的动态性能。中频段一般应具有 -20 dB/dec 的斜率，并应具有一定的中频段宽度以保证足够的相位裕量 γ，此时系统具有较好的平稳性。中频段幅值穿越频率 ω_c 的大小反映系统的快速性。

开环对数幅频特性曲线 $L(\omega)$的高频段，可以反映系统的抗干扰性能。高频段一般应具有较大的斜率。

思政元素

频率特性法是利用系统的频率特性(元件或系统对不同频率正弦输入信号的响应特性)来分析系统性能的方法。当代大学生应理解频域法和时域法的区别，学会采用不同方法分析控制系统的性能。并应掌握科学的方法论，加深对问题本质的认识，勇于探索，敢为人先，推进科学技术不断发展。

稳定裕量是描述系统的相对稳定性。在工程实际中，控制系统首先必须是稳定的，同时还要考虑一定的稳定裕量。凡事预则立，不预则废。当代大学生做事要事先筹划，内外兼修，做好充分准备，迎接不断变化的挑战。并应具有良好的心理素质和职业道德素质，学习专业知识，锤炼专业能力。

开环对数幅频特性曲线的低频段、中频段和高频段分别反映系统的稳态性能、动态性能和抗干扰性能，即不同频段有不同的要求，分别实现控制系统的不同目标。对于人们来说也是一样，不同年龄阶段有不同要求。当代大学生应认真负责地做好人生规划，根据不同阶段规划好各阶段目标。并应有职业规划意识，坚定理想信念，树立远大的奋斗目标，只有把理想目标同祖国的发展需要相结合，顺应时代潮流，才能发挥自己的潜能，实现人生价值，为推进中华民族伟大复兴贡献自己的力量。

5.2 实验项目

5.2.1 连续系统频域分析的 MATLAB 实现

1. 实验目的

(1) 理解连续系统的频率响应、频率特性的基本概念。

(2) 掌握连续系统奈氏图、伯德图及尼柯尔斯图的绘制。

(3) 掌握连续系统频域稳定性的分析及频域指标的计算。

2. 实验涉及的 MATLAB 函数

1) freqresp 函数

功能：计算频率响应。

调用格式：

```
F=freqresp(sys, w)    %计算系统 sys 指定频率的频率响应，sys 为闭环系统模型名称
```

2）abs 函数

功能：计算幅值。

调用格式：

```
abs(x)     % 计算 x 的幅值
```

3）angle 函数

功能：计算相角值，单位为弧度，角度介于(−π, π)之间。

调用格式：

```
angle(x)     % 计算 x 的相角值
```

4）rad2deg 函数

功能：将弧度转化为角度。

调用格式：

```
rad2deg(a)     % 将弧度 a 转化为角度
```

5）nyquist 函数

功能：绘制系统的奈氏图。

调用格式：

```
[re, im]=nyquist(sys, w)          % 输出系统 sys 奈氏曲线的实部 re 与虚部 im，sys 为开环系统
                                  % 模型名称，w 是希望计算实部、虚部的频率点，需定义为行
                                  % 向量或范围[wmin, wmax]，不绘制曲线
nyquist(sys)                      % 绘制系统 sys 的奈氏图，sys 为开环系统模型名称
nyquist(sys, w)                   % 绘制系统 sys 指定频率 w 的奈氏图
nyquist(sys1, sys2, …, sysn)      % 绘制多个系统的奈氏图
nyquist(sys1, sys2, …, sysn, w)   % 绘制多个系统指定频率 w 的奈氏图
nyquist(sys1, 'PlotStyle1', …, sysN, 'PlotStyleN')   % 绘制多个系统的奈氏图，并为每条曲线
                                                     % 指定独特的颜色、线条样式和标记等
```

6）bode 函数

功能：绘制系统的伯德图。

调用格式：

```
[mag, phase]=bode(sys, w)   % 输出系统 sys 伯德图的幅值 mag 与相角 phase，sys 为开环系
                            % 统模型名称，w 是希望计算幅值与相角的频率点，需定义为
                            % 行向量或范围[wmin, wmax]，不绘制曲线
bode(sys)   % 绘制系统 sys 的伯德图，sys 为开环系统模型名称
bode(sys, w)   % 绘制系统 sys 指定频率 w 的伯德图
bode(sys1, sys2, …, sysn)   % 绘制多个系统的伯德图
bode(sys1, sys2, …, sysn, w)   % 绘制多个系统指定频率 w 的伯德图
bode(sys1, 'PlotStyle1', …, sysN, 'PlotStyleN')   % 绘制多个系统的伯德图，并为每条曲线指
                                                  % 定独特的颜色、线条样式和标记等
```

7）bodemag 函数

功能：绘制系统的对数幅频特性曲线。

调用格式：

```
bodemag(sys)  % 绘制系统 sys 的对数幅频特性曲线，sys 为开环系统模型名称
bodemag(sys, w)  % 绘制系统 sys 指定频率 w 的对数幅频特性曲线
bodemag(sys1, sys2, …, sysn)  % 绘制多个系统的对数幅频特性曲线
bodemag(sys1, sys2, …, sysn, w)  % 绘制多个系统指定频率 w 的对数幅频特性曲线
bodemag(sys1, 'PlotStyle1', …, sysN, 'PlotStyleN')  % 绘制多个系统的对数幅频特性曲线，
                                                    % 并为每条曲线指定独特的颜色、线条
                                                    % 样式和标记等
```

8）margin 函数

功能：计算幅值裕量、相位裕量、相位穿越频率、幅值穿越频率。

调用格式：

```
margin(sys)  % 绘制带有幅值裕量、相位裕量的伯德图，sys 为开环系统模型名称
[gm, pm, wcg, wcp]=margin(sys)  % 输出系统 sys 的幅值裕量 gm、相位裕量 pm、相位穿越
                                % 频率 wcg、幅值穿越频率 wcp，不绘制曲线
```

9）nichols 函数

功能：绘制系统的尼柯尔斯图。

调用格式：

```
[mag, phase]=nichols(sys, w)  % 输出系统 sys 尼柯尔斯图的幅值 mag 与相角 phase，sys 为
                              % 开环系统模型名称，w 是希望计算幅值与相角的频率点，
                              % 需定义为行向量或范围 [wmin, wmax]，不绘制曲线
nichols(sys)  % 绘制系统 sys 的尼柯尔斯图，sys 为开环系统模型名称
nichols(sys, w)  % 绘制系统 sys 指定频率 w 的尼柯尔斯图
nichols(sys1, sys2, …, sysN)  % 绘制多个系统的尼柯尔斯图
nichols(sys1, sys2, …, sysN, w)  % 绘制多个系统指定频率 w 的尼柯尔斯图
nichols(sys1, 'PlotStyle1', …, sysN, 'PlotStyleN')  % 绘制多个系统的尼柯尔斯图，并为每条
                                                    % 曲线指定独特的颜色、线条样式和标记
```

3. 实验预习

(1) 复习连续系统频域分析法相关知识，明确本次实验目的。

(2) 熟悉与本实验相关的 MATLAB 函数功能及调用格式。

(3) 读懂实验内容有关例题程序，预先编写实验程序。

4. 实验内容

1）计算连续系统的频率响应

例 5.1 已知系统闭环传递函数如下，计算系统在频率为[0.1 1]之间的频率响应。

$$\Phi(s)=\frac{s^2+3s+7}{s^3+2s^2+14s+3}$$

解 MATLAB 程序：

```
w=[0.1: 0.1: 1]
num=[1 3 7];
den=[1 2 14 3];
sys=tf(num, den);
F=freqresp(sys, w)
```

命令窗口显示：

```
w=
0.1000    0.2000    0.3000    0.4000    0.5000
0.6000    0.7000    0.8000    0.9000    1.0000
F(:, :, 1)=
    1.9608 - 0.8198i
F(:, :, 2)=
    1.3478 - 1.0832i
F(:, :, 3)=
    0.9163 - 1.0367i
F(:, :, 4)=
    0.6602 - 0.9160i
F(:, :, 5)=
    0.5080 - 0.7971i
F(:, :, 6)=
    0.4139 - 0.6960i
F(:, :, 7)=
    0.3530 - 0.6130i
F(:, :, 8)=
    0.3122 - 0.5448i
F(:, :, 9)=
    0.2842 - 0.4884i
F(:, :, 10)=
    0.2647 - 0.4412i
```

$\omega=0.1$ 时，系统频率响应为 $F=1.9608-0.8198\mathrm{i}$；$\omega=0.2$ 时，系统频率响应为 $F=1.3478-1.0832\mathrm{i}$ …。

例 5.2　已知系统闭环传递函数如下，计算系统输入为 $\sin 2t$ 时，系统的稳态输出。

$$\Phi(s)=\frac{1}{s+2}$$

解　MATLAB 程序：

```
num=[1];
den=[1 2];
sys=tf(num, den);
w=2;
F=freqresp(sys, w)
a=abs(F)
b=angle(F)
rad2deg(b)
```

命令窗口显示：

```
F=
    0.2500 - 0.2500i
a=
```

```
    0.3536
b=
    -0.7854
ans=
    -45
```

系统输入为 sin2t 时，系统的稳态输出为 0.3536sin($2t$−45°)。

2）幅相频率特性曲线的绘制及稳定性分析

例 5.3 已知系统的开环传递函数如下，绘制开环奈氏图，判断闭环系统稳定性。

$$G_k(s)=\frac{s^2+2s+3}{s^3+5s^2+4s+2}$$

解 MATLAB 程序：

```
num=[1 2 3];
den=[1 5 4 2];
sys=tf(num, den);
nyquist(sys)
roots(den)
```

命令窗口显示：

```
ans=
   -4.1528 + 0.0000i
   -0.4236 + 0.5497i
   -0.4236 - 0.5497i
```

可知，开环右极点个数为零。

运行结果如图 5.2 所示。

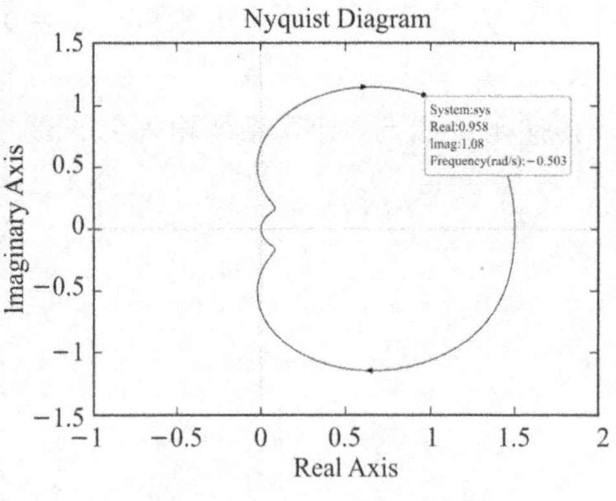

图 5.2 例 5.3 开环奈氏图

图 5.2 中频率 ω 的变化范围为 $-\infty\to+\infty$，将鼠标指针移至曲线上任意一点并单击，图形将自动显示此点对应的实部、虚部、频率。从图 5.2 可知，系统的开环奈氏曲线没有包围(−1，j0)点，且开环右极点个数为 0，经计算得 $Z=0$，故闭环系统稳定。

也可在图 5.2 中，单击鼠标右键，选择菜单中的“Characteristic→All Stability Margins”，鼠标左键单击蓝色实心原点处，显示如图 5.3 所示。从弹出的信息可知，系统的相位裕量为 101°，相位穿越频率为 0.782 rad/sec，闭环系统稳定。

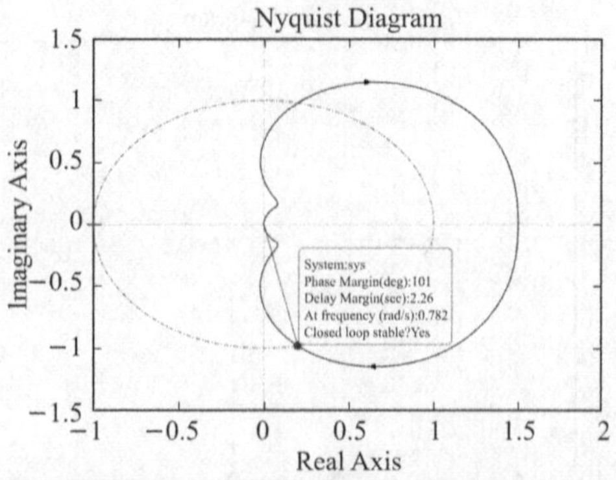

图 5.3　加入单位圆的奈氏图

有时为了便于分析，只需观察频率范围为 0→+∞时的曲线，此时需要在奈氏图中单击鼠标右键，将"Show→Negative Frequencies"选项中的"√"去掉，即可得到 ω 从 0 至+∞变化时的开环奈氏图。

例 5.4　已知连续系统开环传递函数如下：

$$G_k(s)=\frac{K}{s(2s+1)(s+1)}$$

(1) 绘制 $K=0.5$，1，2 时的开环奈氏曲线(频率范围为 0→+∞)，观察 K 值与系统稳定性的关系。

(2) 确定临界稳定的 K 值，确定系统稳定时的 K 值范围。

解　MATLAB 程序：

```
s1=tf(0.5, conv([2 1 0], [1 1]));
nyquist(s1);
s2=tf(1, conv([2 1 0], [1 1]));
hold on
nyquist(s2, 'k--');
s3=tf(2, conv([2 1 0], [1 1]));
hold on
nyquist(s3, 'k-.');
axis([-6 2 -10 1]);
gtext('k=0.5')
gtext('k=1')
gtext('k=2')
```

运行结果如图 5.4 所示(选择不绘制负频率曲线)。

由于系统无开环右极点，由图 5.4 可知，$K=0.5$ 和 $K=1$ 时，奈氏曲线在(−∞，−1)区间无穿越，$Z=P+2(N'_{-}-N'_{+})=0$，系统稳定；$K=2$ 时，奈氏曲线在(−∞，−1)区间有一次负穿越，$Z=P+2(N'_{-}-N'_{+})=2$，系统不稳定。从图 5.4 也可知，K 值增加时，奈氏曲线的幅频特性成比例放大。

临界稳定时的 K 值，即开环奈氏曲线穿越(−1，j0)点的 K 值。根据前面的结论，K 值与幅频特性成比例变化。任取 K 的值绘制奈氏曲线，求出奈氏曲线与负实轴的交点，即

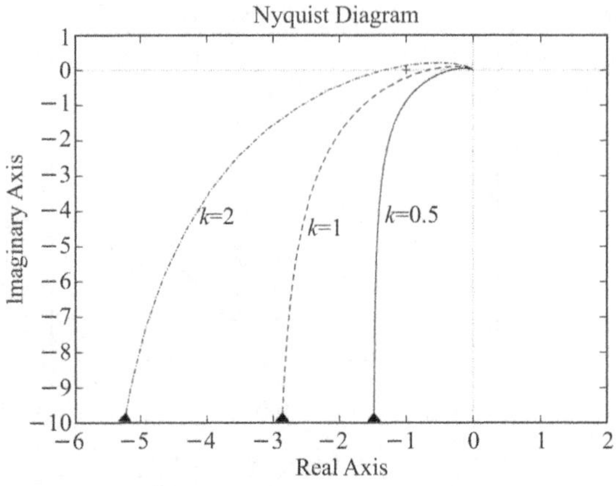

图 5.4　例 5.4 开环奈氏图

可计算出临界稳定时的 K 值。

取 $K=1$ 绘制奈氏曲线，单击鼠标右键，选择菜单中的“Characteristics→All Stability Margins”，移动鼠标至奈氏曲线与负实轴的交点处，可确定交点处的频率 $\omega=0.707$ rad/sec，如图 5.5 所示。

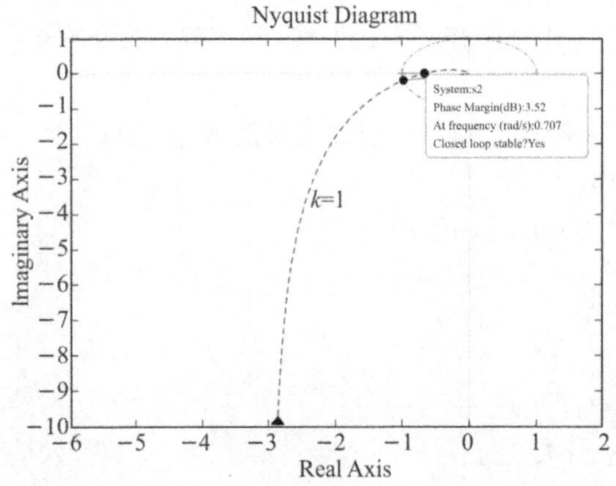

图 5.5　$K=1$ 时开环奈氏曲线与负实轴交点

继续输入 MATLAB 指令：

```
[re, im, w1]=nyquist(s2, 0.707)
```

命令窗口显示：

```
re=
    -0.6669
im=
    -9.4952e-05
w1=
    0.7070
```

可知，$K=1$ 时开环奈氏曲线与负实轴的交点为 -0.6669，根据比例关系，可知开环奈氏曲线与负实轴的交点为 -1 时，临界稳定时的 K 值为：$K=1/0.6669\approx1.4995$，由于 K 越大，幅值越大。因此系统稳定时的 K 值范围为 $0<K<1.4995$。

3）对数频率特性曲线的绘制及分析

例 5.5　已知连续系统开环传递函数如下，当 $\omega_n=8$ 时，绘制 ζ 分别取 0.1，0.3，0.5，0.7，1.0 时的伯德图。

$$G_k(s)=\frac{\omega_n^2}{s^2+2\zeta\omega_n s+\omega_n^2}$$

解　MATLAB 程序：

```
wn=8;
zeta=[0.1: 0.2: 0.7, 1.0];
figure(1)
hold on
for i=1: 5
num=wn^2;
den=[1, 2 * zeta(i) * wn, wn^2];
bode(num, den)
grid on
end
legend('zeta=0.1', 'zeta=0.3', 'zeta=0.5', 'zeta=0.7', 'zeta=1.0')
```

运行结果如图 5.6 所示。

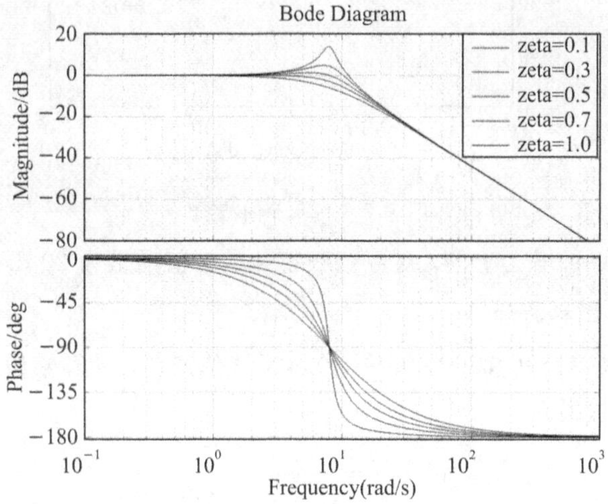

图 5.6　例 5.5 伯德图

将鼠标移至曲线上任意一点并单击鼠标左键，图形将自动显示此点对应的对数幅值和相位。有时需要单独绘制对数幅频特性曲线或单独绘制对数相频特性曲线，这时可在伯德图中单击鼠标右键，将“Show→Phase”选项中的“√”去掉，即可得到单独的对数幅频特性曲线，将“Show→Magnitude”选项中的“√”去掉，即可得到单独的对数相频特性曲线。

例 5.6　已知连续系统的开环传递函数如下，绘制 $K=10$，1，0.1 时系统的对数幅频特性曲线，分析 K 取不同值时对数幅频特性如何变化。

$$G_k(s)=\frac{K}{2s+1}$$

解 MATLAB程序：

```
sys1=tf(10,[2 1]);
sys2=tf(1,[2 1]);
sys3=tf(0.1,[2 1]);
bodemag(sys1,'r',sys2,'b',sys3,'g')
grid on
gtext('k=10')
gtext('k=1')
gtext('k=0.1')
```

运行结果如图5.7所示。

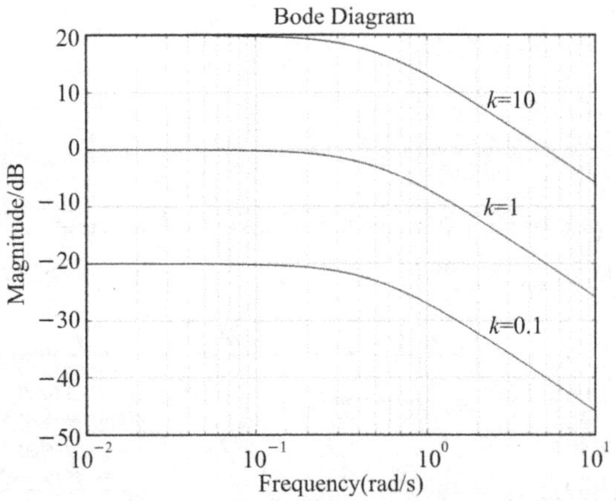

图5.7 例5.6伯德图

由图5.7可得，K 每增大十倍，对数幅频特性的幅值增量为20 dB。

4）连续系统频域指标的计算

例5.7 已知系统开环传递函数如下，绘制系统伯德图，计算幅值裕量、相位裕量、幅值穿越频率及相位穿越频率。

$$G_k(s)=\frac{5}{s^3+3s^2+4s}$$

解 MATLAB程序：

```
num=[5];
den=[1 3 4 0];
sys=tf(num,den);
margin(sys)
[gm,pm,wcg,wcp]=margin(sys)
lg=20*log10(gm)
```

运行结果如图5.8所示。

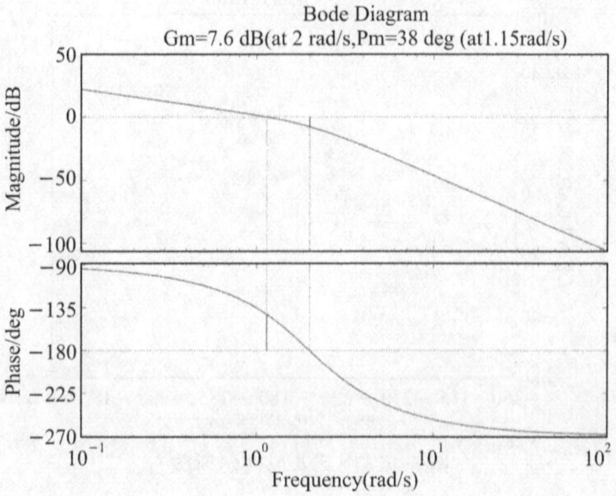

图 5.8　例 5.7 伯德图

命令窗口显示：

```
gm=
        2.4000
pm=
       38.0109
wcg=
        2.0000
wcp=
        1.1459
lg=
        7.6042
```

可知：幅值裕量 $g_m=2.4000$，相位裕量 $p_m=38.0109$，相位穿越频率 $\omega_{cg}=2.0000$，幅值穿越频率 $\omega_{cp}=1.1459$，对数幅频特性 $l_g=7.6042$。

5）对数幅相频率特性曲线的绘制

例 5.8　已知系统开环传递函数如下，绘制系统尼柯尔斯图。

$$G_k(s)=\frac{5}{0.5s^2+s}$$

解　MATLAB 程序：

```
num=[5];
den=[0.5 1 0];
sys=tf(num, den);
nichols(sys)
ngrid
```

运行结果如图 5.9 所示。

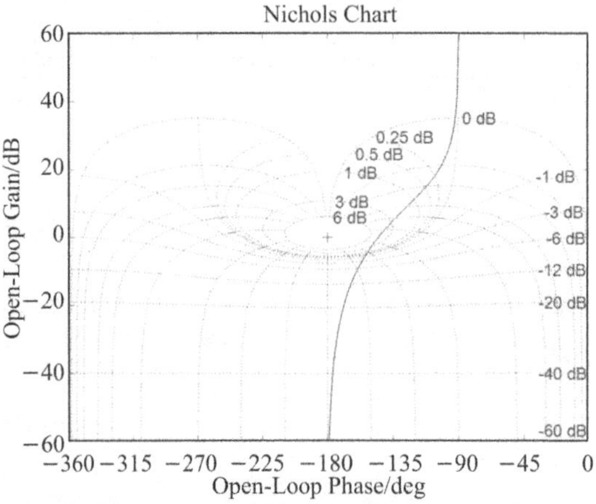

图 5.9 例 5.8 尼柯尔斯图

5. 实验思考题

(1) 已知系统开环传递函数 $G_k(s)=\dfrac{K}{s(s+1)(s+2)}$，分别绘制 $K=1$，2，10 时系统的开环奈氏图，分析比较 K 值不同时奈氏图的差异，并得出结论。

(2) 已知系统开环传递函数 $G_k(s)=\dfrac{1}{s(0.1s+1)(0.2s+1)}$，分别完成：

① 绘制系统伯德图；

② 求系统幅值裕度、相角裕度；

③ 分析系统的稳定性。

6. 实验报告

(1) 列写已调试通过的实验程序。

(2) 分析实验内容中各条语句的功能。

(3) 完成实验思考题，打印实验程序及运行结果。

5.2.2 典型环节频率特性测试

1. 实验目的

(1) 加深理解典型环节的频率特性、对数幅频特性和对数相频特性等基本概念。

(2) 能够采用李沙育图形法测试典型环节的频率特性。

(3) 熟练采用 Multisim 软件对典型环节进行建模、仿真，测试典型环节的频率响应和李沙育图形。

2. 实验原理

1) 频率特性

对于稳定的线性定常系统或环节 $G(s)$，输入端加正弦信号 $r(t)=X_m\sin(\omega t)$，稳态输出是与输入信号同频率的正弦信号，幅值和相位随输入信号频率 ω 的变化而变化。输出信号可表示为 $c(t)=Y_m\sin(\omega t+\varphi)$。改变输入信号 $r(t)$的频率 ω，可测得输出信号与输入信

号的幅值比和相位差，即被测系统或环节的幅频特性 $|G(j\omega)|$ 和相频特性 $\varphi(\omega)$。对数幅频特性为 $20\lg|G(j\omega)|$，对数相频特性为 $\varphi(\omega)$。

2) 频率特性测试法

频率特性测试采用李沙育图形法，测试方框图如图 5.10 所示。

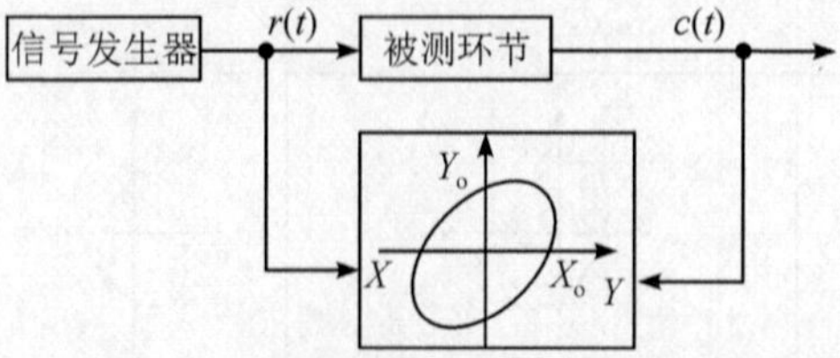

图 5.10　测试方框图

幅频特性的测试方法：测量时，示波器的 X 轴停止扫描，在示波器上分别读出输入信号和输出信号的幅值 X_m 和 Y_m，就可求得幅频特性 $|G(j\omega)|$。测量接线图如图 5.11 所示。

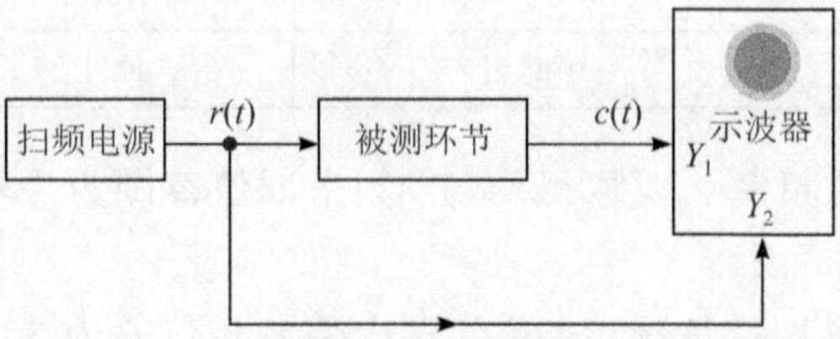

图 5.11　幅频特性测试图

相频特性测试方法：测量时，示波器的 X 轴停止扫描，把扫频电源的正弦信号同时送到被测环节的输入端和示波器的 X 轴，被测环节的输出送到示波器的 Y 轴，测量接线图如图 5.12 所示。

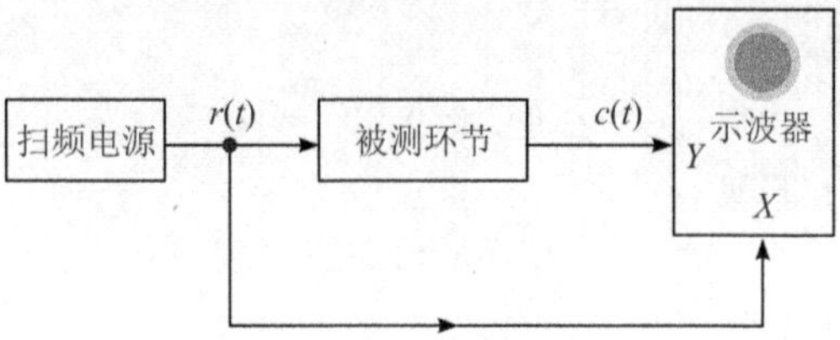

图 5.12　相频特性测试图

当扫频电源输出一个正弦信号，在示波器的屏幕上呈现一个李沙育图形，如图 5.13 所示。

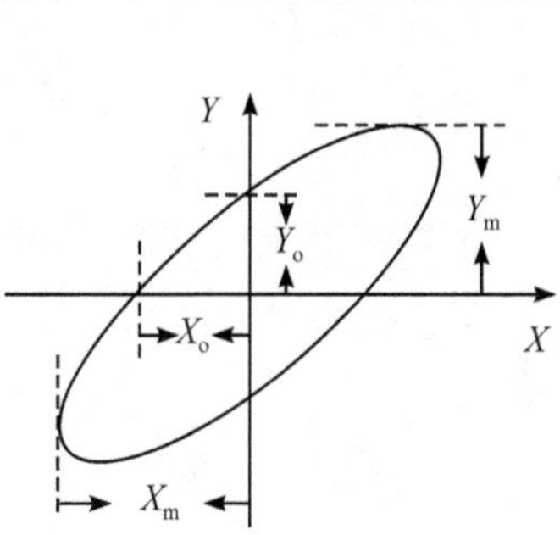

图 5.13　李沙育图形

若李沙育图形为椭圆，可根据表 5.1 计算在该输入信号频率下的相位值。不断改变扫频电源输出信号的频率，就可得到一系列相应的相位值。

表 5.1 超前与滞后相位的计算公式和光点的转向

相角 φ	超前		滞后	
	0°～90°	90°～180°	0°～90°	90°～180°
图形	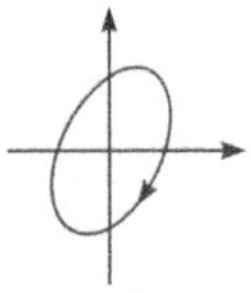	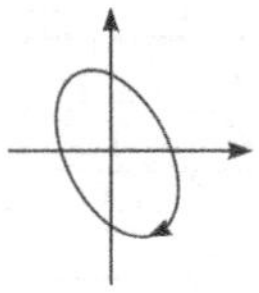	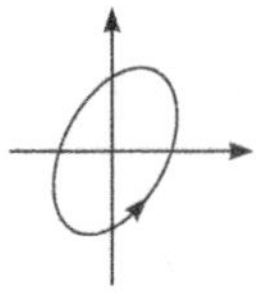	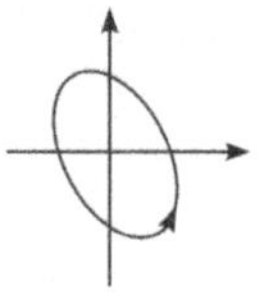
计算公式	$\varphi=\sin^{-1}\angle\frac{Y_o}{Y_m}$ $=\sin^{-1}\angle\frac{X_o}{X_m}$	$\varphi=180^\circ-\sin^{-1}\angle\frac{Y_o}{Y_m}$ $=180^\circ-\sin^{-1}\angle\frac{X_o}{X_m}$	$\varphi=\sin^{-1}\angle\frac{Y_o}{Y_m}$ $=\sin^{-1}\angle\frac{X_o}{X_m}$	$\varphi=180^\circ-\sin^{-1}\angle\frac{Y_o}{Y_m}$ $=180^\circ-\sin^{-1}\angle\frac{X_o}{X_m}$
光点转向	顺时针	顺时针	逆时针	逆时针

测量时，输入信号的频率 f 要取得均匀，频率取值范围为 1 Hz～10 GHz。X_o、X_m、Y_o、Y_m 的含义如图 5.13 所示。

李沙育图形存在两种特殊情况，一是当两个信号相位差为 90°时，李沙育图形为正椭圆，若振幅还相同，则李沙育图形为圆；二是当两个信号相位差为 0°时，李沙育图形为直线，若振幅还相同，则李沙育图形为与 X 轴成 45°的直线。

3) 典型环节的频率特性

(1) 比例环节的频率特性。

比例环节频率特性为

$$G(\mathrm{j}\omega)=K(K>0)$$

比例环节对数幅频特性为

$$L(\omega)=20\lg K$$

比例环节对数相频特性为

$$\varphi(\omega)=0^\circ$$

(2) 积分环节的频率特性。

积分环节频率特性为

$$G(\mathrm{j}\omega)=\frac{1}{\mathrm{j}\omega}$$

积分环节对数幅频特性为

$$L(\omega)=-20\lg\omega$$

积分环节对数相频特性为

$$\varphi(\omega)=-90^\circ$$

(3) 惯性环节的频率特性。

惯性环节频率特性为

$$G(j\omega)=\frac{1}{T\omega j+1}(T>0)$$

惯性环节对数幅频特性为

$$L(\omega)=-20\lg\sqrt{1+T^2\omega^2}$$

惯性环节对数相频特性为

$$\varphi(\omega)=-\arctan(T\omega)$$

在控制工程中，为简化对数幅频特性曲线的作图，常用低频渐近线和高频渐近线近似表示。惯性环节的对数幅频渐进特性为

$$L(\omega)\approx\begin{cases}0, & \omega\ll\dfrac{1}{T}\\ -20\lg T-20\lg\omega, & \omega\gg\dfrac{1}{T}\end{cases}$$

低频渐近线是零分贝线，高频渐近线是斜率为 −20 dB/dec 的直线，转折频率为 $\omega=\dfrac{1}{T}$。

3. 实验预习

(1) 明确本次实验目的，认真阅读实验原理，掌握实验方法。

(2) 复习比例环节、积分环节和惯性环节的传递函数、频率特性、幅频特性和相频特性。

(3) 根据实验内容，预先设计比例环节、积分环节和惯性环节的模拟电路，学习频率特性测试方法。

4. 实验内容

1) 比例环节频率特性的测试

在 Multisim 软件中设计比例环节的仿真电路如图 5.14 所示。

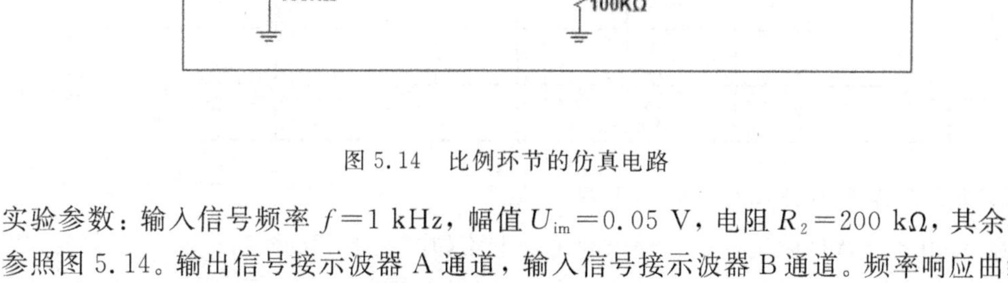

图 5.14　比例环节的仿真电路

实验参数：输入信号频率 $f=1$ kHz，幅值 $U_{im}=0.05$ V，电阻 $R_2=200$ kΩ，其余参数取值参照图 5.14。输出信号接示波器 A 通道，输入信号接示波器 B 通道。频率响应曲线运行结果如图 5.15 所示，李沙育图形如图 5.16 所示。

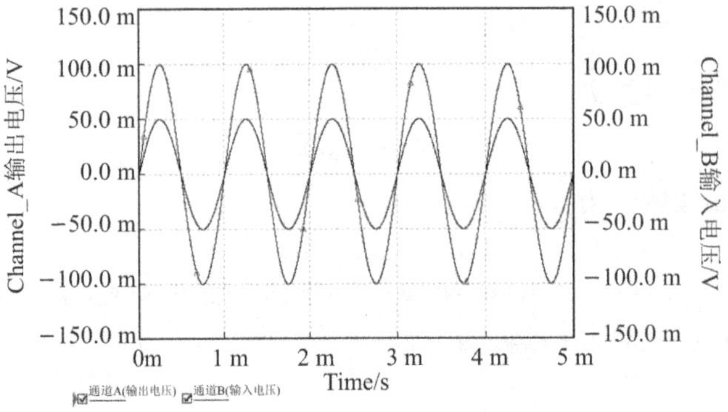

图 5.15 比例环节的频率响应曲线

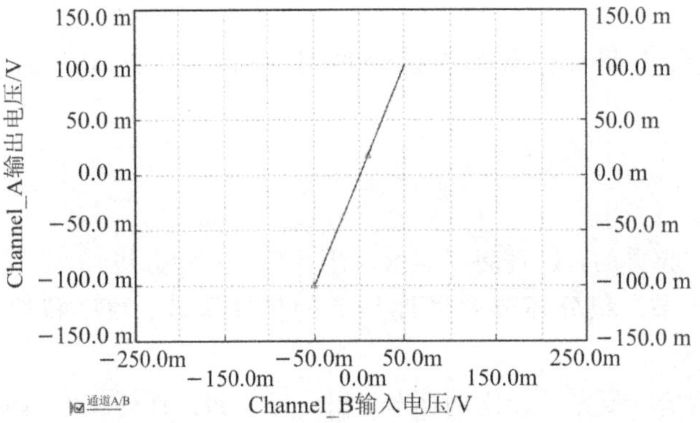

图 5.16 比例环节的李沙育图形

由图 5.15 可知：输出正弦信号幅值为 100 mV，输出信号与输入信号相位相同。输出信号与输入信号幅值之比 $U_{om}/U_{im}=2$，$20\lg(U_{om}/U_{im})\approx 6.02$ dB。

由图 5.16 可知：李沙育图形为一条直线，即输出信号与输入信号相位差为 0°。输入信号频率 f 取多组值，反复测量，将测量结果填入表 5.2 中。

表 5.2 比例环节的频率特性测试

次数	f/Hz	U_{om}/V	U_{im}/V	$20\lg(U_{om}/U_{im})$/ dB	相位差 φ/°
1					
2					
3					
4					
5					

2）积分环节频率特性的测试

在 Multisim 软件中设计积分环节的仿真电路如图 5.17 所示。

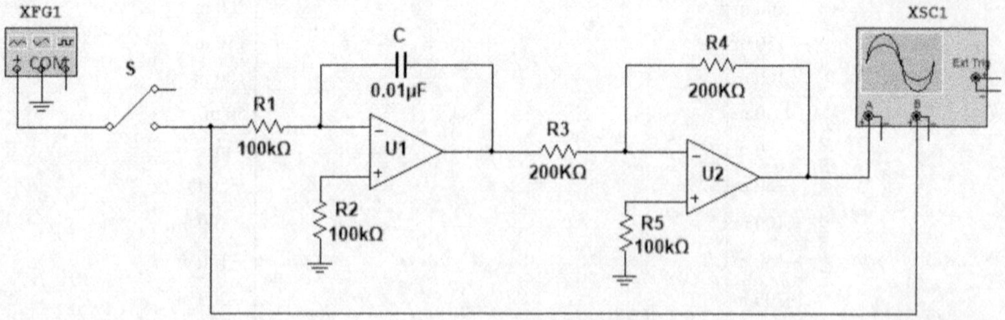

图 5.17　积分环节的仿真电路

实验参数：输入信号频率 $f=100$ Hz，幅值 $U_{im}=0.1$ V，电容 $C=0.01$ μF，其余参数取值参照图 5.17。输出信号接示波器 A 通道，输入信号接示波器 B 通道。频率响应曲线和光标读数运行结果如图 5.18、图 5.19 所示，李沙育图形如图 5.20 所示。

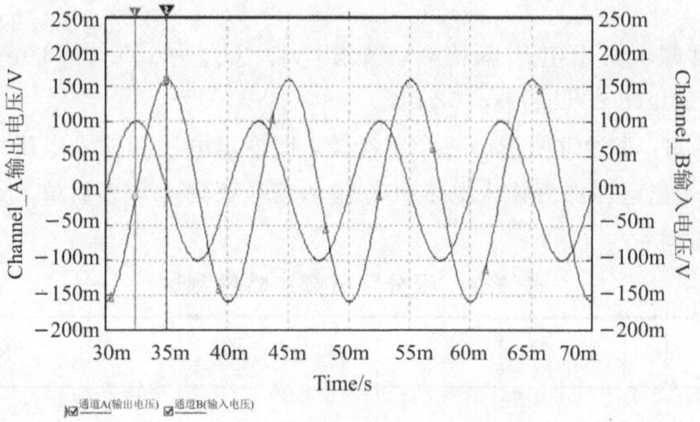

图 5.18　积分环节的频率响应曲线

光标

	通道 A（输出电压）	通道 B（输入电压）
x1	32.4570m	32.4570m
y1	-4.3113m	99.9462m
x2	34.9795m	34.9795m
y2	159.0768m	1.2862m
dx	2.5225m	2.5225m
dy	163.3881m	-98.6600m
dy/dx	64.7717	-39.1117
1/dx	396.4286	396.4286

图 5.19　积分环节的频率响应光标读数

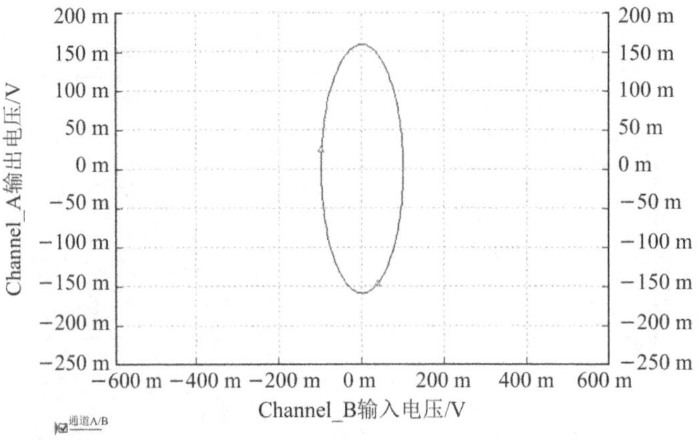

图 5.20 积分环节李沙育图形

由图 5.18 可知：光标 1 对应输入信号曲线，光标 2 对应输出信号曲线，输出电压相位滞后输入电压。

由图 5.19 可知：输出电压幅值（A 通道）$y_2=U_{om}=159.0768$ mV，即幅值之比 $U_{om}/U_{im}\approx 1.59$，$20\lg(U_{om}/U_{im})\approx 4.02$ dB。

由图 5.20 可知：李沙育图形为一个正椭圆，即输出电压和输入电压相位差为 90°，结合图 5.18 可知，输出电压滞后输入电压 90°。输入信号频率 f 取多组值，反复测量，将测量结果填入表 5.3 中。

表 5.3 积分环节频率特性测试

次数	f/Hz	U_{om}/V	U_{im}/V	$20\lg(U_{om}/U_{im})$/ dB	相位差 φ/°
1					
2					
3					
4					
5					

3）惯性环节频率特性的测试

在 Multisim 软件中设计惯性环节的仿真电路如图 5.21 所示。

实验参数：输入信号频率 $f=100$ Hz，幅值 $U_{im}=1$ V，电容 $C=0.01$ μF，其余参数取值参照图 5.21。输出信号接示波器 A 通道，输入信号接示波器 B 通道。频率响应曲线和光标读数运行结果如图 5.22、图 5.23 所示，李沙育图形如图 5.24 所示。

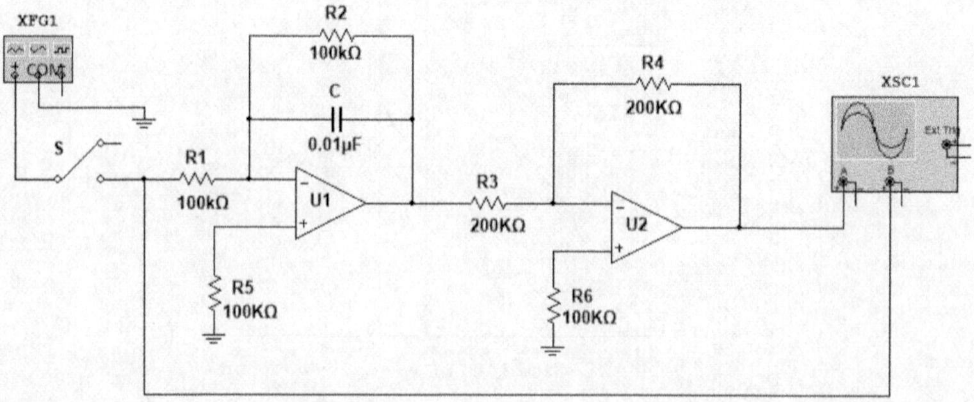

图 5.21　惯性环节的仿真电路

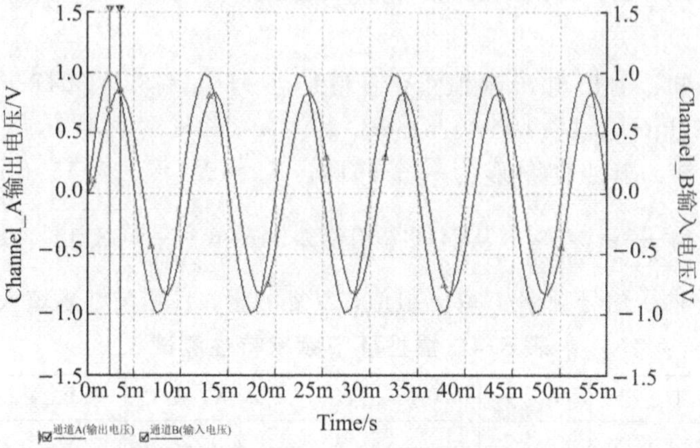

图 5.22　惯性环节的频率响应曲线

光标

	通道 A（输出电压）	通道 B（输入电压）
x1	2.3301m	2.3301m
y1	699.4234m	990.8211m
x2	3.5172m	3.5172m
y2	850.6647m	799.2816m
dx	1.1871m	1.1871m
dy	151.2413m	-191.5395m
dy/dx	127.4093	-161.3575
1/dx	842.4242	842.4242

图 5.23　惯性环节的频率响应光标读数

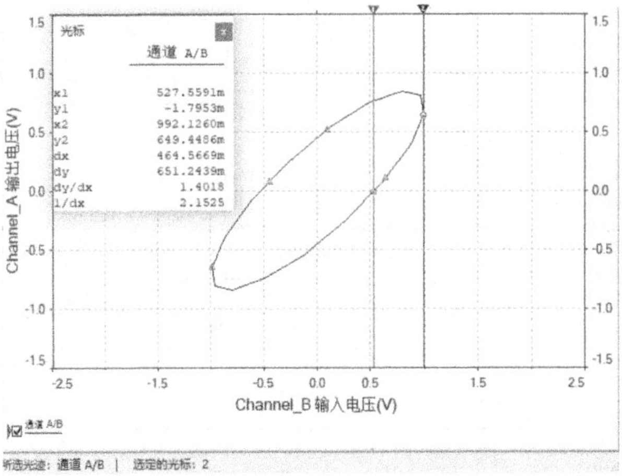

图 5.24 惯性环节李沙育图形

由图 5.22 可知：光标 1 对应输入信号曲线，光标 2 对应输出信号曲线，输出电压相位滞后输入电压。

由图 5.23 可知：输出电压幅值（A 通道）$y_2 = U_{om} = 850.6647$ mV，即幅值之比 $U_{om}/U_{im} \approx 0.85$，$20\lg(U_{om}/U_{im}) \approx -1.42$ dB。

由图 5.24 可知：李沙育图形为一个椭圆，$X_1 = X_o = 527.5591$ mV，$X_2 = X_m = 992.1260$ mV，求得 $\dfrac{X_o}{X_m} \approx 0.532$，从而求得相位差 $\arcsin \dfrac{X_o}{X_m} \approx 32.14°$。即输出电压滞后输入电压约 32.14°。输入信号频率 f 取多组值，反复测量，将测量结果填入表 5.4 中。

表 5.4 惯性环节频率特性测试

次数	f/Hz	U_{om}/V	U_{im}/V	$(20\lg U_{om}/U_{im})$/ dB	X_o 或 Y_o	X_m 或 Y_m	相位差 φ/°
1							
2							
3							
4							
5							

注：实验中也可以在示波器中将时基范围调小来看李沙育图形的光电转向，由此判断输入与输出的超前与滞后关系。

5. 实验思考题

(1) 用示波器测试相频特性时，若把扫频电源的正弦信号送入 Y 轴，被测系统的输出信号送至 X 轴，则根据椭圆光点的转动方向，如何确定相位的超前和滞后？

(2) 根据绘制的对数幅频特性曲线，如何推导传递函数？

(3) 采用 MATLAB/Simulink 绘制对数幅频特性曲线和对数相频特性曲线，与 Multisim 模拟电路实验结果进行对比分析。

6. 实验报告

(1) 设计比例环节、积分环节和惯性环节的模拟电路，在 Multisim 软件中进行仿真。

(2) 测试比例环节、积分环节和惯性环节的频率响应和李沙育图形，根据测试数据绘制对数幅频特性曲线和对数相频特性曲线。

(3) 完成实验思考题，打印仿真电路及运行结果。

5.2.3　线性系统频率特性测试

1. 实验目的

(1) 加深理解开环系统和闭环系统的频率特性、对数幅频特性和对数相频特性等基本概念。

(2) 能够利用李沙育图形法测试开环系统和闭环系统的频率特性。

(3) 熟练应用 Multisim 软件对开环系统和闭环系统进行建模、仿真，测试系统的频率响应和李沙育图形。

2. 实验原理

1) 开环系统

开环系统的结构图如图 5.25 所示。

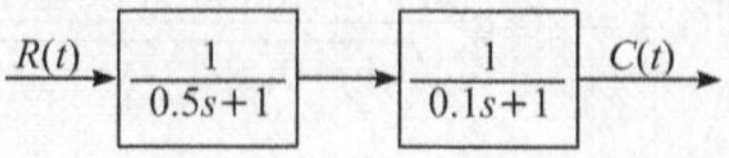

图 5.25　开环系统的结构图

开环系统传的递函数为

$$G(s)=\frac{1}{(0.5s+1)(0.1s+1)}$$

开环系统的频率特性为

$$G(j\omega)=\frac{1}{(0.5j\omega+1)(0.1j\omega+1)}$$

开环系统的对数幅频特性为

$$L(\omega)=20\lg\frac{1}{\sqrt{\sqrt{(0.5\omega)^2+1}\sqrt{(0.1\omega)^2+1}}}$$

开环系统的对数相频特性为

$$\varphi(\omega)=-\arctan(0.5\omega)-\arctan(0.1\omega)$$

开环系统的模拟电路如图 5.26 所示。

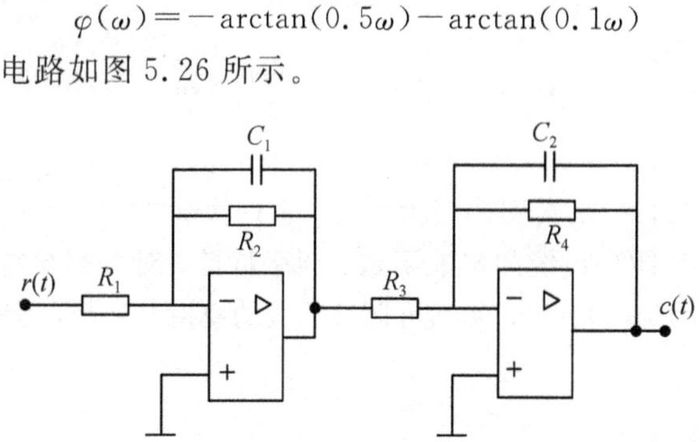

图 5.26　开环系统的模拟电路

2）闭环系统

闭环系统的结构图如图 5.27 所示。

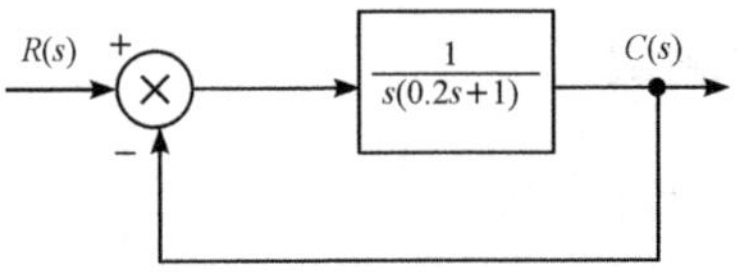

图 5.27 闭环系统的结构图

闭环系统的传递函数为

$$G(s)=\frac{1}{0.2s^2+s+1}$$

闭环系统的频率特性为

$$G(j\omega)=\frac{1}{0.2(j\omega)^2+j\omega+1}=\frac{1}{(1-0.2\omega^2)+j\omega}$$

闭环系统的对数幅频特性为

$$L(\omega)=20\lg\frac{1}{\sqrt{(1-0.2\omega^2)^2+\omega^2}}$$

闭环系统的对数相频特性为

$$\varphi(\omega)=-\arctan\frac{\omega}{1-0.2\omega^2}$$

闭环系统的模拟电路如图 5.28 所示。

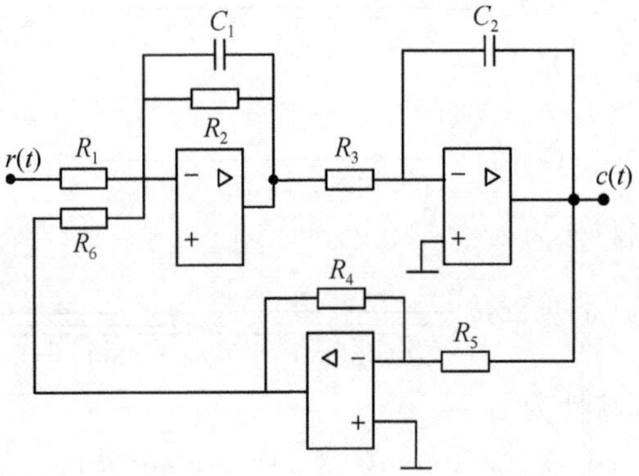

图 5.28 闭环系统的模拟电路

3. 实验预习

(1) 明确本次实验目的，认真阅读实验原理，掌握实验方法。

(2) 复习开环系统和闭环系统的传递函数、频率特性、对数幅频特性和对数相频特性。

(3) 根据实验内容，预先设计开环系统和闭环系统的模拟电路，学习频率特性测试方法。

4. 实验内容

1）开环系统的频率特性测试

在 Multisim 软件中设计开环系统的仿真电路如图 5.29 所示。

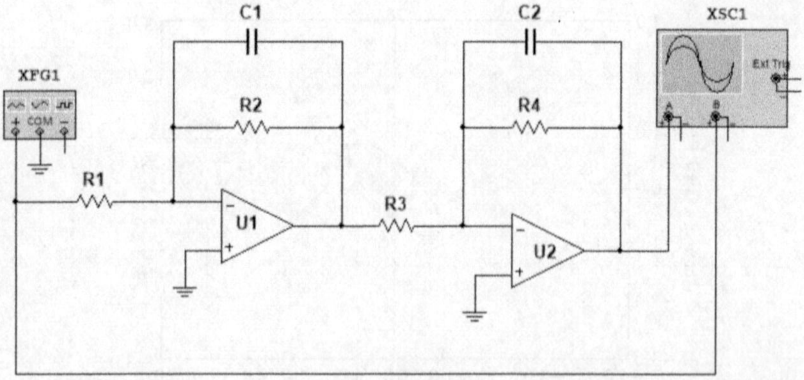

图 5.29　开环系统的仿真电路

① 实验参数为：$U_{im}=1$ V，$f=0.2$ Hz，$R_1=R_2=500$ kΩ，$C_1=C_2=1$ μF，$R_3=R_4=100$ kΩ。输出信号接示波器 A 通道，输入信号接示波器 B 通道。频率响应曲线和光标读数运行结果如图 5.30、图 5.31 所示，李沙育图形如图 5.32 所示。

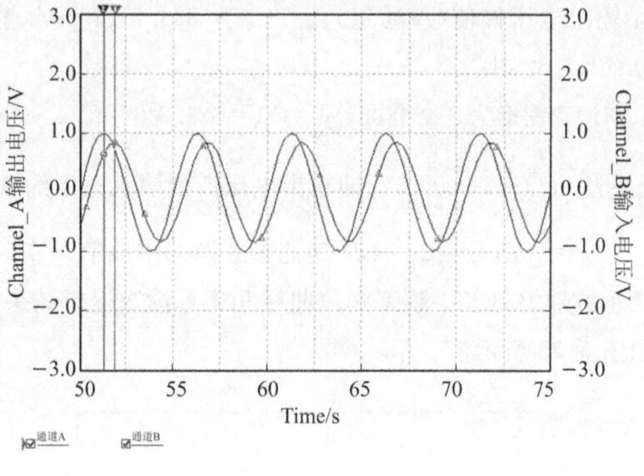

图 5.30　开环系统的频率响应曲线（$f=0.2$ Hz）

光标

	通道 A	通道 B
x1	51.8549	51.8549
y1	836.7122m	719.3857m
x2	51.2597	51.2597
y2	652.0967m	994.4635m
dx	-595.2381m	-595.2381m
dy	-184.6155m	275.0778m
dy/dx	310.1540m	-462.1307m
1/dx	-1.6800	-1.6800

图 5.31　开环系统的频率响应光标读数（$f=0.2$ Hz）

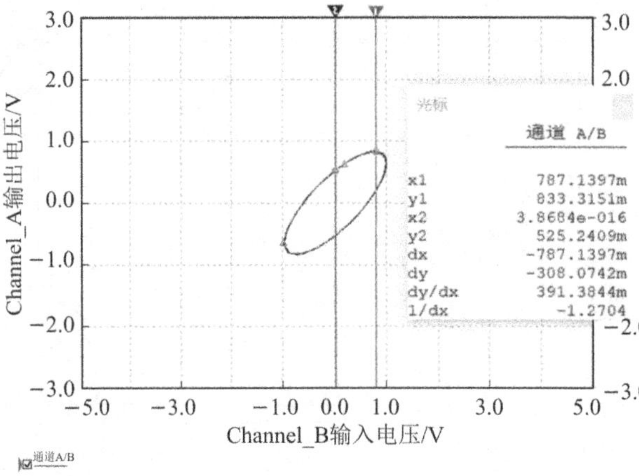

图 5.32 开环系统的李沙育图形($f=0.2$ Hz)

由图 5.30 可知：光标 1 对应输出信号曲线，光标 2 对应输入信号曲线，输出电压滞后输入电压。

由图 5.31 可知：输出电压幅值(A 通道)$y_1=U_{om}=836.7122$ mV，幅值之比 $U_{om}/U_{im}\approx 0.84$，$20\lg(U_{om}/U_{im})\approx -1.52$ dB。

由图 5.32 可知：李沙育图形为一个椭圆，$y_2=Y_o=525.2409$ mV，$y_1=Y_m=833.3151$ mV，求得$\dfrac{Y_o}{Y_m}\approx 0.63$，相位差为$\sin^{-1}\dfrac{Y_o}{Y_m}\approx 39.05°$，即输出电压滞后输入电压约 39.05°。

② 实验参数为：$U_{im}=1$ V，$f=20$ Hz，其他参数同①中取值不变。输出信号接示波器 A 通道，输入信号接示波器 B 通道。频率响应曲线和光标读数运行结果如图 5.33、图 5.34 所示，李沙育图形如图 5.35 所示。

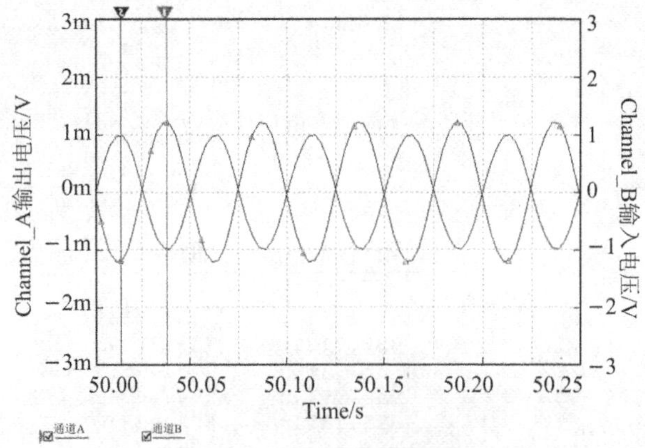

图 5.33 开环系统的频率响应曲线($f=20$ Hz)

光标

	通道 A	通道 B
x1	50.0370	50.0370
y1	1.2059m	-978.8270m
x2	50.0135	50.0135
y2	-1.2000m	991.8351m
dx	-23.4775m	-23.4775m
dy	-2.4059m	1.9707
dy/dx	102.4769m	-83.9383
1/dx	-42.5939	-42.5939

图 5.34　开环系统的频率响应光标读数(f=20 Hz)

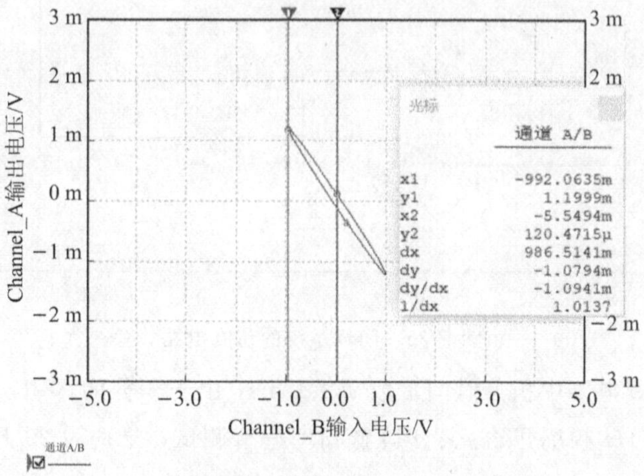

图 5.35　开环系统的李沙育图形(f=20 Hz)

由图 5.33 可知：光标 1 对应输出信号曲线，光标 2 对应输入信号曲线，输出电压滞后输入电压。

由图 5.34 可知：输出电压幅值(A 通道)$y_1=U_{om}=1.2059$ mV，幅值之比 $U_{om}/U_{im}\approx 0.0012$，$20\lg(U_{om}/U_{im})\approx -58.42$ dB。

由图 5.35 可知：李沙育图形为一个椭圆，$y_2=Y_o=120.4715\ \mu$V，$y_1=Y_m=1.1999$ mV，求得$\dfrac{Y_o}{Y_m}\approx 0.1004$，相位差为 $180°-\sin^{-1}\dfrac{Y_o}{Y_m}\approx 174.23°$。输入信号频率 f 取多组值反复测量，将测量结果填入表 5.5 中。

表 5.5　开环系统频率特性测试数据记录

次数	f/Hz	U_{om}/V	U_{im}/V	$(20\lg U_{om}/U_{im})$/ dB	X_o 或 Y_o	X_m 或 Y_m	相位差 φ/°
1							
2							
3							
4							
5							

2）闭环系统的频率特性测试

在 Multisim 软件中设计闭环系统的仿真电路如图 5.36 所示。

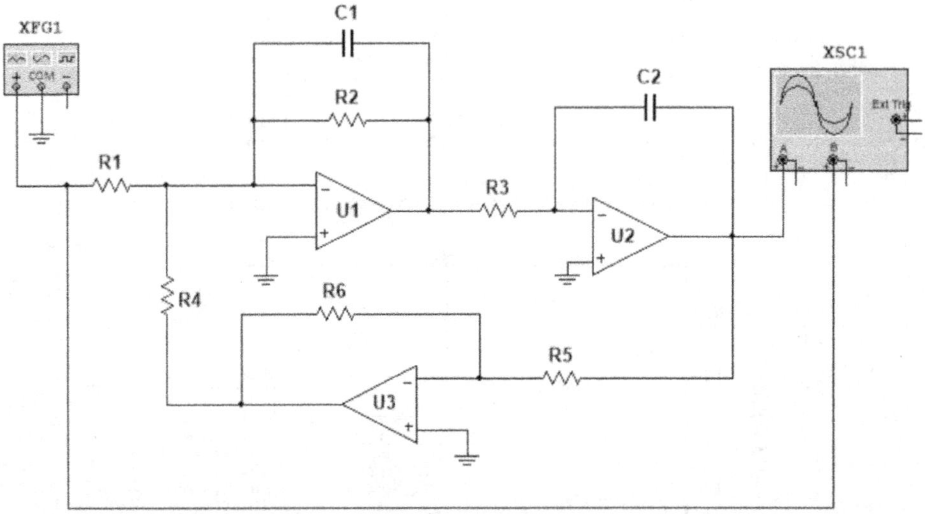

图 5.36 闭环系统的仿真电路

闭环系统的仿真电路中积分时间常数 $T=1$ ms，由于积分的作用，测试时须从高频向低频测试。选定 50 Hz 频率开始，逐步降低频率进行测试，分别为 20 Hz、2 Hz、0.2 Hz。输入正弦信号的幅值可为 0.1 V、0.5 V 和 1 V。在降低输入正弦信号频率过程中，输出正弦波开始出现“平顶”现象时，须仔细测试。

① 实验参数为：$U_{im}=1$ V，$f=0.2$ Hz，$R_1=R_2=R_4=100$ kΩ，$R_3=500$ kΩ，$R_5=R_6=200$ kΩ，$C_1=C_2=2$ μF。输出信号接示波器 A 通道，输入信号接示波器 B 通道。频率响应曲线和光标读数运行结果如图 5.37、图 5.38 所示，李沙育图形如图 5.39 所示。

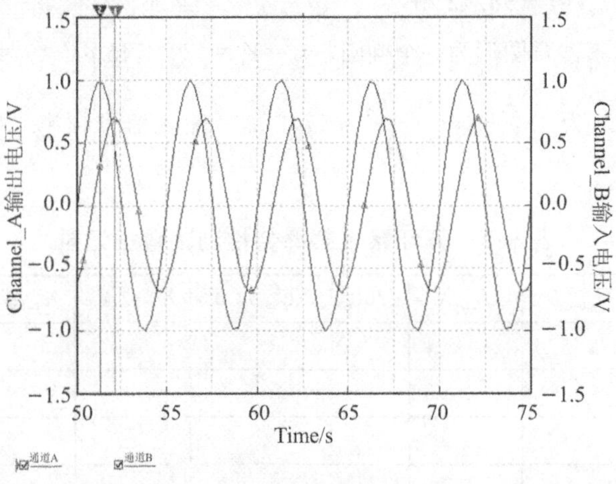

图 5.37 闭环系统的频率响应曲线（$f=0.2$ Hz）

光标

	通道 A	通道 B
x1	52.0225	52.0225
y1	684.3712m	566.3199m
x2	51.1376	51.1376
y2	230.7378m	987.4649m
dx	-884.8315m	-884.8315m
dy	-453.6333m	421.1450m
dy/dx	512.6777m	-475.9607m
1/dx	-1.1302	-1.1302

图 5.38　闭环系统的频率响应光标读数(f=0.2 Hz)

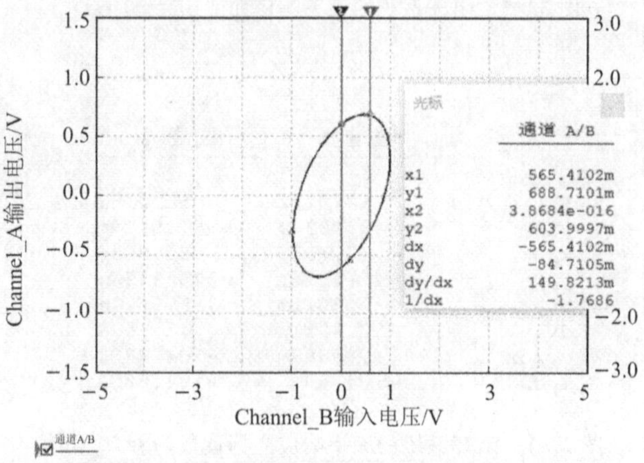

图 5.39　闭环系统的李沙育图形(f=0.2 Hz)

由图 5.37 可知：光标 1 对应输出信号曲线，光标 2 对应输入信号曲线，输出电压滞后输入电压。

由图 5.38 可知：输出电压幅值(A 通道)$y_1=U_{om}$=684.3712 mV，幅值之比$U_{om}/U_{im}\approx$0.68，$20\lg(U_{om}/U_{im})\approx-3.34$ dB。

由图 5.39 可知：李沙育图形为一椭圆，$y_2=Y_o$=603.9997 mV，$y_1=Y_m$=688.7101 mV，求得$\frac{Y_o}{Y_m}\approx0.877$，相位差为$\sin^{-1}\frac{Y_o}{Y_m}\approx61.28°$。

② 实验参数为：U_{im}=1 V，f=50 Hz，其他参数同①中取值不变。输出信号接示波器 A 通道，输入信号接示波器 B 通道。频率响应曲线和光标读数运行结果如图 5.40、图 5.41 所示，李沙育图形如图 5.42 所示。

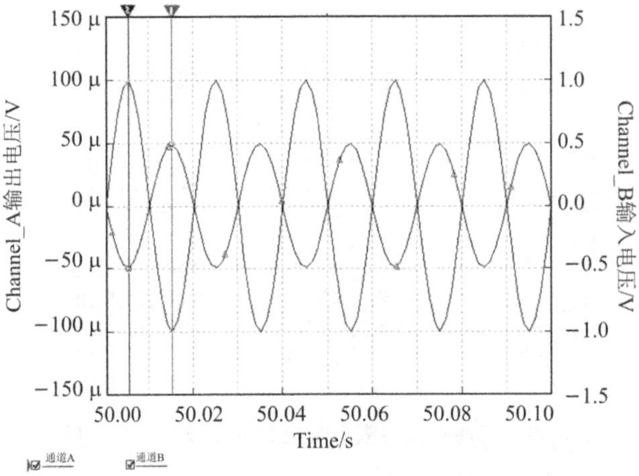

图 5.40　闭环系统的频率响应曲线(f=50 Hz)

光标

	通道 A	通道 B
x1	50.0152	50.0152
y1	49.1827μ	-981.9119m
x2	50.0056	50.0056
y2	-47.2555μ	975.9498m
dx	-9.5611m	-9.5611m
dy	-96.4381μ	1.9579
dy/dx	10.0865m	-204.7731
1/dx	-104.5902	-104.5902

图 5.41　闭环系统的频率响应光标读数(f=50 Hz)

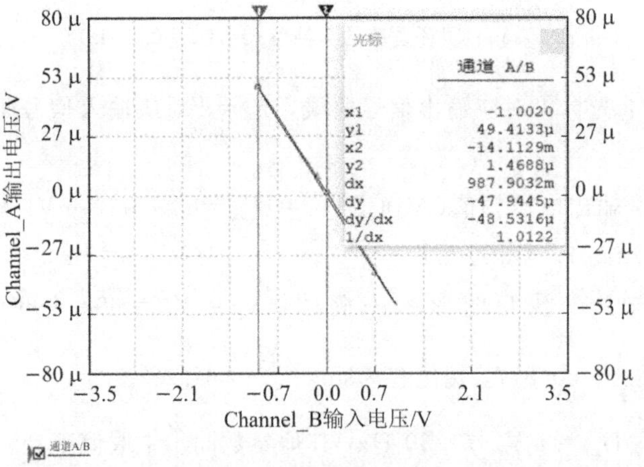

图 5.42　闭环系统的李沙育图形(f=50 Hz)

由图 5.40 可知：光标 1 对应输出信号曲线，光标 2 对应输入信号曲线，输出电压滞后输入电压。

由图 5.41 可知：输出电压幅值(A 通道)$y_1=U_{om}=49.1827\ \mu V$，幅值之比 $U_{om}/U_{im}\approx 0.000\ 049$，$20\lg(U_{om}/U_{im})\approx -86.2$ dB。

由图 5.42 可知：李沙育图形为一个椭圆，$y_2=Y_o=1.4688\ \mu V$，$y_1=Y_m=49.4133\ \mu V$，求得$\frac{Y_o}{Y_m}\approx 0.03$，相位差为 $180°-\sin^{-1}\frac{Y_o}{Y_m}\approx 178.28°$。输入信号频率 f 取多组值，反复测量，将测量结果填入表 5.6 中。

表 5.6　闭环系统的频率特性测试数据记录

次数	f/Hz	U_{om}/V	U_{im}/V	$(20\lg U_{om}/U_{im})$/ dB	X_o 或 Y_o	X_m 或 Y_m	相位差 φ/°
1							
2							
3							
4							
5							

5. 实验思考题

(1) 改变闭环系统中 R_1 的取值，即开环增益发生变化，重新测试频率响应，分析开环增益变化对系统频率特性的影响。

(2) 将实验求得的传递函数与理论传递函数作比较，分析产生误差的原因。

(3) 利用 MATLAB/Simulink 绘制系统的频率特性曲线，与 Multisim 模拟电路实验结果进行对比分析。

6. 实验报告

(1) 设计开环系统和闭环系统的模拟电路，在 Multisim 软件中进行仿真。

(2) 测试开环系统和闭环系统的频率响应，根据测试数据绘制对数幅频特性曲线和对数相频特性曲线，研究频率变化对频率特性的影响。

(3) 完成实验思考题，打印仿真电路及运行结果。

第 6 章

控制系统的校正

6.1 基础知识

6.1.1 校正的基本方式

根据校正装置在控制系统中的安装位置，即与系统固有部分的连接方式，通常可将校正方式分为三种：串联校正、并联校正和前馈校正。

1. 串联校正

校正装置和未校正系统的前向通道的环节相串联，这种方式叫作串联校正。通常将串联校正装置安置在前向通道信号功率较小的部位，放大环节之前，以降低成本和功耗。串联校正结构图如图 6.1 所示。

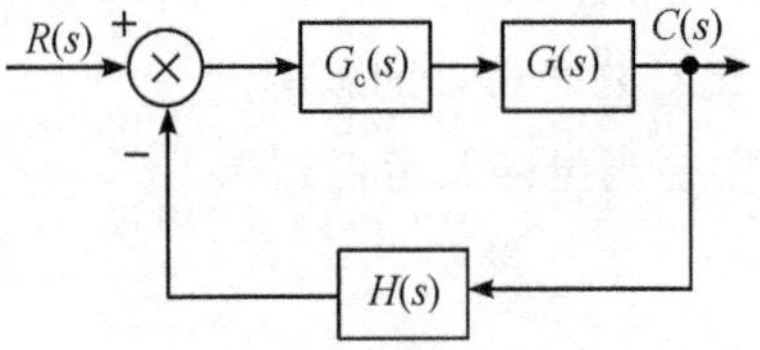

图 6.1 串联校正结构图

2. 并联校正

校正装置和未校正系统的前向通道的部分环节按反馈方式连接构成局部反馈回路，这种方式叫作并联校正，也叫作反馈校正。并联校正的信号是从高功率点传向低功率点的，一般不需附加放大器。并联校正结构图如图 6.2 所示。

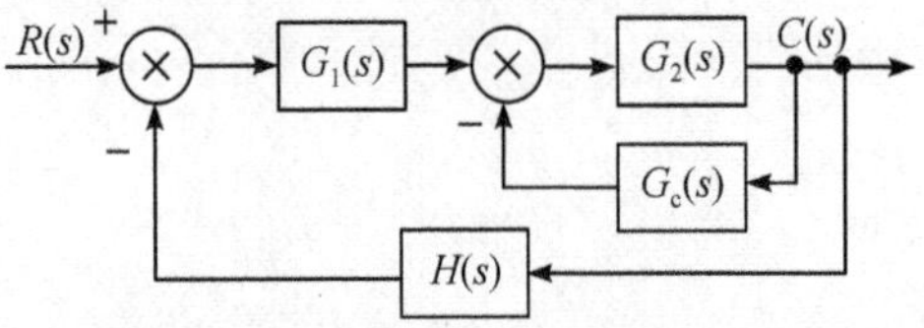

图 6.2 并联校正结构图

3. 前馈校正

校正方式也可采用前馈校正。前馈校正的信号取自闭环外的系统输入信号，即由输入信号直接去校正系统，是一种开环补偿的方式。该方式又分为按给定量顺馈补偿与按扰动量前馈补偿两种方式。

按给定量顺馈补偿主要用于随动系统，使系统完全无误差地跟踪输入信号。其结构图如图 6.3 所示。

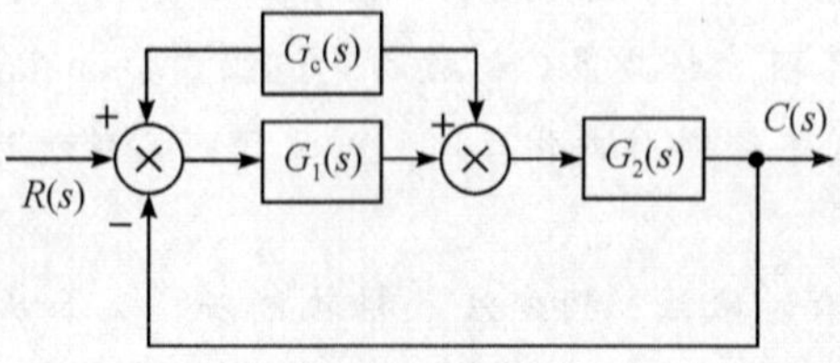

图 6.3　按给定量顺馈补偿结构图

按扰动量前馈补偿主要用于消除干扰对系统稳态性能的影响，几乎可抑制所有可测量的扰动。其结构图如图 6.4 所示。电气调速系统中常用的电流补偿控制环节是按扰动量前馈补偿的实例，可以防止负载变化对电动机转速的影响。

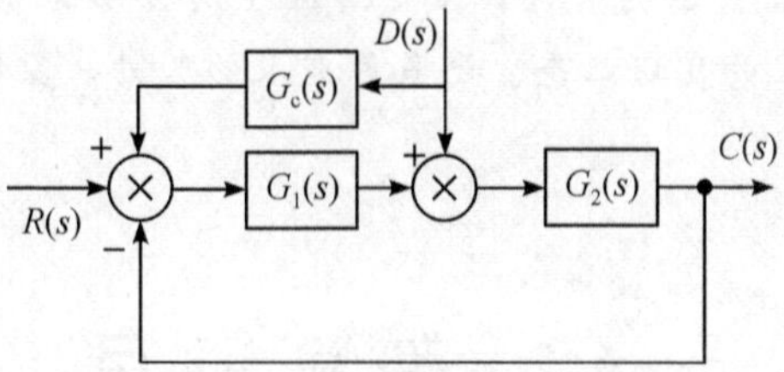

图 6.4　按扰动量前馈补偿结构图

6.1.2　校正方法

控制系统的校正方法有时域法、频域法和根轨迹法。

1. 时域法

时域法校正通常采用阶跃响应图来校正，即加入适当的校正装置，改变阶跃响应曲线的形状，使系统的超调量、调节时间和稳态误差满足要求。

2. 频域法

频域法校正通常采用伯德图来校正，即采用校正装置改变系统开环频率特性曲线的形状，使之具有合适的低频、中频和高频特性，以获得满意的动、静态性能，可采用分析法或期望法进行。分析法是依靠设计者的分析和经验，选择一种适合需求的校正装置，根据加入校正装置后系统应该达到的性能指标来确定校正装置参数的方法。期望法与分析法的流程刚好相反，期望法只适用于最小相位系统，但有时难以物理实现。

3. 根轨迹法

根轨迹法校正通常采用根轨迹图来校正，即加入适当的校正装置，相当于引入附加的开环零、极点，从而改变系统原来的根轨迹，使校正后的系统根轨迹有期望的主导极点，或附加开环零、极点使期望的闭环主导极点对应的开环传递系数增大。

思政元素

在现有控制策略下无法满足控制系统的性能指标时，通过引入校正环节可改善系统的性能，以期达到设计指标的要求。同理，中国共产党将人民群众的利益作为重要“指标”，不断自我纠正和自我革命，始终将“为人民服务”作为初心使命。当代大学生应充分认识中国共产党的性质，了解党的各项方针政策，积极向党组织靠拢，不忘初心，牢记使命，脚踏实地，学好技术本领，将大国工匠精神内化于心，外化于行，在新时代彰显责任与担当，勇做科技创新的逐梦人。

控制系统的校正方法有时域法、频率法及根轨迹法，校正方式有串联、并联和前馈校正，校正装置有超前、滞后以及超前一滞后装置。不同控制系统对性能要求不同，可采用不同的校正方法、校正方式以及校正装置。当代大学生应用发展的眼光看问题，主动思考，将工程思想与新时代的要求相结合，成为一个优秀的工程应用型人才。

采用串联超前校正和滞后校正对控制系统进行校正时，使用的方法不同，优缺点也不同。当代大学生应辩证地看待事物的好与坏，取其精华，去其糟粕。在学习和生活中，应正确对待自己，既要理性认识自己的长处，又要清醒看到自己的短处，扬长避短，化“短”为“长”，保持健康、积极向上的良好心态。要多看别人的长处，多找自己的短处，建立平等、包容的和谐人际关系。

6.2 实验项目

6.2.1 连续系统时域法校正的 MATLAB 实现

1. 实验目的

(1) 理解时域法校正的基本思想。

(2) 掌握并联校正的基本概念，能采用 Simulink 设计并联控制器。

(3) 掌握前馈校正的基本概念，能采用 Simulink 设计前馈控制器。

2. 实验原理

1) 按给定量顺馈补偿器的设计

按给定量顺馈补偿结构图如图 6.3 所示。由图 6.3 可得闭环传递函数为

$$\Phi(s)=\frac{C(s)}{R(s)}=\frac{[G_1(s)+G_c(s)]G_2(s)}{1+G_1(s)G_2(s)}$$

偏差为

$$E(s)=R(s)-C(s)=[1-\Phi(s)]R(s)=\frac{1-G_2(s)G_c(s)}{1+G_1(s)G_2(s)}R(s)$$

由上式可知，若设置补偿通道使得

$$G_c(s)=\frac{1}{G_2(s)}$$

则补偿后 $E(s)=0$ 或 $C(s)=R(s)$，即不管输入信号形式如何，均可以实现系统对给定作用的完全复现。

2）按扰动量前馈补偿器的设计

按扰动量前馈补偿结构图如图 6.4 所示。设干扰 $D(s)$ 可以直接测量，$G_c(s)$ 是补偿器的传递函数。仅有扰动作用时（$r(t)=0$）系统的输出为

$$C(s)=\frac{[1-G_1(s)G_c(s)]G_2(s)}{1+G_1(s)G_2(s)}D(s)$$

由上式可知，若设置补偿通道使得

$$G_c(s)=\frac{1}{G_1(s)}$$

则系统的输出完全不受扰动的影响。

3. 实验预习

（1）认真阅读实验原理，明确本次实验目的，复习连续系统时域分析与设计相关知识。

（2）读懂实验内容有关例题设计，预先绘制 Simulink 建模图。

4. 实验内容

1）并联校正

例 6.1　已知位置随动系统结构图如图 6.5 所示，其中 $K=10$。若使系统的等效阻尼比为 0.5，试确定反馈系数 K_f 的值，并建立 Simulink 模型，绘制单位阶跃响应曲线，分析速度反馈校正前后系统性能指标的变化。

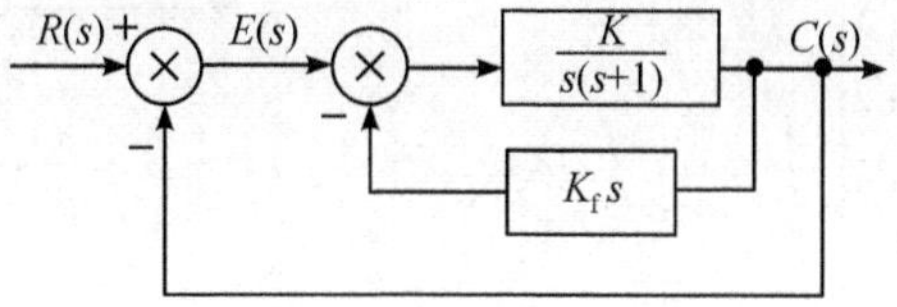

图 6.5　位置随动系统结构图

解　(1)控制器的设计。

未校正系统的闭环传递函数为

$$\Phi(s)=\frac{10}{s^2+s+10}$$

自然振荡角频率和阻尼比分别为

$$\omega_n=\sqrt{10}\approx 3.16\ \text{rad/s},\ \zeta=\frac{1}{2\omega_n}\approx 0.158$$

校正后系统的闭环传递函数为

$$\Phi_1(s)=\frac{10}{s^2+(1+10K_f)s+10}$$

引入速度反馈控制后系统的阻尼比 $\zeta_d=0.5$，则

$$1+10K_f=2\zeta_d\omega_n$$

则反馈系数 K_f 的值为

$$K_f=\frac{2\zeta_d\omega_n-1}{10}=0.216$$

(2) Simulink 建模。

建立未校正系统和校正后系统的 Simulink 模型，分别如图 6.6 和图 6.7 所示。

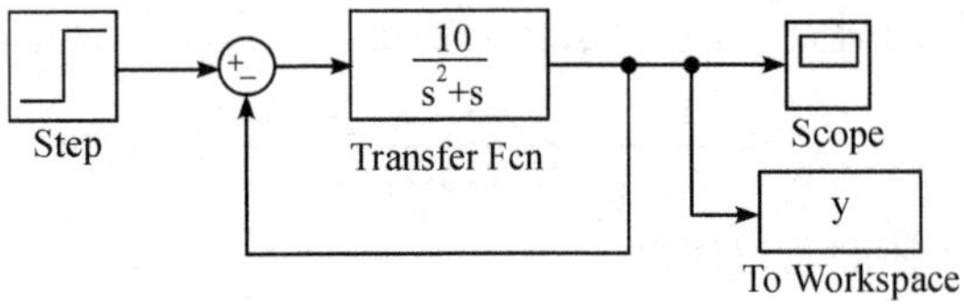

图 6.6　未校正系统的 Simulink 模型

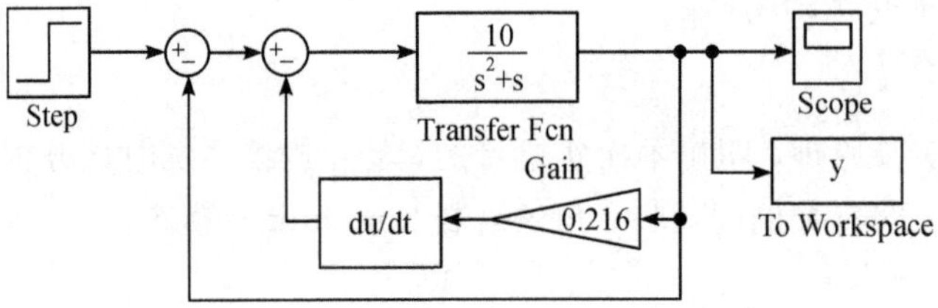

图 6.7　校正后系统的 Simulink 模型

仿真结果如图 6.8 所示。

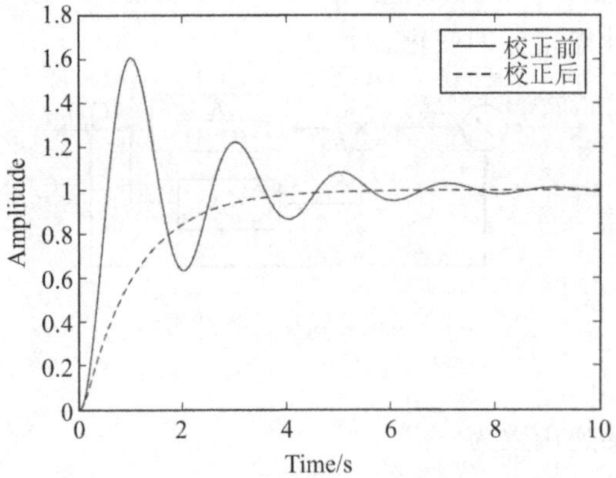

图 6.8　校正前后系统的单位阶跃响应曲线

(3) 校正前后性能指标分析。

未校正系统的调节时间为

$$t_s=\frac{3}{\zeta\omega_n}=\frac{3}{0.158\times 3.16}\approx 6.01\ \text{s}\ (\Delta=5\%)$$

未校正系统的超调量为

$$\sigma\% = e^{-\pi\zeta/\sqrt{1-\zeta^2}} \times 100\% \approx 60\%$$

引入速度反馈控制的校正后系统的调节时间为

$$t_s = \frac{3}{\zeta_d \omega_n} = \frac{3}{0.5 \times 3.16} \approx 1.90\ \text{s}\ (\Delta = 5\%)$$

校正后系统的超调量为

$$\sigma\% = e^{-\pi\zeta_d/\sqrt{1-\zeta_d^2}} \times 100\% \approx 16.4\%$$

可知：引入速度反馈控制后，超调量下降，调节时间减小，系统的动态性能得以改善。

2）前馈校正

例 6.2　已知电站锅炉给水过程控制系统结构图如图 6.9 所示。受控对象(电站锅炉给水过程)的主过程传递函数为 $G(s) = \dfrac{0.037}{s(30s+1)}$，扰动过程传递函数为 $G_d(s) = \dfrac{3.045s - 0.037}{15s^2 + s}$，水位传感器的传递函数 $G_f(s) = 0.033$，主控制器控制函数为 $G_c(s) = \dfrac{80(s+5)}{s+8}$。试设计扰动前馈控制器，绘制在扰动信号作用下校正前后系统的单位阶跃响应曲线，并对前馈校正前后响应进行比较。

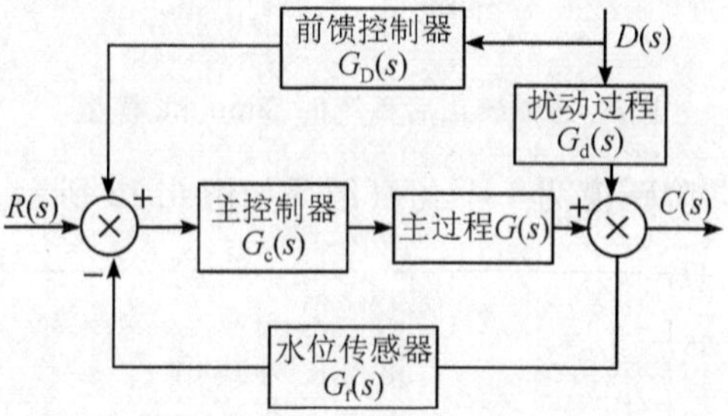

图 6.9　电站锅炉给水过程控制系统结构图

解　(1)控制器的设计。

系统的输入输出关系为

$$C(s) = \frac{G_d(s) + G_D(s)G_c(s)G(s)}{1 + G_c(s)G(s)} D(s) + \frac{G_c(s)G(s)}{1 + G_c(s)G(s)} R(s)$$

根据全补偿前馈设计原则，可以得出扰动前馈控制器的设计公式为

$$G_D(s) = -\frac{G_d(s)}{G_c(s)G(s)}$$

将已知传递函数代入上式，得前馈控制器的传递函数为

$$G_D(s) = -\frac{3.045s - 0.037}{15s + 1} \times \frac{30s + 1}{2.96s + 14.8} \times (s + 8)$$

(2) Simulink 建模。

建立未校正系统和校正后系统的 Simulink 模型，分别如图 6.10 和图 6.11 所示。给定输入信号由阶跃信号模块产生，t 在零时刻产生阶跃，阶跃值为 1。扰动信号也由阶跃信号

模块产生。仿真运行时间为 800 s。

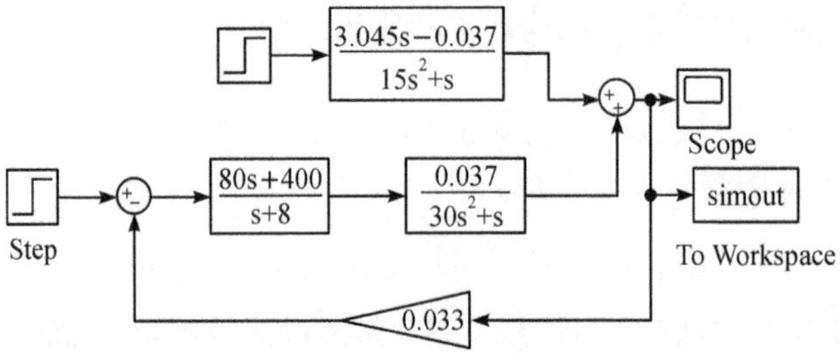

图 6.10 校正前系统的 Simulink 模型

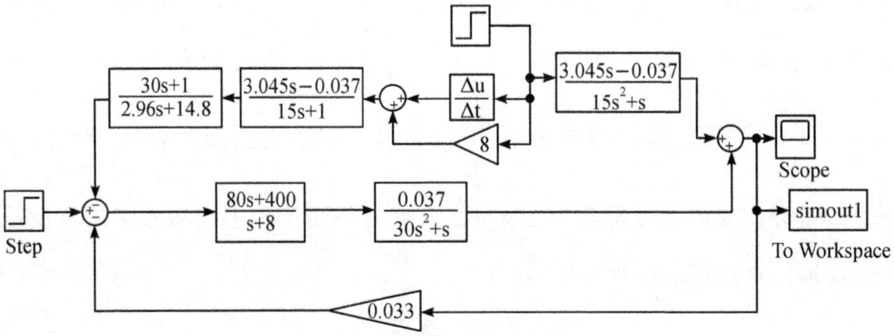

图 6.11 校正后系统的 Simulink 模型

在 400 s 时加入扰动，阶跃值为 10，仿真结果如图 6.12 所示。

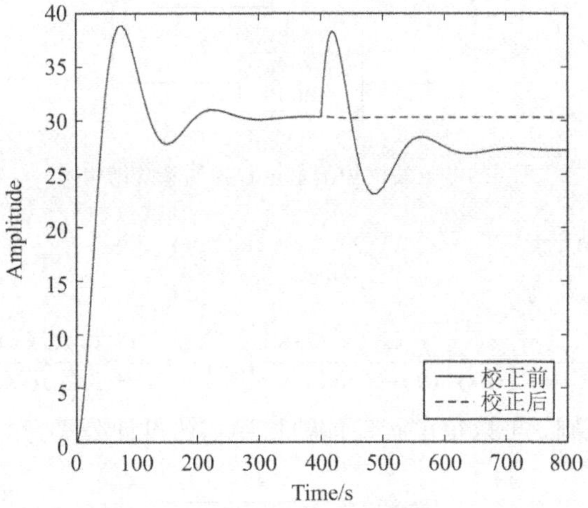

图 6.12 校正前后在扰动信号作用下的阶跃响应曲线

由图 6.12 可知，加入前馈控制器前，输出波形在 400 s 处有明显波动，加入前馈控制器后，输出波形在 400 s 处无波动，扰动被前馈控制器补偿。

5. 实验思考题

(1) 并联控制器和前馈控制器的时域校正思路是什么？

（2）并联控制器和前馈控制器在时域校正时需要注意哪些问题？

6. 实验报告

（1）绘制已调试通过的 Simulink 建模图。

（2）完成实验思考题，打印实验设计、建模及运行结果。

6.2.2　连续系统频域法校正的 MATLAB 实现

1. 实验目的

（1）理解频域法设计的基本思想。

（2）掌握串联超前校正的一般步骤，能采用 MATLAB 设计串联超前校正器。

（3）了解串联滞后校正、串联滞后-超前校正的一般步骤，能采用 MATLAB 设计串联滞后校正器和串联滞后-超前校正器。

2. 实验原理

频域法设计的实质是改变系统开环对数频率特性的形状，使之具有合适的低频、中频、高频特性，以得到满意的动态、稳态性能指标。

1）串联超前校正

设计串联超前校正装置的一般步骤是：

①根据稳态精度的要求，确定系统无差度阶数 ν 与开环传递系数 K。

② 由已经满足稳态要求的开环传递系数 K 绘制未校正系统的对数幅频特性 $L_0(\omega)$，并确定未校正系统的开环频域指标：相位裕量 γ 与幅值穿越频率 ω_c 等。

③ 根据给定的相位裕量 γ'，估计需要超前校正装置提供的最大附加相位超前量 φ_m 为

$$\varphi_m=\gamma'-\gamma+\Delta$$

式中，γ 为校正之前的相位裕量，$\Delta=5°\sim20°$。这是考虑到加入相位超前校正装置会使幅值穿越频率增大，从而造成被校正系统的相角滞后增加，为补偿这一因素的影响而留出的裕量，具体取值应由未校正系统 $\varphi(m)$ 在 ω_c 附近的变化趋势而定。

④ 根据要求的最大附加相角超前量 φ_m，计算求出校正装置的 α 值：

$$\alpha=\frac{1-\sin\varphi_m}{1+\sin\varphi_m}$$

⑤ 确定校正后的幅值穿越频率 ω_c'。为充分利用校正装置，应使校正装置的最大相位超前角 φ_m 出现在校正后幅值穿越频率 ω_c' 处。计算校正装置在 φ_m 处的幅值为

$$L_c(\omega_c')=10\lg\frac{1}{\alpha}\text{（正值）}$$

并确定未校正系统伯德图曲线上幅值为

$$L_0(\omega_c')=-L_c(\omega_c')=-10\lg\frac{1}{\alpha}\text{（负值）}$$

处的频率，此频率即为校正后系统的幅值穿越频率 $\omega_c'=\omega_m$。从而保证校正之后的对数幅值 $L(\omega_c')$ 为

$$L(\omega_c')=L_c(\omega_c')+L_0(\omega_c')=0$$

⑥ 确定超前校正装置的转折频率。由 $\omega_m=1/(\sqrt{\alpha}T)$ 可求出所需校正装置的时间常数 T，并有

$$\omega_1=\frac{1}{T}=\omega_m\sqrt{\alpha},\quad \omega_2=\frac{1}{\alpha T}=\frac{\omega_m}{\sqrt{\alpha}}$$

至此，可确定校正装置传递函数为

$$G_c(s)=\alpha\ \frac{Ts+1}{\alpha Ts+1}$$

⑦ 画出校正后的系统伯德图，验算性能指标，如不满足要求，可增大 Δ 并从步骤③重新计算，直到满足要求。最后用电网络实现校正装置，计算校正装置参数。

如果事先对校正后的 ω_c' 提出了要求，则根据式

$$L_0(\omega_c')=-10\lg\frac{1}{\alpha}$$

可直接确定 α 值，其他步骤不变。

2）串联滞后校正

设计串联滞后校正装置的一般步骤如下：

① 根据稳态精度的要求，确定系统无差度阶数 ν 与开环传递系数 K。

② 由已经满足稳态要求的开环传递系数 K 绘制未校正系统的对数频率特性 $L_0(\omega)$，并确定未校正系统的开环频域指标：相位裕量 γ 与幅值穿越频率 ω_c 等。

③ 确定校正后的幅值穿越频率 ω_c'。原系统在 ω_c' 处的相位裕量应为 $\gamma_0=\gamma'+\Delta$，其中 γ' 是要求的相位裕量，$\Delta=5°\sim15°$。这是为了补偿滞后校正装置引起的相角滞后。在伯德图 $L_0(\omega)$ 上找出符合这一相位裕量的频率，作为校正后系统的开环对数幅频特性的幅值穿越频率 ω_c'。

④ 确定滞后网络的 β 值。在伯德图 $L_0(\omega)$ 上确定未校正系统在 ω_c' 处的对数幅值 $L_0(\omega_c')=20\lg\beta=-20\lg\left(\frac{1}{\beta}\right)$，求出 β 值。

⑤ 确定滞后校正网络的转折频率。取校正装置第二个转折频率 $\omega_2=1/T=\omega_c'/10\sim\omega_c'/2$，求出 T 值，则校正装置的传递函数为

$$G_c(s)=\frac{Ts+1}{\beta Ts+1}$$

⑥ 校验校正后系统的相位裕量和其余性能指标。如不满足要求，可增大 Δ 并从步骤③重新计算，直到满足要求。

⑦ 校验性能指标，直到满足全部性能指标，最后用电网络实现校正装置，计算校正装置参数。

3）串联滞后-超前校正

滞后部分提高放大系数，改善稳态精度，主要作用于被校正系统的低频段。而超前部分提供相位超前角，改善动态性能，主要作用于被校正系统的中频段。因此，串联滞后-超前校正相当于给被校正系统分别加入串联滞后校正装置与超前校正装置。而确定两部分参数的过程可以是两个相对独立的过程，分别与单独采用滞后校正、超前校正的方法基本

相同。

对于常见的无源滞后-超前校正装置，考虑到 $\alpha \cdot \beta=1$，其校正过程的主要步骤如下：

① 根据稳态精度的要求，确定系统无差度阶数 ν 与开环传递系数 K。

② 由已经满足稳态精度的开环传递系数 K 绘制未校正系统的对数频率特性 $L_0(\omega)$，并确定未校正系统的开环频域指标：相位裕量 γ 与幅值穿越频率 ω_c 等。

③ 确定校正后的幅值穿越频率 ω_c'。由于需要相位超前部分给系统提供相位超前角度，从而使相位裕量增大，故一般选择校正前的相位穿越频率 ω_g 为校正后的幅值穿越频率 ω_c'。

④ 确定滞后-超前校正装置的滞后部分。取 $1/T_2=\omega_c'/10\sim\omega_c'/2$，求出系统校正前在 ω_c' 处的对数幅值 $L_0(\omega_c')$，因此校正装置对应的幅值为 $L_c(\omega_c')=-L_0(\omega_c')$。由于 ω_c' 位于超前部分的两个转折频率 $1/T_1$ 和 β/T_1 之间，故必有 $20\lg\beta>L_0(\omega_c')$，由此可确定合适的 β 值，绘制出滞后部分的渐近线。

⑤ 确定滞后-超前校正装置的超前部分。校正装置在新的幅值穿越频率 ω_c' 处对应的幅值为 $L_c(\omega_c')$，通过点$(\omega_c', L_c(\omega_c'))$画出一条斜率为 20 dB/dec 的直线，此直线便是超前部分对应的幅频特性渐近线。超前部分斜率为 20 dB/dec 的渐近线与滞后部分斜率为 0 dB/dec 的渐近线的交点对应的是超前部分第一个转折频率 $1/T_1$，与 0 dB 线的交点对应的是超前部分第二个转折频率 β/T_1。由两个交点可确定超前部分。

⑥ 画出校正后系统伯德图 $L(\omega)$，验算相位裕量，如不满足要求，可增大 β 或进一步左移 ω_c' 重新计算，直到满足要求。

⑦ 校验性能指标，直到满足全部性能指标，最后用电网络实现校正装置，计算校正装置参数。

3. 实验预习

(1) 认真阅读实验原理，明确本次实验目的，复习控制系统校正的相关知识。

(2) 熟悉与本实验相关的 MATLAB 函数的功能及调用格式。

(3) 读懂实验内容有关例题程序，预先编写实验程序。

4. 实验内容

1) 串联超前校正

例 6.3　已知单位负反馈系统被控对象的传递函数为

$$G(s)=\frac{K}{s(2s+1)(0.002s+1)}$$

试设计系统的超前校正器 $G_c(s)$，使之满足：

① 在斜坡信号 $r(t)=V_0t$ 作用下，系统的稳态误差 $e_{ss}\leqslant 0.001V_0$；

② 校正后系统的相位裕量 γ 在 43°到 50°之间。

解　首先根据稳态性能的要求确定开环传递系数 $K=1000$，并求出未校正系统的伯德图。

MATLAB 程序：

```
num=1000;
den=conv([1 0], conv([2 1], [0.002 1]));
```

margin(num, den)

未校正系统的伯德图运行结果如图 6.13 所示。

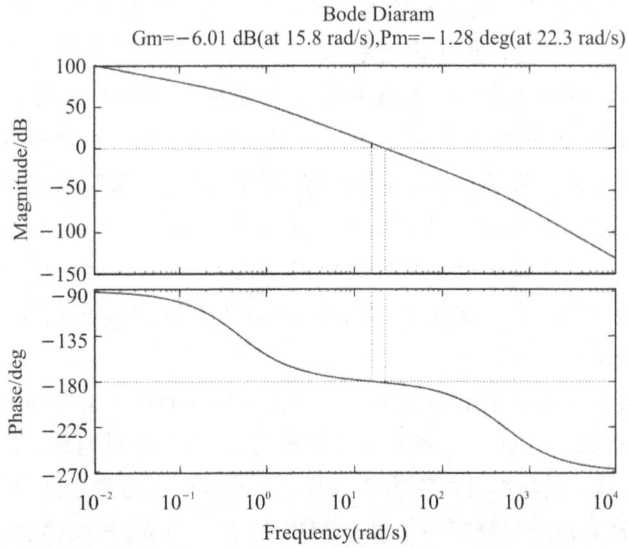

图 6.13 例 6.3 未校正系统的伯德图

从图 6.13 可知，中频段的穿越斜率为 −40 dB/dec，未校正系统的相位裕量为 $P_m=-1.28°<43°$，可见，校正前的系统性能不满足设计要求。故考虑引入串联超前校正装置以满足相位裕量的要求。

MATLAB 程序：

```
%对未校正系统的性能分析
s=tf('s');
G0=1000/(s*(2*s+1)*(0.002*s+1));    %未校正系统的开环传递函数
subplot(2, 2, 1);
margin(G0)   %绘制伯德图，求出未校正系统的幅值裕量、相位裕量及相应频率
subplot(2, 2, 2);
step(feedback(G0, 1))                     %绘制未校正系统的阶跃响应曲线
[mag, phase, w]=bode(G0);                 %绘制伯德图，存储幅度 mag 和相位 phase
[Gm, Pm]=margin(G0);                      %求未校正系统的幅值裕量、相位裕量
r=45;                                     %设置符合条件的相位裕量
%确定校正装置参数和校正系统的传递函数
for a=5:15                                %相位超前量调整值
        FIM=r-Pm+a;                       %相位超前量
        Fim=FIM*pi/180;                   %单位转换，将“°”转换成“rad”
        alfa=(1-sin(Fim))/(1+sin(Fim));   %校正转置参数 alfa
adb=20*log10(mag);                        %未校正系统的对数幅值，单位转换为 dB
am=10*log10(alfa);                        %未校正系统在校正后幅值穿越频率处的幅值
        wc=spline(adb, w, am);            %求校正后的幅值穿越频率
```

```
        T=1/(wc * sqrt(alfa));              %求校正装置的时间参数
        alfat=alfa * T;
        Gc=tf([T, 1], [alfat, 1]);          %校正装置的传递函数
        [Gm1, Pm1]=margin(Gc * G0);         %校正后系统的幅值裕量、相位裕量
    %校正后系统的性能指标检验
        if (Pm1>=r)
          break;
    end
    end
    subplot(2, 2, 3);
    margin(Gc * G0)              %绘制伯德图，校正后系统的伯德图、幅值裕量、相位裕量
    subplot(2, 2, 4);
    G=feedback(Gc * G0, 1);      %校正后系统的闭环传递函数
    step(G)                      %校正后系统的阶跃响应曲线
```

命令窗口显示：

```
    Gc=
          0.07555 s + 1
         -------------
         0.009329 s + 1
    Gm1=
           13.7521
    Pm1=
           47.7296
    G=
                        75.55 s + 1000
        ----------------------------------------------------
        3.732e-05 s^4 + 0.02268 s^3 + 2.011 s^2 + 76.55 s + 1000
```

系统校正前后的伯德图及单位阶跃响应的运行结果如图 6.14 所示。

校正后系统的相位裕量为 47.7296，符合指标要求。

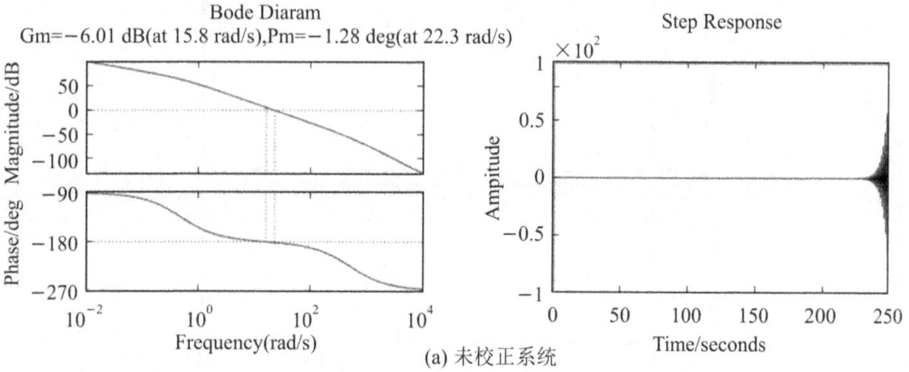

(a) 未校正系统

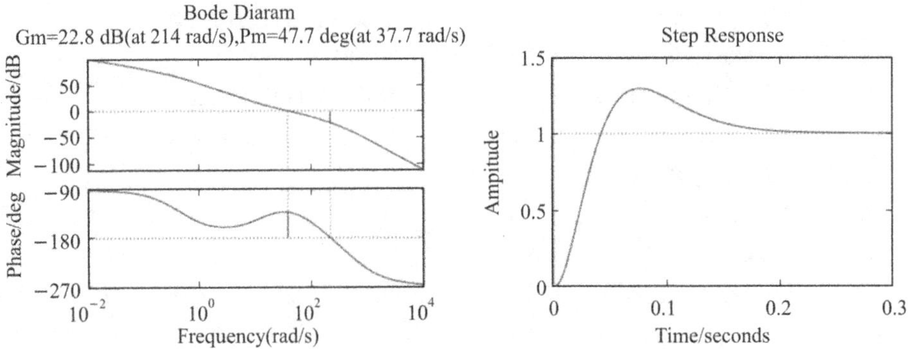

(b) 校正后系统

图 6.14 例 6.3 系统校正前后伯德图及单位阶跃响应

2) 串联滞后校正

例 6.4 已知单位负反馈系统被控对象的传递函数为

$$G(s)=\frac{K}{s(s+1)(0.5s+1)}$$

要求系统满足：开环放大倍数 $K=5$，相角裕量 $\gamma(\omega_c)\geqslant 40°$，幅值裕量 $K_g\geqslant 10$ dB。试设计校正装置。

解 由题意可知，原系统开环传递函数模型为

$$G(s)=\frac{5}{s(s+1)(0.5s+1)}$$

首先求出未校正系统的伯德图。

MATLAB 程序：

```
num0=5;
den0=conv([1 0], conv([1 1], [0.5 1]));
margin(num0, den0)
[Gm, Pm, Wcg, Wcp]=margin(num0, den0);
Kg=20*log10(Gm);
```

未校正系统的伯德图运行结果如图 6.15 所示。

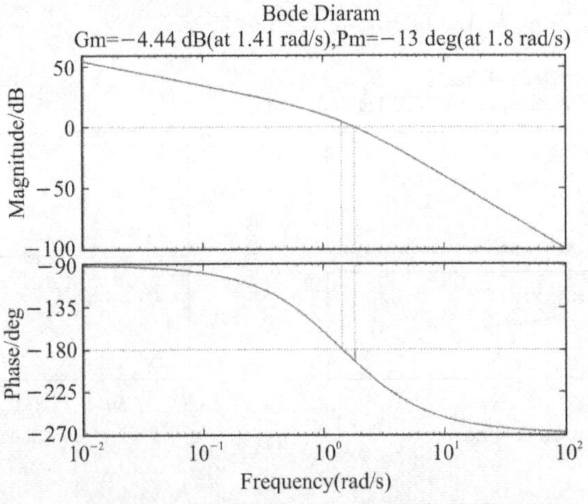

图 6.15 例 6.4 未校正系统的伯德图

求得未校正系统的幅值裕量为－4.4370 dB，相角裕量为－12.9919°，系统不稳定，故需设计串联滞后校正。

MATLAB 程序：

```
num0=5;
den0=conv([1 0], conv([1 1], [0.5 1]));
subplot(2, 2, 1);
margin(num0, den0);
subplot(2, 2, 2);
G0=tf(num0, den0);
step(feedback(G0, 1))
w=logspace(-3, 1);
[mag1, phase1]=bode(num0, den0, w);
r=40;
%确定校正装置参数和校正系统的传递函数
for a=5: 15
      FIM=r+a;
      [i1, ii]=min(abs(phase1- (FIM-180)));
      wc=w(ii);        %求校正后的幅值穿越频率
      beta=mag1(ii);
      T=5/wc;
      numc=[T 1];
      denc=[beta * T 1];
   Gc=tf(numc, denc)
      [num, den]=series(num0, den0, numc, denc);
      [Gm, Pm, Wcg, Wcp]=margin(num, den);
    if (Pm>=r)
        break;
      end
end
subplot(2, 2, 3);
margin(num, den);
subplot(2, 2, 4);
G=tf(num, den);
step(feedback(G, 1))
G1=feedback(Gc * G0, 1);        %校正后系统的闭环传递函数
Kg=20 * log10(Gm)
```

命令窗口显示：

```
Gm=
    5.8977
Pm=
    45.5417
```

```
Kg=
   15.4137
Gc=
  12.21 s + 1
  -----------
  135.2 s + 1
G1=
                        61.05 s + 5
  ----------------------------------------------
    67.58 s^4 + 203.3 s^3 + 136.7 s^2 + 62.05 s + 5
```

系统校正前后的伯德图及单位阶跃响应的运行结果如图 6.16 所示。

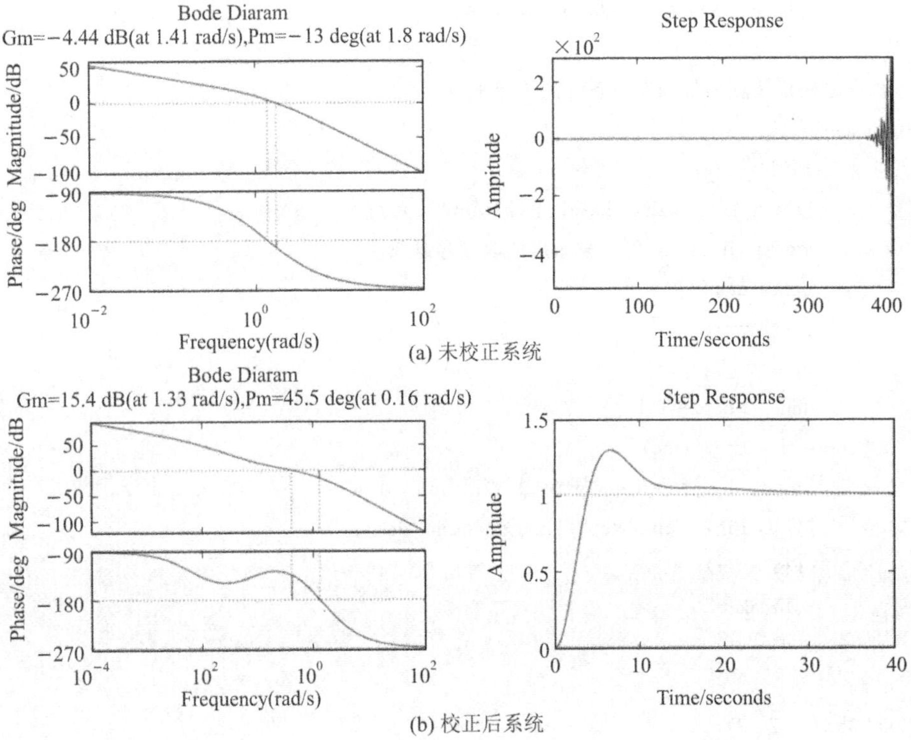

图 6.16 例 6.4 系统校正前后伯德图及单位阶跃响应

从图 6.16 可知，校正后系统的幅值裕量为 15.4 dB，相位裕量为 45.5 dB。校正后系统稳定，且具有良好的动态响应。

3) 串联滞后-超前校正

例 6.5 已知单位负反馈系统被控对象的传递函数为

$$G(s)=\frac{K}{s(s+1)(0.5s+1)}$$

要求系统满足：开环放大倍数 $K=10$，相角裕量 $\gamma(\omega_c)>50°$，幅值裕量为10 dB。试设计一个串联滞后-超前校正装置，以满足性能指标要求。

解　由题意可知，原系统开环传递函数模型为

$$G(s)=\frac{10}{s(s+1)(0.5s+1)}$$

首先求出未校正系统的伯德图。

MATLAB 程序：

```
num0=10;
den0=conv([1 0], conv([1 1], [0.5 1]));
margin(num0, den0)
[Gm, Pm, Wcg, Wcp]=margin(num0, den0);
kg=20*log10(Gm)
```

运行结果：

```
kg=
    -10.4576
```

未校正系统的伯德图运行结果如图 6.17 所示。

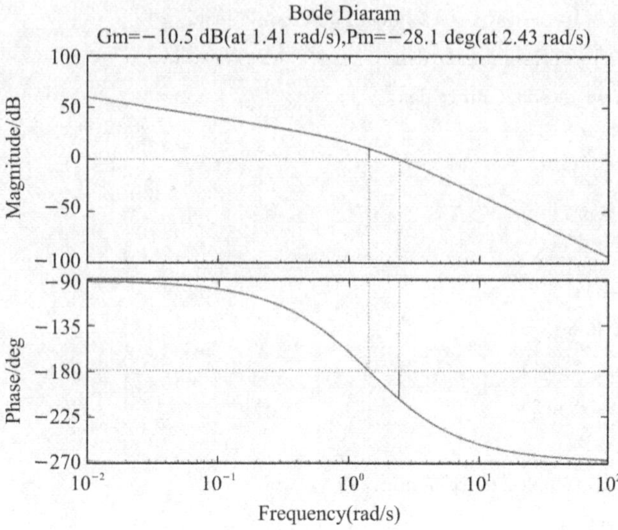

图 6.17　例 6.5 未校正系统的伯德图

求得未校正系统的幅值裕量为−10.4576 dB，相角裕量为−28.0814°，不满足性能指标要求，并且系统不稳定，故需设计串联滞后-超前校正。

MATLAB 程序：

```
num0=10;
den0=conv([1 0], conv([1 1], [0.5 1]));
[Gm1, Pm1, Wcg1, Wcp1]=margin(num0, den0);
w=logspace(-2, 2);
[mag1, phase1]=bode(num0, den0, w);
subplot(2, 2, 1);
margin(num0, den0);
subplot(2, 2, 2);
```

```
G0=tf(num0, den0);
step(feedback(G0, 1))
%确定校正装置参数和校正系统的传递函数
ii=find(abs(w-Wcg1)==min(abs(w-Wcg1)));
wc=Wcg1;      %校正前的相位穿越频率Wcg1为校正后的幅值穿越频率
w2=wc/10;
beta=10;
numc2=[1/w2, 1];
denc2=[beta/w2, 1];
w1=w2;
mag(ii)=2;
while(mag(ii)>1)
    numc1=[1/w1, 1];
    denc1=[1/(w1*beta), 1];
    w1=w1+0.01;
    [numc, denc]=series(numc1, denc1, numc2, denc2);
    [num, den]=series(num0, den0, numc, denc);
    [mag, phase]=bode(num, den, w);
end
subplot(2, 2, 3);
margin(num, den);
subplot(2, 2, 4);
G=tf(num, den);
step(feedback(G, 1))
Gc1=tf(numc1, denc1)
Gc2=tf(numc2, denc2)
G1=feedback(G, 1)
[Gm, Pm, Wcg, Wcp]=margin(num, den)
Kg=20*log10(Gm)
```

命令窗口显示：

```
Gc1=
    1.882 s + 1
   -------------
    0.1882 s + 1
Gc2=
    7.071 s + 1
  -------------
    70.71 s + 1
G1=
                133.1 s^2 + 89.53 s + 10
  ----------------------------------------------------------
    6.653 s^5 + 55.41 s^4 + 120.2 s^3 + 205.5 s^2 + 90.53 s + 10
```

Pm=

52.4219

Kg=

13.7848

系统校正前后的伯德图及单位阶跃响应的运行结果如图 6.18 所示。

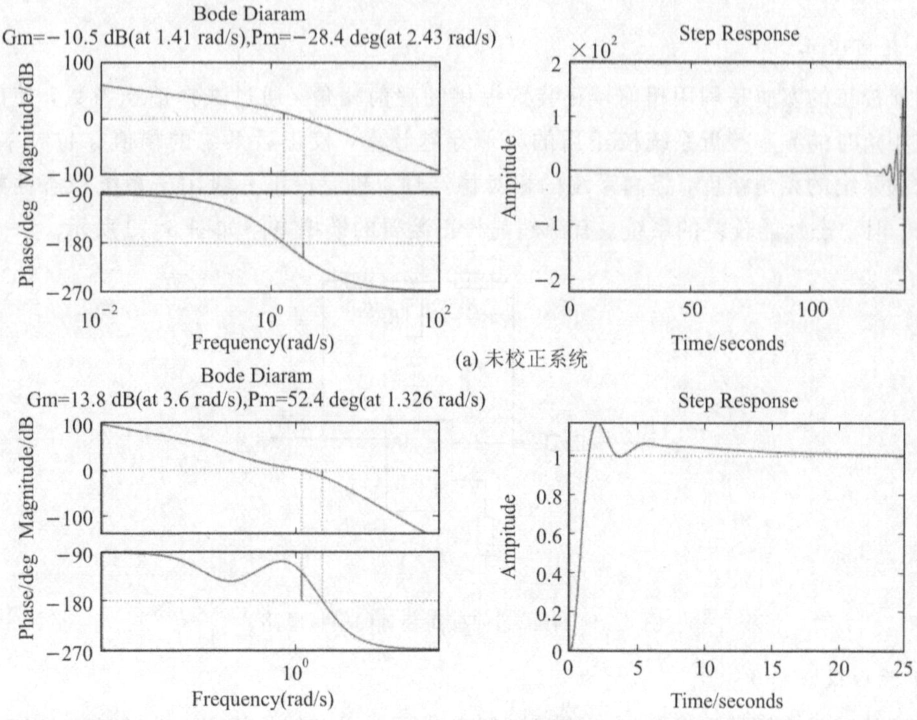

(b) 校正后系统

图 6.18　例 6.5 系统校正前后伯德图及单位阶跃响应

校正后系统的幅值裕量为 13.7848 dB，相位裕量为 52.4219°。从图 6.18 中可见校正后的系统稳定，且具有良好的动态响应。

5. 实验思考题

(1) 根据未校正系统性能和指标要求，如何选择校正装置?

(2) 除分析法设计校正装置外，还有哪些设计方法?

6. 实验报告

(1) 列写已调试通过的实验程序。

(2) 分析实验内容中各条语句的功能。

(3) 完成实验思考题，打印实验程序及运行结果。

6.2.3　串联校正模拟电路设计及动态特性测试

1. 实验目的

(1) 加深理解串联超前校正和滞后校正的校正原理和特点。

(2) 掌握超前校正装置和滞后校正装置模拟电路的构成，能够运用集成运放设计有源超前校正装置和有源滞后校正装置。

(3) 熟练利用 Multisim 软件对串联超前校正系统和串联滞后校正系统进行建模、仿真与测试。

2. 实验原理

1) 超前校正

超前校正的实质是利用超前校正装置提供的超前相角，通过选择适当参数，使出现最大超前相角时的频率接近系统校正后的幅值穿越频率，校正后系统的幅值穿越频率右移，有效增加系统的相角裕度，提高系统的相对稳定性。超前校正一般用于系统稳态性能已满足要求，但动态性能较差的系统。有源超前校正装置的模拟电路如图 6.19 所示。

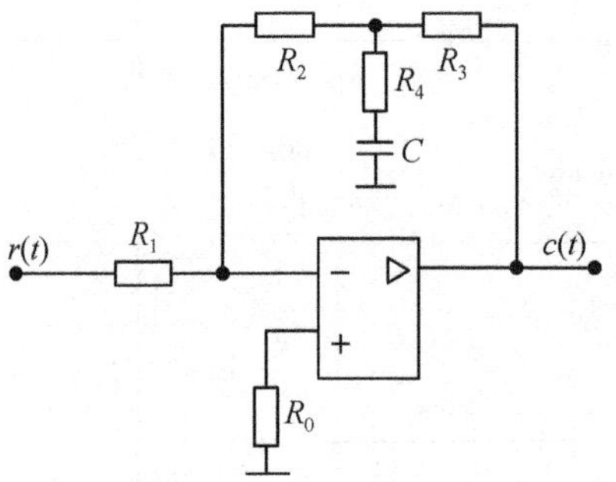

图 6.19 有源超前校正装置的模拟电路

2) 滞后校正

滞后校正是利用校正后系统幅值穿越频率减小来增大相位裕量，改善动态性能。如果使校正环节的最大滞后相角的频率远离校正后的幅值穿越频率而维持相当低的频率，就可以使校正环节的相位滞后对相角裕度的影响尽可能小。滞后校正可用于动态性能已满足，但稳态性能较差的系统。滞后校正用于需要提高系统的相位裕量，改善稳定性，但又无法采用超前校正的系统。有源滞后校正装置的模拟电路如图 6.20 所示。

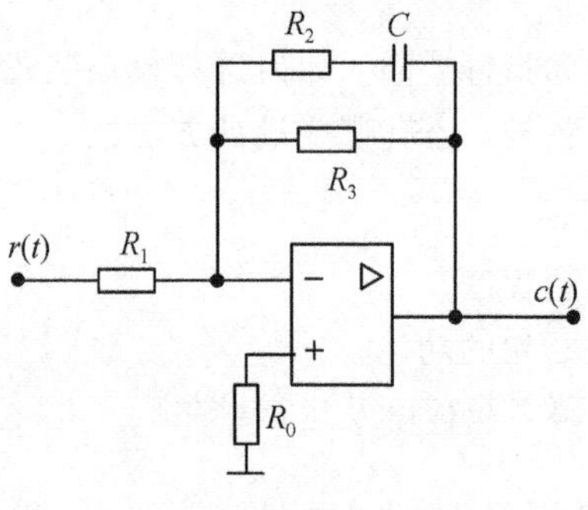

图 6.20 有源滞后校正装置的模拟电路

3. 实验预习

(1) 明确本次实验任务，认真阅读实验原理，掌握实验方法。

(2) 掌握超前校正和滞后校正的原理及特点。

(3) 根据实验内容，预先设计有源超前校正装置和有源滞后校正装置的模拟电路。

4. 实验内容

1) 串联超前校正

串联超前校正系统的结构图如图 6.21 所示。

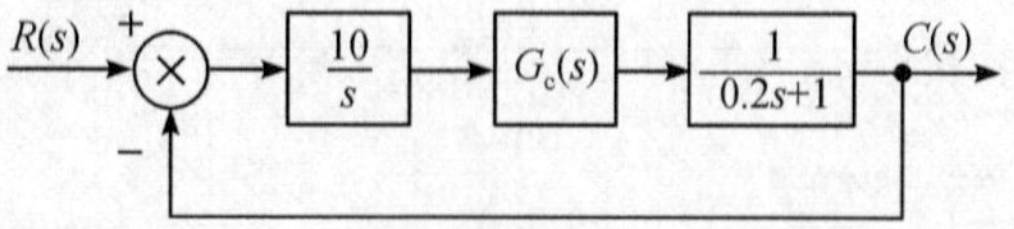

图 6.21 串联超前校正系统的结构图

串联超前校正系统的模拟电路如图 6.22 所示。断开开关 S，系统处于未校正状态；接通开关 S，系统处于校正后状态。

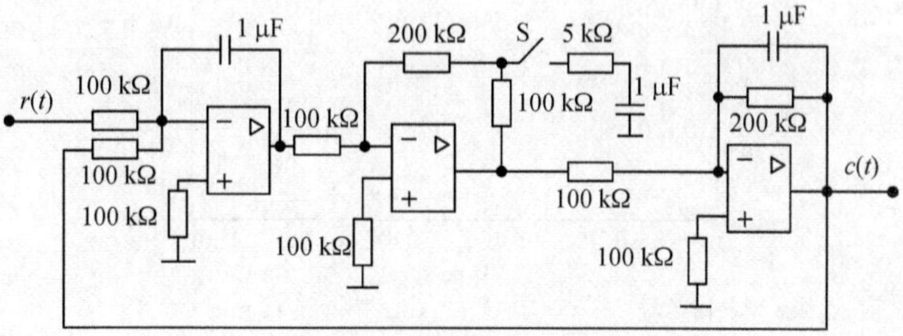

图 6.22 串联超前校正系统的模拟电路

在 Multisim 软件中设计串联超前校正系统的仿真电路，如图 6.23 所示。

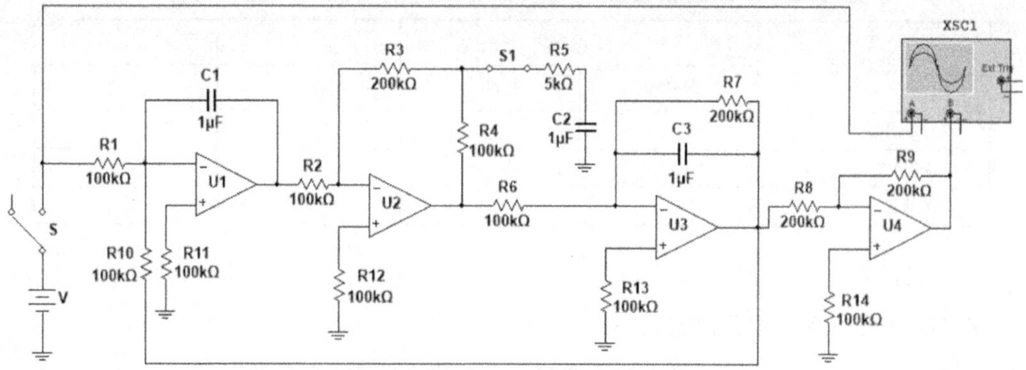

图 6.23 串联超前校正系统的仿真电路

在图 6.23 中，断开开关 S1，超前校正前系统的单位阶跃响应如图 6.24 所示；闭合开关 S1，超前校正后系统的单位阶跃响应如图 6.25 所示。

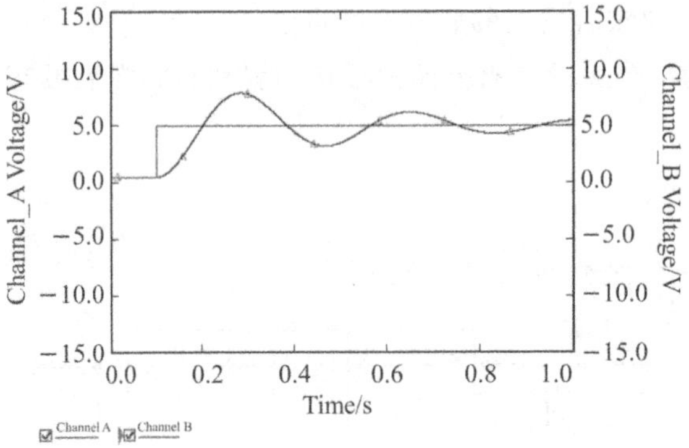

图 6.24 超前校正前系统的单位阶跃响应

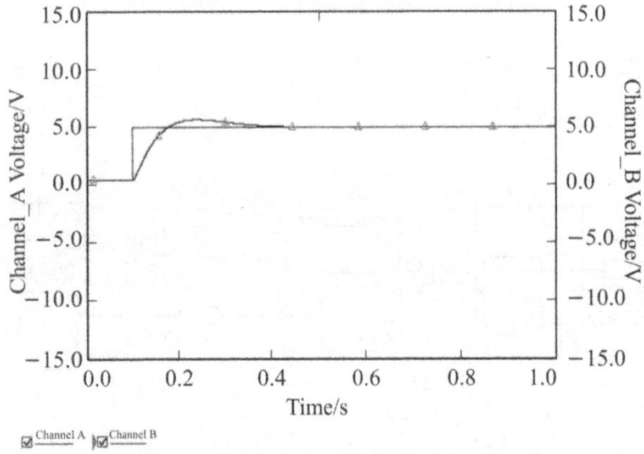

图 6.25 超前校正后系统的单位阶跃响应

观察超前校正前和校正后系统的单位阶跃响应曲线，测量系统动态性能指标超调量 $\sigma\%$、峰值时间 t_p 和调节时间 t_s，将相应数据填入表 6.1 中。

表 6.1 串联超前校正前和校正后系统的动态响应性能指标

动态性能	校正前		校正后	
	理论值	实测值	理论值	实测值
超调量 $\sigma\%$				
峰值时间 t_p/s				
调节时间 t_s/s				

2）串联滞后校正

串联滞后校正系统的结构图如图 6.26 所示。

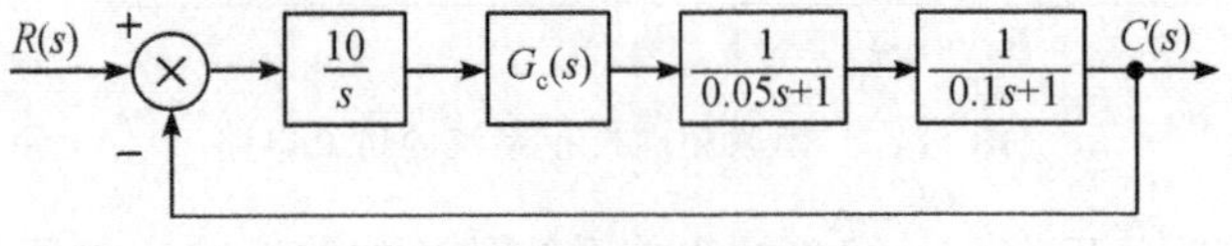

图 6.26 串联滞后校正系统的结构图

串联滞后校正系统的模拟电路如图 6.27 所示。断开开关 S，系统处于未校正状态；接通开关 S，系统处于校正后状态。

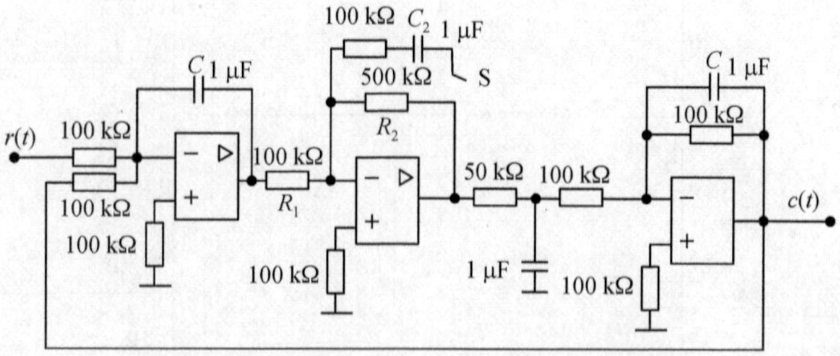

图 6.27　串联滞后校正系统的模拟电路

在 Multisim 软件中设计串联滞后校正系统的仿真电路，如图 6.28 所示。

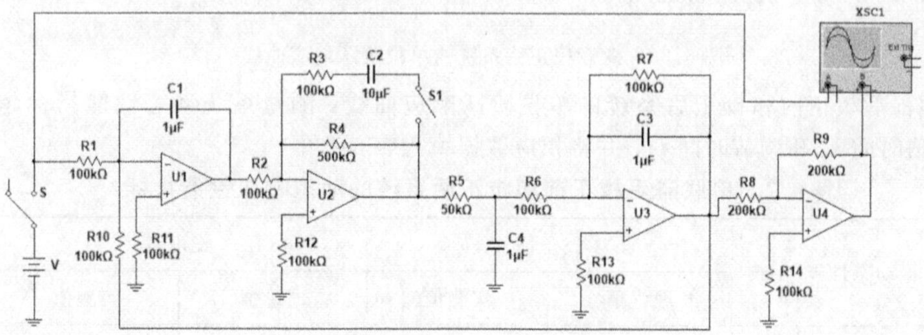

图 6.28　串联滞后校正系统的仿真电路

在图 6.28 中，断开开关 S1，滞后校正前系统的单位阶跃响应如图 6.29 所示；闭合开关 S1，滞后校正后系统的单位阶跃响应如图 6.30 所示。

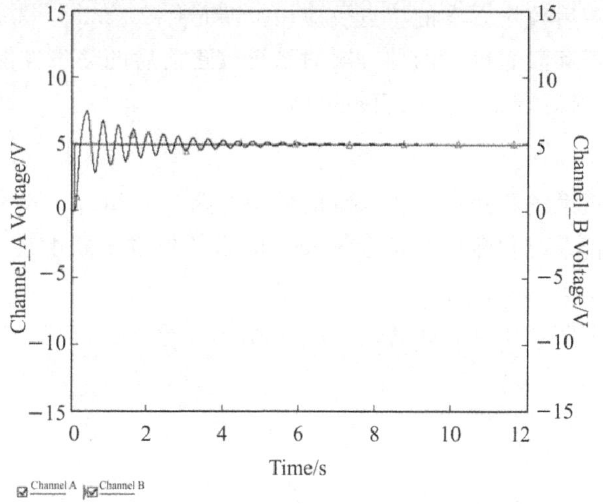

图 6.29　滞后校正前系统的单位阶跃响应

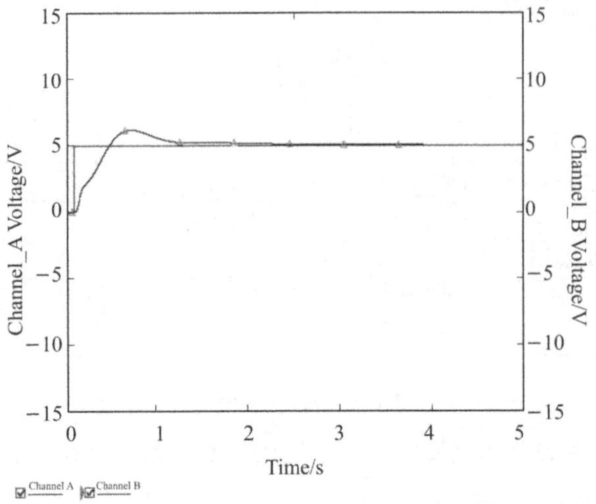

图 6.30 滞后校正后系统的单位阶跃响应曲线

观察滞后校正前和校正后系统的单位阶跃响应曲线，测量系统动态性能指标超调量 $\sigma\%$、峰值时间 t_p 和调节时间 t_s，并将相应数据填入表 6.2 中。

表 6.2 串联滞后校正前和校正后系统的动态响应性能指标

动态性能	校正前		校正后	
	理论值	实测值	理论值	实测值
超调量 $\sigma\%$				
峰值时间 t_p/s				
调节时间 t_s/s				

5. 实验思考题

(1) 超前校正和滞后校正方案的特点及应用范畴是什么？

(2) 串联超前校正和滞后校正两种方案对系统校正前后的动态性能有哪些影响？

(3) 试设计超前-滞后校正装置的模拟电路。

6. 实验报告

(1) 设计超前校正系统和滞后校正系统的模拟电路，在 Multisim 软件中进行仿真。

(2) 测试超前校正系统和滞后校正系统校正前后的单位阶跃响应，测量校正前和校正后系统的动态性能指标。

(3) 完成实验思考题，打印仿真电路及运行结果。

第7章

控制系统的PID设计

7.1 基础知识

闭环反馈控制系统的特点是根据偏差$e(t)$来产生控制作用，偏差是控制器$G_c(s)$的输入信号，而控制器$G_c(s)$常常采用比例控制、积分控制、微分控制等基本控制规律，或者这些规律的组合对偏差信号整形，从而产生合适的控制信号，实现对被控对象的有效控制。闭环控制系统的结构图如图7.1所示。

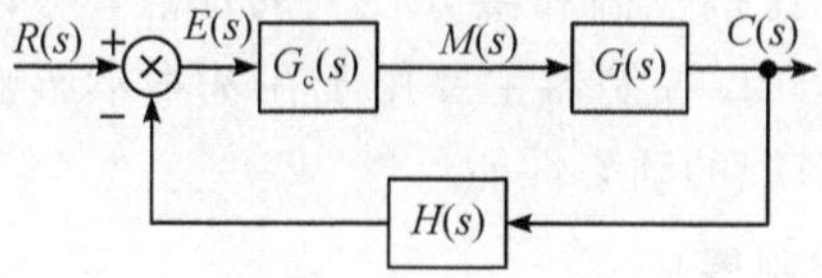

图7.1　闭环控制系统的结构图

PID控制器的结构图如图7.2所示。

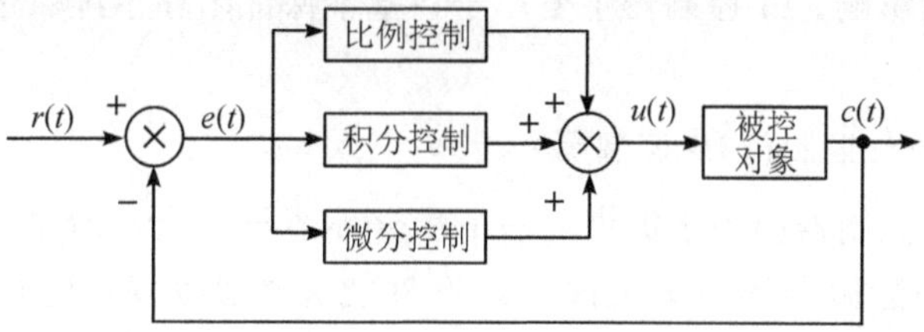

图7.2　PID控制器的结构图

1. 比例控制(P控制器)

比例控制的时域方程为$m(t)=K_pe(t)$，传递函数为$G_c(s)=K_p$，其相当于一个可调的比例放大器，K_p增大，e_{ss}减小，稳态精度高。但K_p过大时会导致系统的相对稳定性下降，甚至不稳定。

2. 积分控制(I控制器)

具有积分作用的控制器称为积分控制器，其传递函数为$G_c(s)=1/(T_is)$。从时域分析已知，采用积分控制器相当于给系统增加了一个开环积分环节，系统的型别与无差度阶数提高，跟踪输入信号的能力更强。从物理意义上解释，积分控制器的输出是偏差的累加，当偏差为零后，积分控制器就提供一个恒定的输出以驱动后面的执行机构。由于积分控制器只能逐渐跟踪输入信号，会影响系统响应的快速性。同时，型别的提高使系统的相位滞后增加，积分控制器的加入往往会降低系统的稳定性。因此，单纯的积分控制器将降低系统的动态性能。

3. 微分控制(D 控制器)

具有微分控制作用的控制器称为微分控制器，其传递函数为 $G_c(s)=\tau_d s$。微分规律作用下输出信号与输入偏差的变化率成正比，因此，微分控制器能够根据偏差的变化趋势去产生相应的控制作用。从频率法的角度分析可知，由于微分环节具有高通滤波作用，微分控制器只在偏差的变化过程中才起作用，当偏差恒定或变化缓慢时将失去作用，控制器无输出。所以单一的微分控制器绝对不能单独使用，必须与其他基本控制规律组合。微分校正常常是用来提高系统的动态性能，但对稳态精度不起作用。同时，微分控制器有放大输入端高频干扰信号的缺点。

由于单独采用 P、I、D 控制器一般均不能使系统具有满意的性能，常常将这三种基本控制方式结合，组成新的控制器。

4. 比例-微分控制(PD 控制器)

比例-微分控制同时具有比例控制和微分控制的优点，可以根据偏差的实际大小与变化趋势给出恰当的控制作用。PD 控制器主要用于在基本不影响系统稳态精度的前提下提高系统的相对稳定性，改善系统的动态性能。

5. 比例-积分控制(PI 控制器)

比例-积分控制器相当于积分控制器与 PD 控制器的串联，兼具二者的优点。利用积分部分提高系统的无差度，改善系统的稳态性能。并利用 PD 控制器改善动态性能，以抵消积分部分对动态的不利影响。PI 控制器主要用于在基本保证闭环系统稳定性的前提下改善系统的稳态性能。

6. 比例-积分-微分控制(PID 控制器)

比例-积分-微分控制器相当于提供了一个积分环节与两个一阶微分环节，积分环节改善稳态性能，两个一阶微分环节大大改善动态性能。全面改善系统性能，常采用 PID 控制器。

思政元素

PID 控制算法广泛应用在各类控制系统中，是一种基础的控制策略，但比例控制、积分控制和微分控制各有优势，也各有不足。比例环节主要反映控制系统的偏差信号，积分环节主要用于消除静差，微分环节反映偏差信号的变化趋势。在改善系统性能时，需三者相互配合，共同协作。当代大学生在科学研究和工程项目中，应具有团队协作精神和集体主义精神，能在团队中承担各种不同角色，与同学相互配合、优势互补，共同完成任务。

控制系统在设计过程中，需充分考虑健康、安全、环保、经济和社会效益等因素。当代大学生在工程项目实施过程中，应主动适应发展新常态，坚持绿色发展理念，牢固树立底线思维，保护好生态环境。还应树立正确的科学伦理观，正确处理科技发展与自然及社会保持和谐的关系。

自动控制技术已经应用在中国高铁、中国北斗、中国航空航天等各个领域，充分体现了中国智慧和中国实力。当代大学生应树立理论联系实际的工程观点，自主创新、科技强国的理想信念，自主学习，主动思考，从自我做起，培养创新精神、创新意识、创新思维和创新能力，弘扬大国工匠精神，永攀科学高峰。

7.2 实验项目

7.2.1 连续系统PID校正的MATLAB实现

1. 实验目的

(1) 掌握PID控制器的数学模型及PID校正的基本思想。

(2) 了解Ziegler-Nichols参数整定方法。

(3) 熟练掌握MATLAB和Simulink在PID校正中的应用。

2. 实验原理

1) PID控制器的数学模型

PID控制器的数学模型如表7.1所示。

表7.1　PID控制器的数学模型

控制器类型	传递函数
P	$G_c(s)=K_p$
PI	$G_c(s)=K_p\left(1+\frac{1}{T_i s}\right)$
PD	$G_c(s)=K_p(1+T_d s)$
PID	$G_c(s)=K_p\left(1+\frac{1}{T_i s}+T_d s\right)$

2) Ziegler-Nichols参数整定方法

Ziegler-Nichols参数整定方法是基于被控对象是带有延迟的一阶惯性模型提出的，设被控对象近似模型的表达式为

$$G(s)=\frac{K}{Ts+1}e^{-\tau s}$$

已知被控对象传递函数模型的3个参数K、T、τ时，Ziegler-Nichols参数整定方法如表7.2所示。

表 7.2 Ziegler-Nichols 参数整定方法

控制器类型	PID 控制器参数		
	K_p	T_i	T_d
P	$T/(K\tau)$	∞	0
PI	$0.9T/(K\tau)$	3τ	0
PID	$1.2T/(K\tau)$	2τ	0.5τ

3) PID 作用分析

PID 控制器各环节的作用如下：

(1) 比例环节反映控制系统的偏差信号，偏差一旦产生，立即产生控制作用，减小偏差。

(2) 积分环节主要用于消除静差，提高系统的无差度。积分作用的强弱取决于积分时间常数 T_i 的大小。

(3) 微分环节反映偏差信号的变化趋势，并能在偏差信号变得太大之前，在系统中引入一个有效的早期修正信号，加快系统的动作速度，减小调节时间。

3. 实验预习

(1) 认真阅读实验原理，明确本次实验目的，复习 PID 相关知识。

(2) 熟悉与本实验相关的 MATLAB 函数功能及调用格式。

(3) 读懂实验内容有关例题程序，预先编写实验程序。

4. 实验内容

例 7.1 某电动机转速控制系统如图 7.3 所示，分别采用 P、PI 及 PID 控制器，绘制系统单位阶跃响应曲线，分析 K_p、T_i、T_d 参数对系统性能的影响。

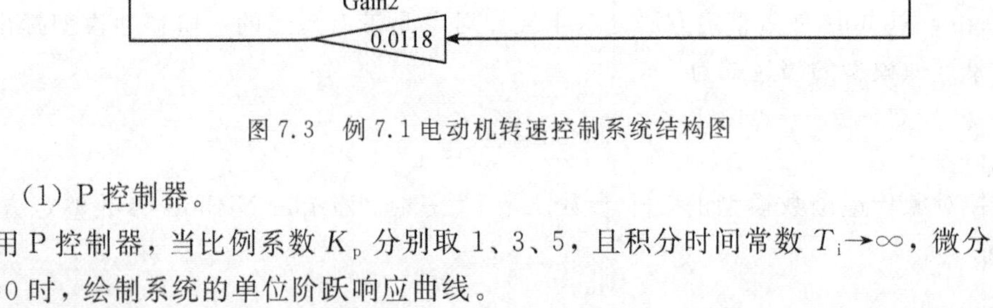

图 7.3 例 7.1 电动机转速控制系统结构图

解 (1) P 控制器。

采用 P 控制器，当比例系数 K_p 分别取 1、3、5，且积分时间常数 $T_i \to \infty$，微分时间常数 $T_d=0$ 时，绘制系统的单位阶跃响应曲线。

MATLAB 程序：

```
G1=tf(26347, [1 599]);
G2=tf(59, [1 59]);
G3=tf(13.33, [1 0]);
sys1=feedback(G2*G3, 1);
for kp=1: 2: 5
    Gc=kp;
    sys=feedback(Gc*sys1*G1*5.2, 0.0118)
    step(sys)
    hold on
end
legend('kp=1', 'kp=3', 'kp=5')
```

P 控制器作用下的系统单位阶跃响应运行结果如图 7.4 所示。

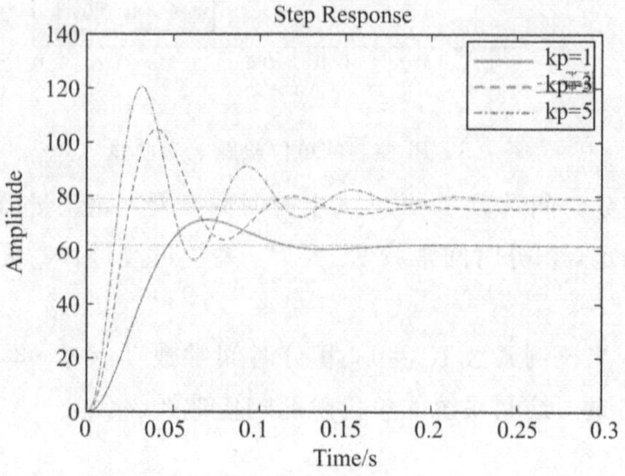

图 7.4　P 控制的单位阶跃响应曲线

从图 7.4 可知，比例系数 K_p 增大，稳态误差减小，响应速度变快，超调量增大，振荡加剧，平稳性变差。

(2) PI 控制器。

采用 PI 控制器，当比例系数 $K_p=1$，微分时间常数 $T_d=0$，积分时间常数 T_i 分别取 0.03、0.05、0.07 时，绘制系统的单位阶跃响应曲线。

MATLAB 程序：

```
G1=tf(26347, [1 599]);
G2=tf(59, [1 59]);
G3=tf(13.33, [1 0]);
sys1=feedback(G2*G3, 1);
for ti=0.03: 0.03: 0.09
    kp=1;
    Gc=kp*tf([ti 1], [ti 0]);
    sys=feedback(Gc*sys1*G1*5.2, 0.0118)
    step(sys)
```

```
  hold on
end
legend('ti=0.03', 'ti=0.06', 'ti=0.09');
```

PI 控制器作用下的系统单位阶跃响应运行结果如图 7.5 所示。

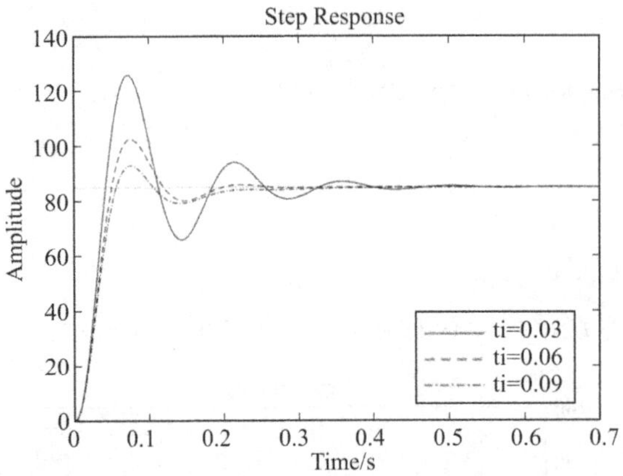

图 7.5 PI 控制的单位阶跃响应曲线

从图 7.5 可知，积分时间常数 T_i 增大，上升时间变慢，超调量减小。积分时间常数 T_i 太小，会导致系统不稳定，积分时间常数 T_i 太大，系统过渡过程时间太长。

(3) PID 控制器。

采用 PID 控制器，当比例系数 $K_p=1$，积分时间常数 $T_i=0.03$，微分时间常数 T_d 分别取 0.01、0.03、0.05 时，绘制系统的单位阶跃响应曲线。

MATLAB 程序：

```
G1=tf(26347, [1 599]);
G2=tf(59, [1 59]);
G3=tf(13.33, [1 0]);
sys1=feedback(G2 * G3, 1);
for td=0.01: 0.02: 0.05
   kp=1;
   ti=0.03;
   Gc=kp * tf([ti * td ti 1], [ti 0]);
   sys=feedback(G4 * sys1 * G1 * 5.2, 0.0118)
   step(sys)
hold on
end
legend('td=0.01', 'td=0.03', 'td=0.05');
```

PID 控制器作用下的系统单位阶跃响应运行结果如图 7.6 所示。

从图 7.6 可知，微分时间常数 T_d 增大，响应变快，超调量减小，峰值时间变长。

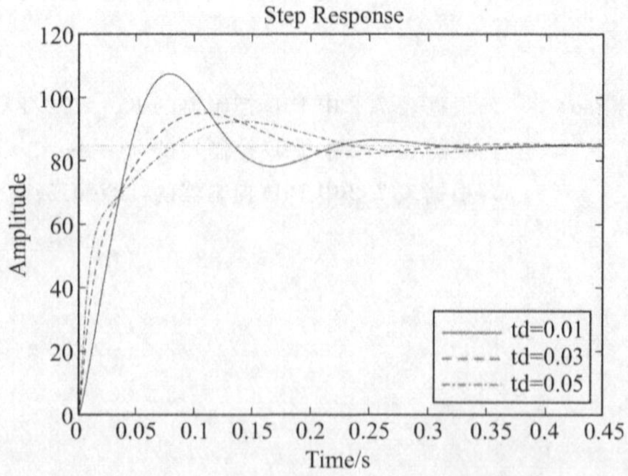

图 7.6　PID 控制的单位阶跃响应曲线

例 7.2　已知过程控制系统的被控对象为带延迟环节的惯性环节，传递函数为

$$G(s)=\frac{4}{36s+1}e^{-10s}$$

采用 Ziegler-Nichols 整定方法计算 P、PI、PID 控制器的参数值。根据整定的参数值，分别建立 P、PI、PID 控制的 Simulink 模型，绘制单位阶跃响应曲线。分析 P、PI、PID 不同控制方法对系统性能的影响。

解　(1) P、PI、PID 控制器的参数计算。

MATLAB 程序：

① P 控制器。

```
K=4;
T=36;
tao=10;
Kp=T/(K*tao)    %根据表 7.2 中 P 控制器的 Kp=T/(Kτ)=36/(4*10)=0.9
```

命令窗口显示：

```
Kp=
    0.9000
```

② PI 控制器。

```
K=4;
T=36;
tao=10;
Kp=0.9*T/(K*tao)    % 根据表 7.2 中 PI 控制器的 Kp=0.9T/(Kτ)=0.9*36/(4*10)=0.81
Ti=3*tao            %根据表 7.2 中 PI 控制器的 Ti=3τ=30
```

命令窗口显示：

```
Kp=
    0.8100
Ti=
    30.0000
```

③ PID 控制器。

```
K=4;
```

```
T=36;
tao=10;
Kp=1.2*T/(K*tao)        %根据表 7.2 中 PID 控制器的 Kp=1.2 T/(Kτ)=1.2*0.9=1.08
Ti=2*tao                %根据表 7.2 中 PID 控制器的 Ti=2τ=2*10=20
Td=0.5*tao              %根据表 7.2 中 PID 控制器的 Td=0.5τ=0.5*10=5
```

命令窗口显示：

```
Kp=
    1.0800
Ti=
    20.0000
Td=
    5.0000
```

(2) 建立 P、PI、PID 控制的 Simulink 模型。

根据(1)求出的参数值，建立 P、PI、PID 控制器的 Simulink 模型，如图 7.7 所示。

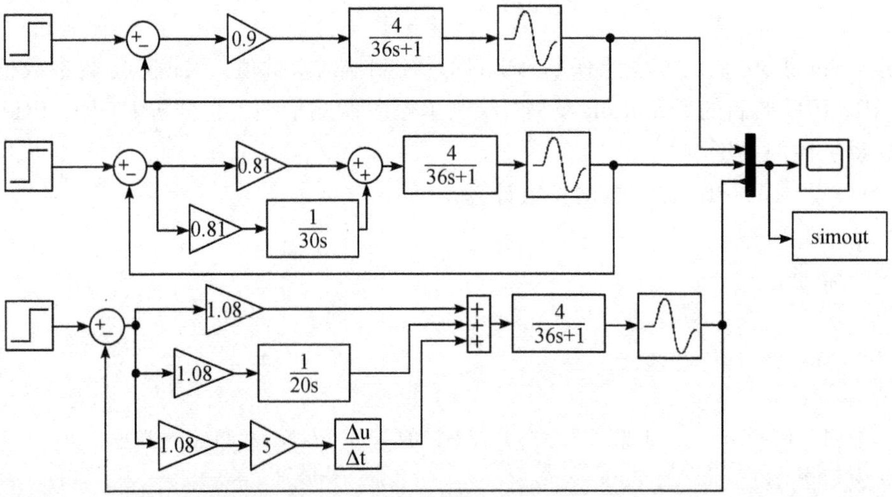

图 7.7 例 7.2 Simulink 模型

三种控制器作用下的系统单位阶跃响应运行结果如图 7.8 所示。

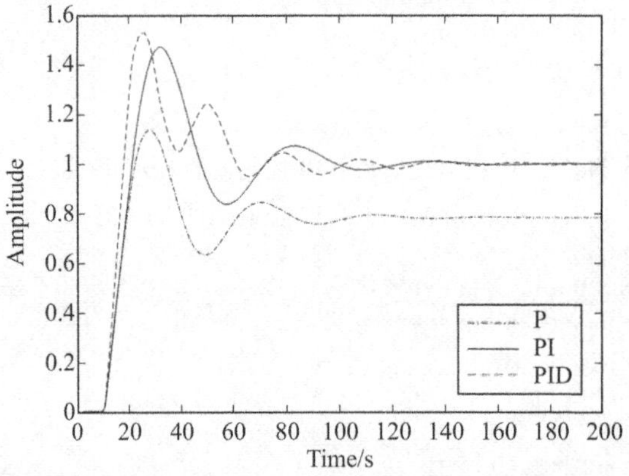

图 7.8 P、PI、PID 三种控制方式的单位阶跃响应曲线

由以上分析可知，P 控制器为有差控制，PI 控制器和 PID 控制器为无差控制。PID 控制器的响应速度较 PI 控制快，但超调量较大。

5. 实验思考题

(1) P、I、D 三种控制方式是如何影响系统性能的?

(2) 除 Ziegler-Nichols 参数整定方法外，还有哪些 PID 参数整定方法?

6. 实验报告

(1) 列写已调试通过的实验程序。

(2) 建立不同控制规律下的 Simulink 模型。

(3) 完成实验思考题，打印实验程序及运行结果。

7.2.2 PID 控制器模拟电路设计及频率特性测试

1. 实验目的

(1) 加深理解 P、PI、PD、PID 控制器的传递函数、频率特性及对数频率特性等。

(2) 掌握 P、PI、PD、PID 控制器模拟电路的构成，能够运用典型环节设计 PI、PD 及 PID 控制器。

(3) 熟悉 Multisim 软件中虚拟仪器波特图仪的使用。

2. 实验原理

1) P 控制器

P 控制器又叫作比例调节器，输入偏差信号 $e(t)$ 与输出控制信号 $m(t)$ 的关系为

$$m(t)=K_{p}e(t)$$

P 控制器的传递函数为

$$G_{c}(s)=K_{p}$$

P 控制器的模拟电路如图 7.9 所示。

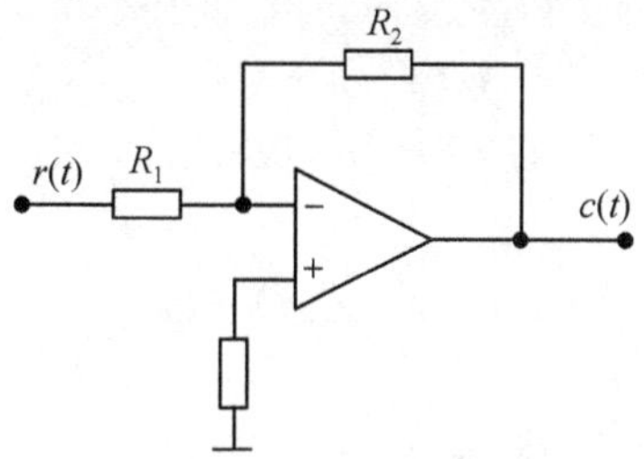

图 7.9　P 控制器的模拟电路

比例控制器实际上就是一个比例放大器，比例系数 K_{p} 是可调参数，增大比例系数 K_{p}，可以提高系统的稳态精度，展宽系统的通频带，提高系统的快速性。同时，比例系数 K_{p} 增大，将使系统的相对稳定性降低。相反，减小比例系数 K_{p}，可以提高系统的相对稳定性，但稳态精度和快速性能将降低。

2) PI 控制器

PI 控制器又叫作比例-积分调节器，输入偏差信号 $e(t)$与输出控制信号 $m(t)$的关系为

$$m(t)=K_{\mathrm{p}}e(t)+\frac{K_{\mathrm{p}}}{T_{\mathrm{i}}}\int_0^t e(t)\mathrm{d}t$$

式中，$K_{\mathrm{p}}e(t)$ 相当于比例放大作用，$\frac{K_{\mathrm{p}}}{T_{\mathrm{i}}}\int_0^t e(t)\mathrm{d}t$ 相当于积分作用，比例系数 K_{p}、时间常数 T_{i} 均为可调参数。

PI 控制器的传递函数为

$$G_{\mathrm{c}}(s)=K_{\mathrm{p}}\left(1+\frac{1}{T_{\mathrm{i}}s}\right)$$

PI 控制器的频率特性为

$$G_{\mathrm{c}}(\mathrm{j}\omega)=K_{\mathrm{p}}\frac{\mathrm{j}\omega T_{\mathrm{i}}+1}{\mathrm{j}\omega T_{\mathrm{i}}}$$

转折频率为 $\omega_{\mathrm{T}}=1/T_{\mathrm{i}}$。

PI 控制器的模拟电路如图 7.10 所示。

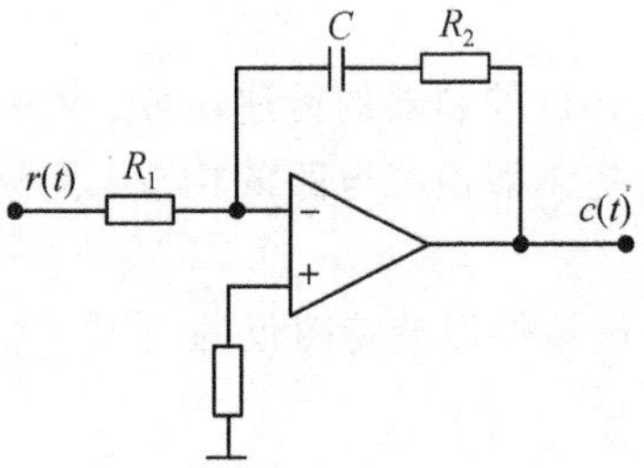

图 7.10　PI 控制器的模拟电路

PI 控制器主要用于在基本保证闭环系统动态性能的前提下改善稳态性能。

3) PD 控制器

PD 控制器又叫作比例-微分调节器，输入偏差信号 $e(t)$ 与输出控制信号 $m(t)$ 的关系为

$$m(t)=K_{\mathrm{p}}\left[e(t)+\tau_{\mathrm{d}}\frac{\mathrm{d}}{\mathrm{d}t}e(t)\right]$$

PD 控制器的传递函数为

$$G_{\mathrm{c}}(s)=K_{\mathrm{p}}(1+\tau_{\mathrm{d}}s)$$

PD 控制器的频率特性为

$$G_{\mathrm{c}}(\mathrm{j}\omega)=K_{\mathrm{p}}(1+\mathrm{j}\omega\tau_{\mathrm{d}})$$

转折频率为 $\omega_{\mathrm{T}}=1/\tau_{\mathrm{d}}$。

PD 控制器的模拟电路如图 7.11 所示。

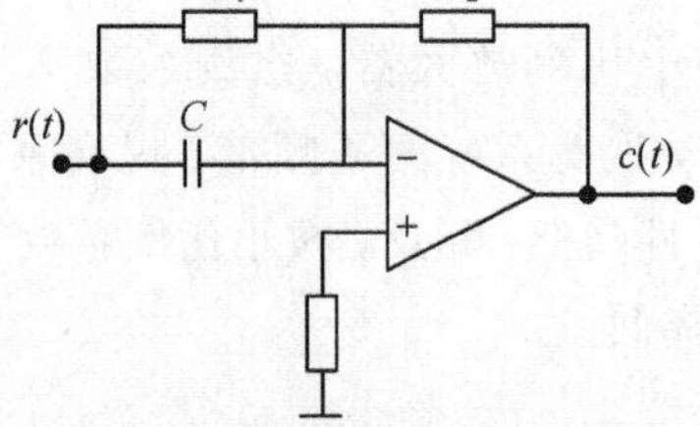

图 7.11　PD 控制器的模拟电路

PD 控制同时具有比例控制和微分控制的优点，可以根据偏差的实际大小与变化趋势给出恰当的控制作用。比例部分保证了在偏差恒定时的控制作用。微分控制反映信号的变化率(即变化趋势)的"预报"作用，在偏差信号变化前给出校正信号，防止系统过大地偏离期望值和出现剧烈振荡的倾向，有效地增强系统的相对稳定性，相当于增大系统的阻尼。

PD 控制器主要用于在基本不影响系统稳态精度的前提下提高系统的相对稳定性，改善系统的动态性能。但若 τ_d 过大，转折频率 ω_1 过小，微分控制将对输入端的高频噪声有明显的放大作用，使系统抗干扰性能降低。

4) PID 控制器

PID 控制器又叫作比例-积分-微分调节器，输入偏差信号 $e(t)$ 与输出控制信号 $m(t)$ 的关系为

$$m(t)=K_p\left[e(t)+\frac{1}{T_i}\int_0^t e(t)\mathrm{d}t+\tau_d\frac{\mathrm{d}}{\mathrm{d}t}e(t)\right]$$

式中，比例系数 K_p、时间常数 τ_d、T_i 均为可调参数。

PID 控制器的传递函数为

$$G_c(s)=K_p\left(1+\frac{1}{T_i s}+\tau_d s\right)$$

当 τ_d、T_i 取适当数值时，控制器传递函数具有两个实数零点，传递函数可以写为

$$G_c(s)=K_p\left(\frac{T_i\tau_d s^2+T_i s+1}{T_i s}\right)=K_p\frac{(\tau_1 s+1)(\tau_2 s+1)}{T_i s}$$

PID 控制器的频率特性为

$$G_c(\mathrm{j}\omega)=K_p\frac{(\tau_1\omega\mathrm{j}+1)(\tau_2\omega\mathrm{j}+1)}{T_i\omega\mathrm{j}}$$

式中，转折频率为：$\omega_1=\frac{1}{\tau_1}$，$\omega_2=\frac{1}{\tau_2}$。

PID 控制器的模拟电路如图 7.12 所示。

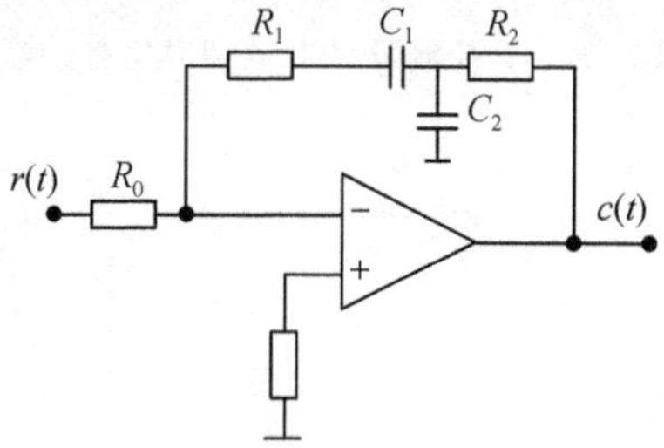

图 7.12　PID 控制器的模拟电路

PID 控制器兼顾 PI 控制器和 PD 控制器的优势，PI 控制器改善系统的稳态性能，PD 控制器改善系统的动态性能，全面改善系统性能。

3. 实验预习

(1) 明确本次实验目的，认真阅读实验原理，掌握实验方法。

(2) 复习 P、PI、PD、PID 控制器的传递函数、频率特性、对数频率特性等基本知识。

(3) 根据实验内容，预先设计 P、PI、PD、PID 控制器的模拟电路。

4. 实验内容

1) P 控制器的频率特性

在 Multisim 环境中设计 P 控制器的仿真电路，如图 7.13 所示。

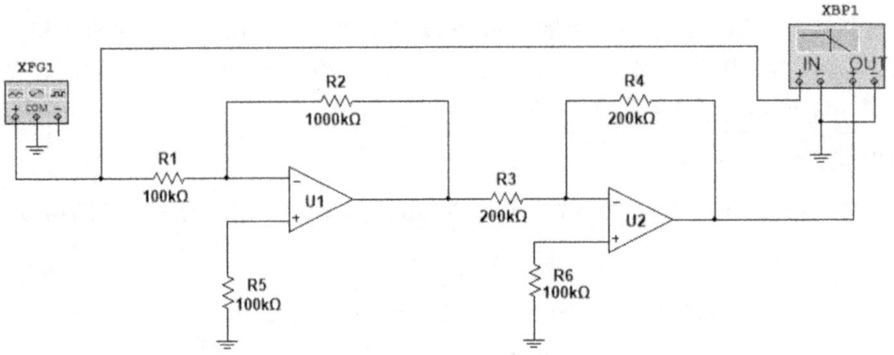

图 7.13 P 控制器的仿真电路

P 控制器传递的函数为 $G(s)=-\dfrac{R_2}{R_1}$。相关参数取值如图 7.13 所示，采用波特测试仪进行测试，对数幅频特性仿真结果如图 7.14 所示，对数相频特性仿真结果如图 7.15 所示。

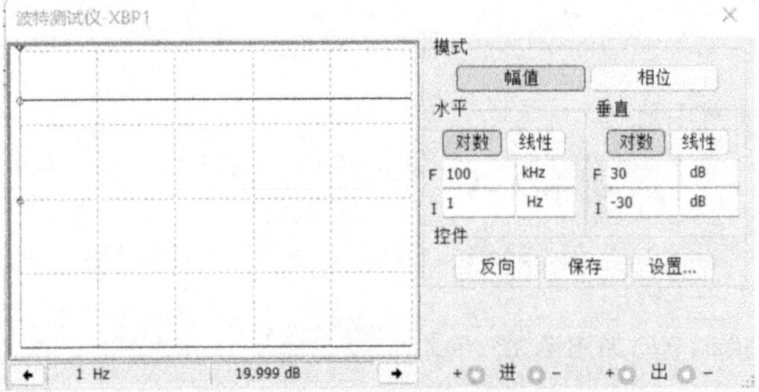

图 7.14 P 控制器的对数幅频特性曲线

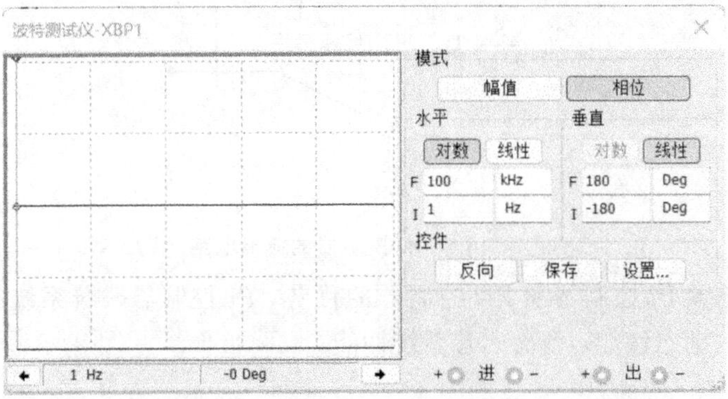

图 7.15 P 控制器的对数相频特性曲线

2) PI 控制器的频率特性

在 Multisim 环境中设计 PI 控制器的仿真电路，如图 7.16 所示。

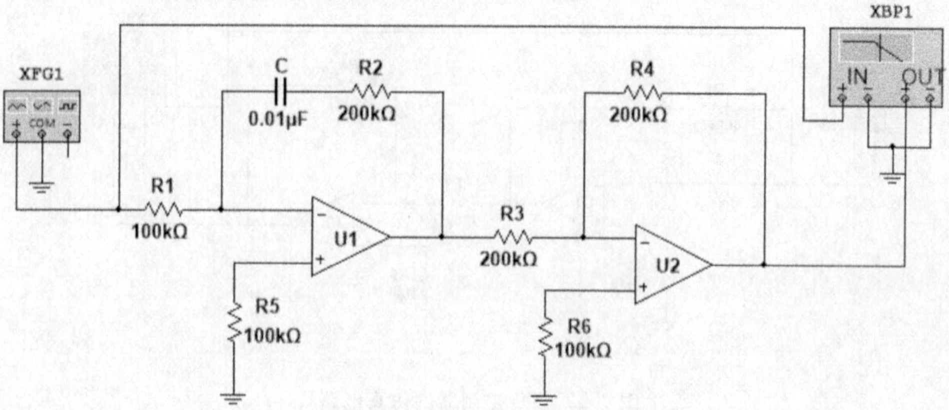

图 7.16　PI 控制器的仿真电路

PI 控制器的传递函数为 $G(s)=-\dfrac{K(T_i s+1)}{T_i s}$，其中 $T_i=R_2C$，$K=\dfrac{R_2}{R_1}$。由传递函数得转折频率 $\omega_T=\dfrac{1}{T_i}$。相关参数取值如图 7.16 所示，采用波特测试仪进行测试，对数幅频特性仿真结果如图 7.17 所示，对数相频特性仿真结果如图 7.18 所示。

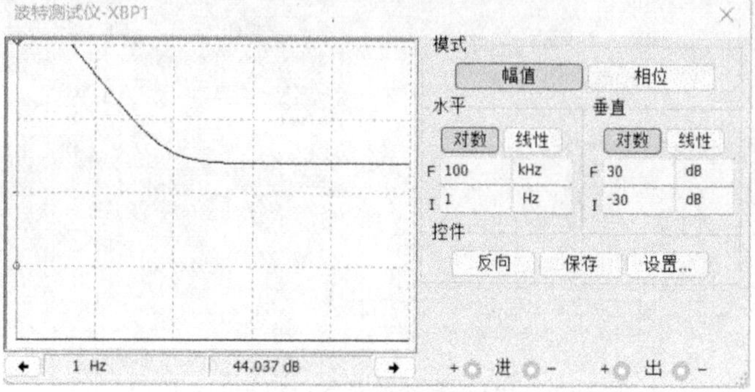

图 7.17　PI 控制器的对数幅频特性曲线

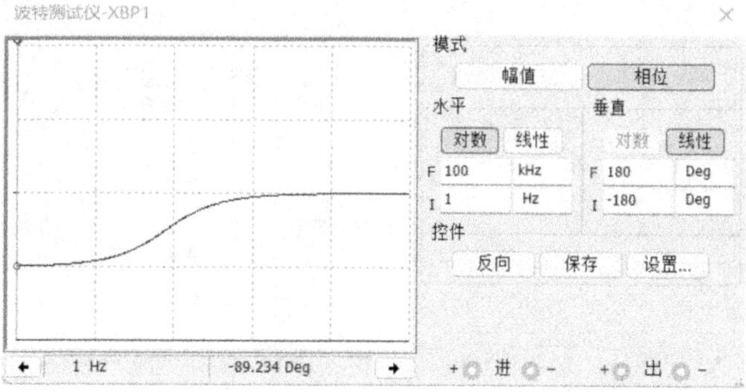

图 7.18　PI 控制器的对数相频特性曲线

3) PD 控制器的频率特性

在 Multisim 环境中设计 PD 控制器的仿真电路，如图 7.19 所示。

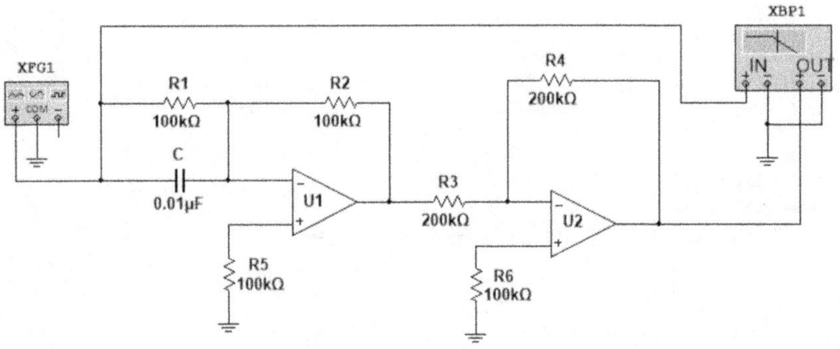

图 7.19 PD 控制器的仿真电路

PD 控制器的传递函数为 $G(s)=-K(\tau s+1)$，其中 $\tau=R_1C$，$K=\dfrac{R_2}{R_1}$。由传递函数得转折频率 $\omega_T=\dfrac{1}{\tau}$。相关参数取值如图 7.19 所示，采用波特测试仪进行测试，对数幅频特性仿真结果如图 7.20 所示，对数相频特性仿真结果如图 7.21 所示。

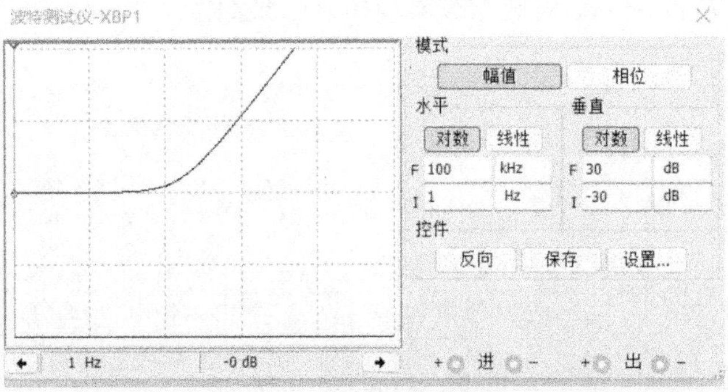

图 7.20 PD 控制器的对数幅频频特性曲线

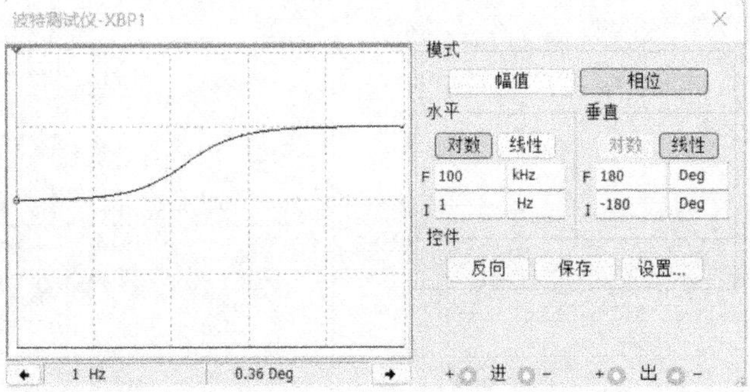

图 7.21 PD 控制器的对数相频特性曲线

4) PID 控制器的频率特性

在 Multisim 环境中设计 PID 控制器的仿真电路，如图 7.22 所示。

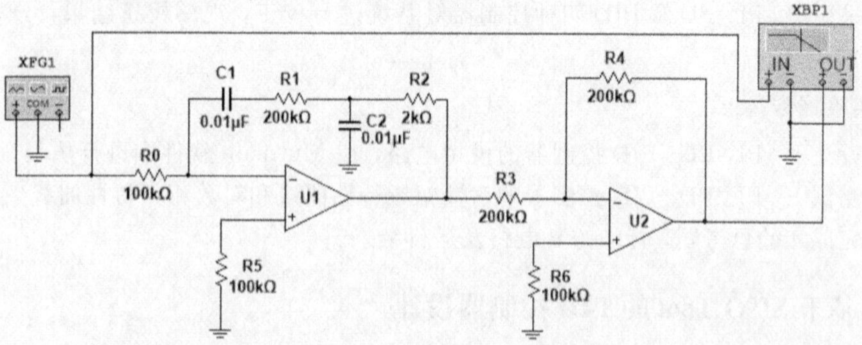

图 7.22　PID 控制器的仿真电路

PID 控制器的传递函数为 $G(s)=-K\dfrac{(\tau_1 s+1)(\tau_2 s+1)}{\tau_1 s}$，其中 $\tau_1=R_1C_1$，$\tau_2=R_2C_2$，$K=\dfrac{R_1}{R_0}$，$R_2\ll R_0$。由传递函数得转折频率 $\omega_{T_1}=\dfrac{1}{\tau_1}$，$\omega_{T_2}=\dfrac{1}{\tau_2}$。相关参数取值如图 7.22 所示，采用波特测试仪进行测试，对数幅频特性仿真结果如图 7.23 所示，对数相频特性仿真结果如图 7.24 所示。

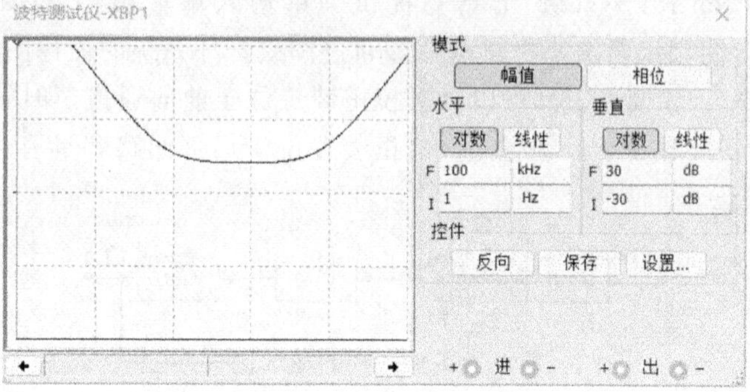

图 7.23　PID 控制器的对数幅频特性曲线

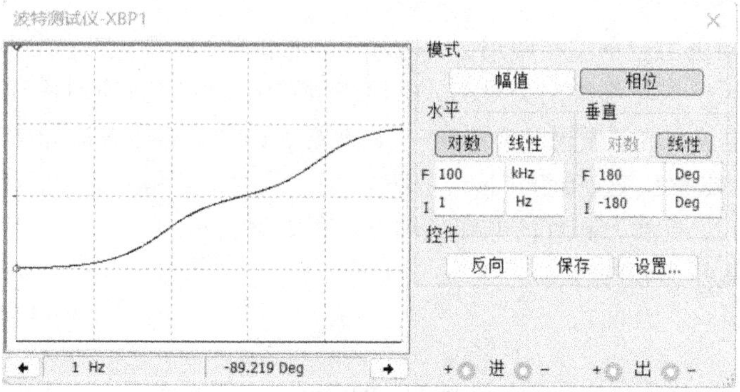

图 7.24　PID 控制器的对数相频特性曲线

5. 实验思考题

(1) P、PI、PD和PID四种控制器的对数幅频特性和对数相频特性分别有哪些不同?

(2) 采用P、PI、PD和PID四种控制器对系统进行校正，观察校正结果，分析各自的优缺点及应用场合。

6. 实验报告

(1) 设计P、PI、PD、PID控制器的模拟电路，在Multisim软件中进行仿真。

(2) 测试P、PI、PD、PID控制器的对数幅频特性曲线和对数相频特性曲线。

(3) 完成实验思考题，打印仿真电路及运行结果。

7.2.3 基于SISO Tool的PID控制器设计

1. 实验目的

(1) 熟悉SISO Tool设计环境，能够用SISO Tool工具设计控制系统。

(2) 掌握无刷直流电机建立数学模型的方法。

(3) 掌握无刷直流电机PID控制的基本原理。

2. 实验原理和设计要求

1) SISO Tool设计工具

MATLAB的Control System工具箱提供了单输入单输出系统补偿器的设计工具SISO Tool，工具箱能利用系统零极点改变根轨迹图或开环系统的伯德图，实现控制系统补偿器的设计。SISO Tool设计工具可以针对校正装置位于前向通道(如图7.25)、按输入补偿的复合校正、校正装置位于反馈通道、校正装置位于局部回路和具有内反馈回路的校正系统等类型进行校正。

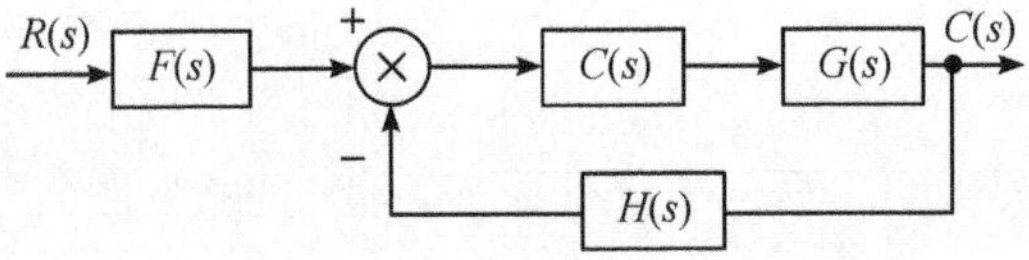

图7.25 校正装置位于前向通道

2) 无刷直流电机方程

无刷直流电动机由定子三相绕组、永磁转子、逆变器、转子磁极位置检测器等组成。为便于分析，假定：① 三相绕组完全对称，电枢绕组在定子内表面均匀连续分布；② 气隙磁场为方波，定子电流、转子磁场分布对称；③ 磁路不饱和，不计涡流和磁滞损耗；④ 忽略齿槽、换相过程、电枢反应等影响。

根据上述假设，建立无刷直流电动机动态方程如下：

直流电机的电压方程为

$$u-e=L\frac{\mathrm{d}i_a}{\mathrm{d}t}+Ri_a$$

$$e=K_\omega \omega$$

式中：u 为系统给定电压；e 为额定励磁下电机的反电动势；L 为绕线电感；R 为绕线电

阻；i_a 为定子相电流；K_ω 为反电势系数。

直流电机的机械方程为

$$T_e - T_i = J\frac{d\omega}{dt}$$

$$T_e = K_i i_a$$

式中：T_e 为电磁转矩；T_i 为负载转矩；J 为电机转动惯量；K_i 为转矩系数；i_a 为定子相电流。

3）设计要求

① 设电机参数为 $L=0.015$ H，$R=0.5\ \Omega$，$J=0.06$，$K_\omega=0.132$，$K_i=1.26$，建立无刷直流电机的数学模型。

② 利用 SISO Tool 设计 PID 控制器，并满足：超调量小于 6%，调节时间小于 0.5 s，稳态误差尽可能小。

3. 实验预习

(1) 认真阅读实验原理，明确本次实验目的，学习无刷直流电机相关知识。

(2) 熟悉 SISO Tool 工具的设计方法。

(3) 读懂实验内容有关设计。

4. 实验内容

1）无刷直流电机数学模型

对无刷直流电动机动态方程取拉普拉斯变换，得

$$u - e = L\frac{di_a}{dt} + Ri_a \rightarrow U(s) = (Ls + R)I_a(s) + E(s)$$

$$e = K_\omega \omega \rightarrow E(s) = K_\omega \Omega(s)$$

$$T_e - T_i = J\frac{d\omega}{dt} \rightarrow T_e(s) = Js\Omega(s) + T_i(s)$$

$$T_e = K_i i_a \rightarrow T_e(s) = K_i I_a(s)$$

无刷直流电动机的结构图如图 7.26 所示。

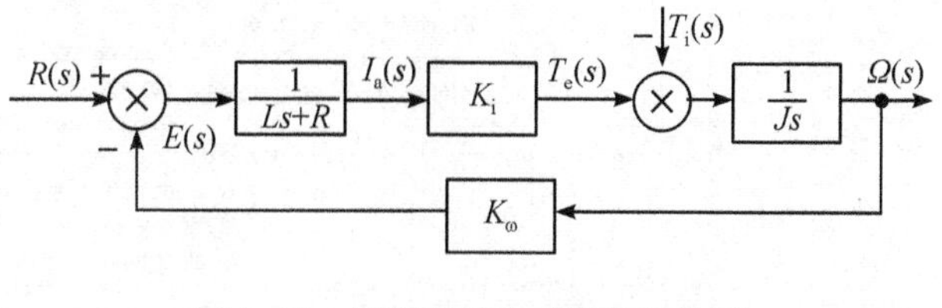

图 7.26　无刷直流电动机的结构图

空载时(即 $T_i=0$)无刷直流电机的传递函数模型为

$$G_s(s) = \frac{\Omega(s)}{U(s)} = \frac{K_i}{LJs^2 + RJs + K_iK_\omega} = \frac{1/K_\omega}{\dfrac{LJ}{K_iK_\omega}s^2 + \dfrac{RJ}{K_iK_\omega}s + 1}$$

$$= \frac{1/K_\omega}{\tau_m\tau_e s^2 + \tau_m s + 1}$$

式中，$\tau_m=\dfrac{RJ}{K_iK_\omega}$，$\tau_e=\dfrac{L}{R}$。将控制设计要求①中的相关参数代入 τ_m 和 τ_e 中，得到

$$\tau_m=\frac{RJ}{K_iK_\omega}=\frac{0.5\times0.06}{1.26\times0.132}\approx0.18$$

$$\tau_e=\frac{L}{R}=\frac{0.015}{0.5}=0.03$$

则传递函数为

$$G_s(s)=\frac{1/K_\omega}{\tau_m\tau_e s^2+\tau_m s+1}\approx\frac{7.58}{0.0054s^2+0.18s+1}$$

2）性能分析

无刷直流电机传递函数的MATLAB程序：

```
num=[7.58];
den=[0.0054  0.18  1];
G=tf(num, den);
sisotool(G);
```

系统的各类性能曲线的运行结果如图7.27所示，此时控制器参数为 $C=1$，对电机而言，超调量偏大，稳态误差略大。

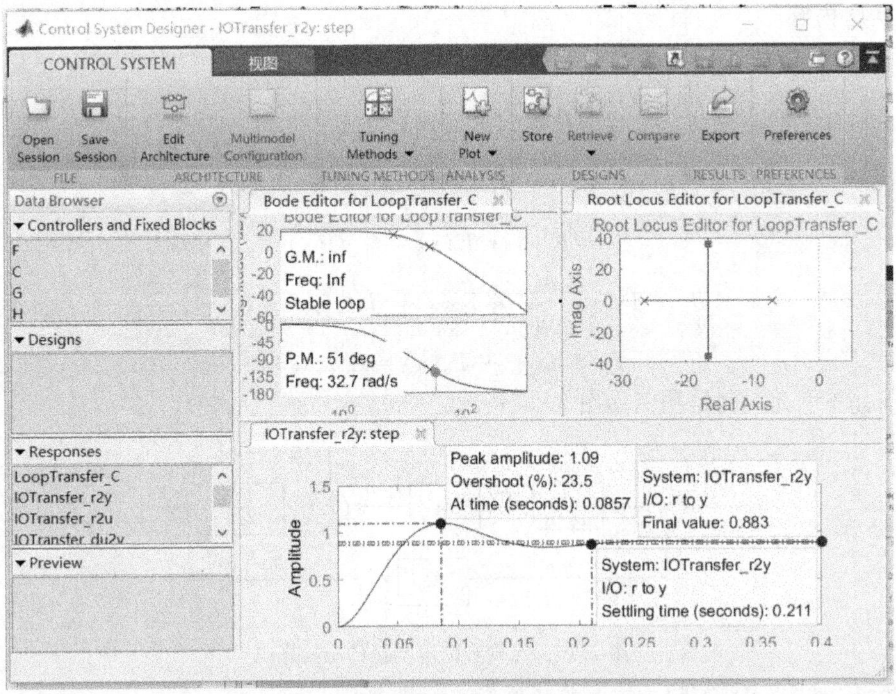

图7.27 系统的各类性能曲线

3）PID控制器设计

本设计选择Robust Response Time工具，采用PID控制方式，相关参数设置及控制器模型如图7.28所示。

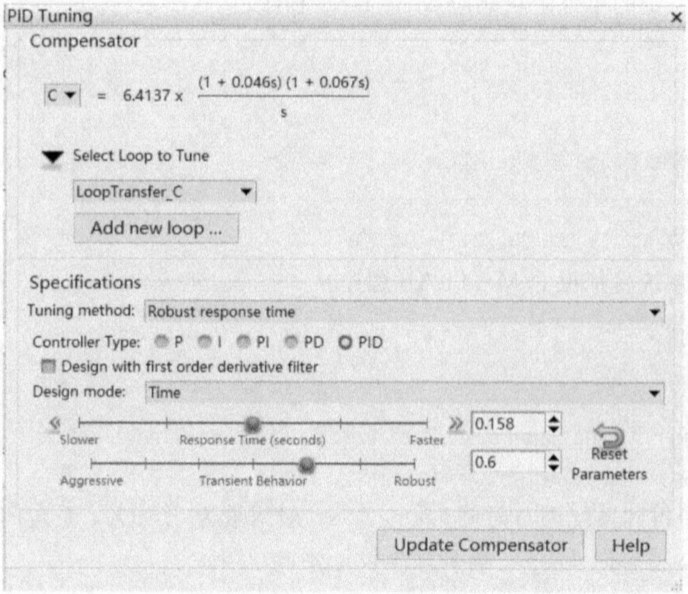

图 7.28　相关参数设置及控制器模型

导出控制器结果为：

C=

0.019742 (s+21.69) (s+14.9)

----

s

经过 PID 控制后的系统性能曲线如图 7.29 所示。

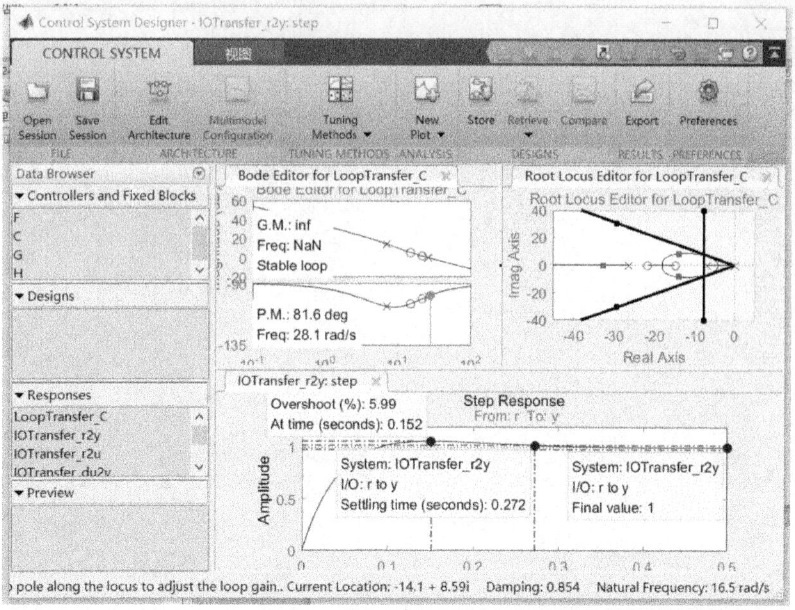

图 7.29　PID 控制系统性能曲线

绘制校正后系统的单位阶跃响应 MATLAB 程序：

```
feedback(C * G, 1)
```

运行结果：

```
ans=
         27.712 (s+21.69) (s+14.9)
   --------------------------------
      (s+32.83) (s^2 + 28.22s + 272.8)
```

求取校正后系统特征根的 MATLAB 程序：

```
roots([1, 28.22, 272.8])
```

运行结果：

```
ans=
   -14.1100 + 8.5853i
   -14.1100 - 8.5853i
```

从图 7.29 中得到系统调节时间为 0.272 s，超调量为 5.99%，系统闭环极点在左半 s 平面，系统稳定，稳态误差为 0，满足系统设计要求。

5. 实验思考题

(1) 查阅文献，分析无刷直流电机转速控制系统的工作原理。

(2) PID 控制中比例、积分、微分各环节对系统的调控作用是什么?

6. 实验报告

(1) 完成实验内容。

(2) 完成实验思考题，打印实验程序及运行结果。

第8章

离散控制系统的分析和综合

8.1 基础知识

8.1.1 离散控制系统基本概念

随着计算机普遍运用于自动控制领域，离散控制系统在各个领域得到了广泛的应用。控制系统中有一个或若干个部件的输出信号是一串脉冲形式或是数码，由于信号在时间上是离散的，这类系统称为离散控制系统。与连续控制系统显著不同的是，离散信号通常是按照一定的时间间隔对连续的模拟信号进行采样得到的。

数字控制系统的控制规律由计算机实现，使得控制规律比较灵活、控制精度高，而且可以借助计算机实现许多附加功能，例如系统运行状态检测、报警、保护等。在航空航天、军事、工业等各类控制系统中已经广泛地运用计算机控制。数字控制系统的组成如图 8.1 所示。

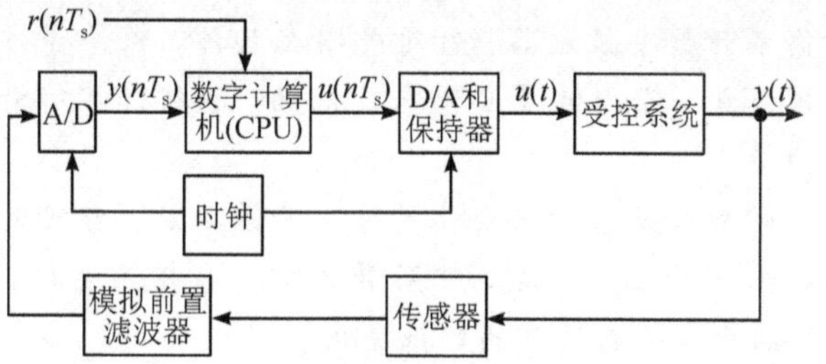

图 8.1　离散控制系统的组成

离散控制系统的优点：

(1) 采样信号特别是数字信号的传递可以有效抑制噪声，提高抗干扰能力。

(2) 允许采用高灵敏度的控制元件，提高控制精度。

(3) 软件实现的控制规律易于改变，控制灵活，效果好。

(4) 可以分时控制若干系统，提高设备利用率，经济实惠。

(5) 引入采样方式，使大的延迟系统稳定。

8.1.2 采样过程与采样定理

数字计算机在进行信息处理时必须接受数字信号，所以必须进行信号的转换。将连续时间信号转换为离散数字信号的过程称为模-数转换(A/D)，反之，则称为数-模转换(D/A)，它们是数字控制的必要过程。

1. 采样过程

采样过程是将连续信号通过采样器变为离散信号的过程，如图 8.2 所示。把窄脉冲信号当作理想脉冲信号处理是近似的，要求采样持续时间非常小，远小于采样时间间隔，也远小于控制系统中最大的时间常数。

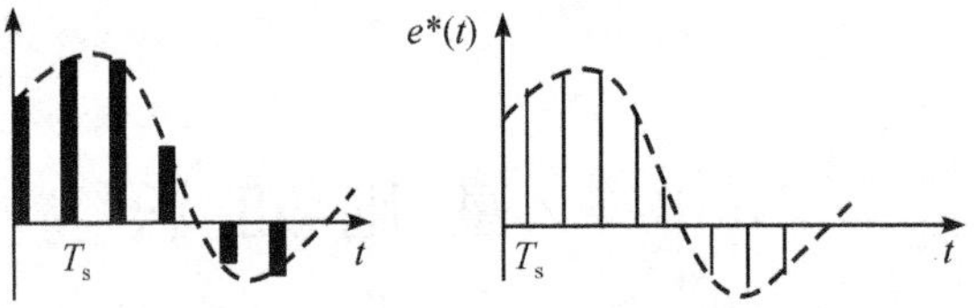

(a) 实际采样信号　　(b) 理想采样信号

图 8.2　信号的采样过程

2. 采样定理

连续信号 $x(t)$经过采样而变成离散信号 $x^*(t)$，这种离散化处理会不会丢失原来连续信号 $x(t)$所含有的信息？或者说，我们能否由离散信号 $x^*(t)$无失真地恢复原来连续信号 $x(t)$？如果能，离散化处理需要满足什么条件？香农(shannon)采样定理解决了这一问题。

如果采样器的输入信号 $e(t)$具有有限带宽，具有最高频率为 $\omega_{\max}$ 的分量，只要采样周期满足条件 $\omega_s \geqslant 2\omega_{\max}$ 或 $T_s \leqslant 2\pi/(2\omega_{\max})$，信号 $e(t)$可以从采样信号 $e^*(t)$中恢复过来。

思政元素

离散控制系统均离不开数字控制器。针对美国在芯片、软件等方面实施的制裁，当代大学生应树立科技强国意识，努力学习专业基础知识，追踪科学前沿，为中国科技的飞速发展贡献自己的一份力量。

离散控制系统的数学模型是基于 Z 变化的脉冲传递函数。当代大学生应理解连续控制系统与离散控制系统的本质及相互关系，即两者之间存在相互连接、相互依赖、相互转换的关系，加深理解事物间存在普遍联系的辩证关系。

8.2 实验项目：离散控制系统分析的 MATLAB 实现

1. 实验目的

(1) 掌握 MATLAB 建立离散控制系统的数学模型。

(2) 掌握连续控制系统与离散控制系统模型之间的转换。

(3) 掌握离散控制系统的 MATLAB 分析。

(4) 熟悉离散控制系统的 Simulink 模型。

2. 实验涉及的 MATLAB 函数

1) tf 函数

功能：建立离散控制系统的传递函数多项式模型。

调用格式：

```
sys=tf(num, den, 'Ts', T)       % num 和 den 是离散控制系统脉冲传递函数的分子和分母多项
                                % 式系数。Ts 是离散系统的采样周期，T 应该输入为实际的
                                % 采样周期数值，此外，仿照连续系统传递函数的算子输入方
                                % 法，定义算子 z=tf('z', T)，则可以用数学表达式形式输入
                                % 系统的离散传递函数模型
```

2) zpk 函数

功能：建立离散控制系统的零极点增益模型。

调用格式：

```
sys=zpk(z, p, k, 'Ts', T)   % z、p、k 分别是离散控制系统脉冲传递函数的零点、极点和增
                            % 益，Ts 是离散系统的采样周期，T 应该输入为实际的采样周
                            % 期数值
```

3) c2d 函数

功能：将连续控制系统模型转换为离散控制系统模型。

调用格式：

```
sysd=c2d(sysc, Ts)   % 将连续控制系统模型转换为采样周期为 Ts 的离散控制系统模型
sysd=c2d(sysc, Ts, 'method') % 指定连续控制系统的离散化方法 method，method 为转换方法
                             % (离散化、连续化)，可能的取值和含义为：'zoh'零阶保持器，这
                             % 是默认的转换方法，'foh'一阶保持器法，'imp'冲激响应不
                             % 变法，'tustin'双线性变换法，'prewarp'预扭曲的双线性变
                             % 换法，'matched'零极点映射匹配法(仅用于 SISO 系统)
```

4) d2c 函数

功能：将离散控制系统模型转换为连续控制系统模型。

调用格式：

```
sysc=d2c(sysd)           % 将离散控制系统模型转换为连续控制系统模型
sysc=d2c(sysd, method)   % 指定离散控制系统的连续化方法 method
```

3. 实验预习

(1) 认真阅读实验原理，明确本次实验目的，复习脉冲传递函数的相关知识。

(2) 熟悉与本实验相关的 MATLAB 函数功能及调用格式。

(3) 读懂实验内容有关例题程序，预先编写实验程序。

4. 实验内容

例 8.1　已知离散控制系统的脉冲传递函数如下，采样周期为 $T_s=0.2$ s，试建立系统的 MATLAB 模型。

$$G(z)=\frac{z+2}{2z^3+3z^2+3z+5}$$

解 方法1：用num=[b_m, b_{m-1}, …, b_0]和den=[a_n, a_{n-1}, …, a_0]两个向量表示系统传递函数降幂排列的分子和分母多项式的系数，用函数tf(num, den)来建立传递函数多项式模型。

MATLAB程序：

```
num=[1 2];
den=[2 3 3 5];
sd=tf(num, den, 0.2)
```

运行结果：

```
sd=
              z + 2
  ---------------------
    2 z^3 + 3 z^2 + 3 z + 5
Sample time: 0.2 seconds
```

方法2：采用算子方式直接输入。

MATLAB程序：

```
z=tf('z', 0.2);
sd=(z+2)/(2*z^3+3*z^2+3*z+5)
```

运行结果：

```
sd=
          z + 2
  -------------------
  2 z^3 + 3 z^2 + 3 z + 5
Sample time: 0.2 seconds
```

例8.2 已知离散控制系统的Simulink模型如图8.3所示，采样周期为$T_s=0.1$ s，试求系统的闭环脉冲传递函数。

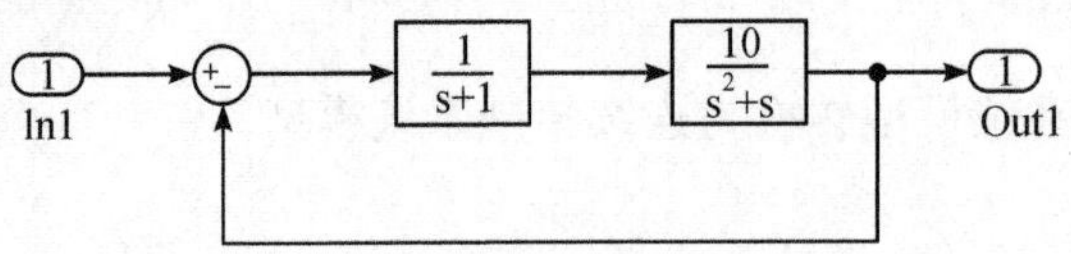

图8.3 例8.2的Simulink模型

解 MATLAB程序：

```
sys1=tf(1, [1 1]);
sys2=tf(10, [1 1 0]);
T=0.1;
sd1=c2d(sys1, T, 'zoh');
sd2=c2d(sys2, T, 'zoh');
sd=sd1*sd2;
sdg=feedback(sd, 1)
```

运行结果：

```
sdg=

        0.004603 z + 0.004453
  ---------------------------------
  z^3 - 2.81 z^2 + 2.633 z - 0.8143

Sample time: 0.1 seconds
```

例 8.3　已知离散控制系统的脉冲传递函数如下，试求系统的零极点模型。

$$G(z)=\frac{1+3z^{-1}+5z^{-2}}{1+8z^{-1}+z^{-2}+3z^{-3}}$$

解　MATLAB 程序：

```
num=[1 3 5 0];
den=[1 8 1 3];
sys=tf(num, den, -1);
zpk(sys)
```

运行结果：

```
ans=

            z (z^2 + 3z + 5)
  ------------------------------------
  (z+8.922) (z^2 + 0.07843z + 0.3787)

Sample time: unspecified
```

例 8.4　已知连续控制系统传递函数如下，采样周期为 $T_s=1$ s，分别采用零阶保持器方法和双线性变换方法求离散脉冲传递函数。

$$G(s)=\frac{2}{s(s+1)}$$

解　MATLAB 程序：

```
num=2;
den=[1 1 0];
s=tf(num, den);
T=1;
sd1=c2d(s, T, 'zoh')
sd2=c2d(s, T, 'tustin')
```

运行结果：

```
sd1=

      0.7358 z + 0.5285
  -------------------------
   z^2 - 1.368 z + 0.3679

Sample time: 1 seconds
sd2=

  0.3333 z^2 + 0.6667 z + 0.3333
  ------------------------------
      z^2 - 1.333 z + 0.3333
```

```
Sample time: 1 seconds
```

例 8.5 已知离散脉冲传递函数如下，采用零阶保持器法，采样周期为 $T_s=1$ s，试将离散模型转换为连续模型。

$$G(z)=\frac{0.09z+0.009\,995}{z^3-z+4.45\times10^{-5}}$$

解 MATLAB 程序：

```
num=[0.09  0.009995];
den=[1  0  -1  4.45*10^-5];
sys=tf(num, den, 1);
s=d2c(sys, 'zoh')
```

运行结果：

```
Sample time: 1 seconds
s=

     -0.05019 s^3 + 0.3036 s^2 - 2.473 s + 4.945
  -----------------------------------------------
     s^4 + 10.02 s^3 + 9.869 s^2 + 98.89 s + 0.0022
```

例 8.6 已知离散控制系统的脉冲传递函数如下，试求采样点数为 30 的单位阶跃响应。

$$G(z)=\frac{0.3z}{z^2-z+0.6}$$

解 MATLAB 程序：

```
num=[0.3  0];
den=[1  -1  0.6];
sys=tf(num, den, -1)
dstep(num, den, 30)
```

采样点数为 30 的单位阶跃响应运行结果如图 8.4 所示。

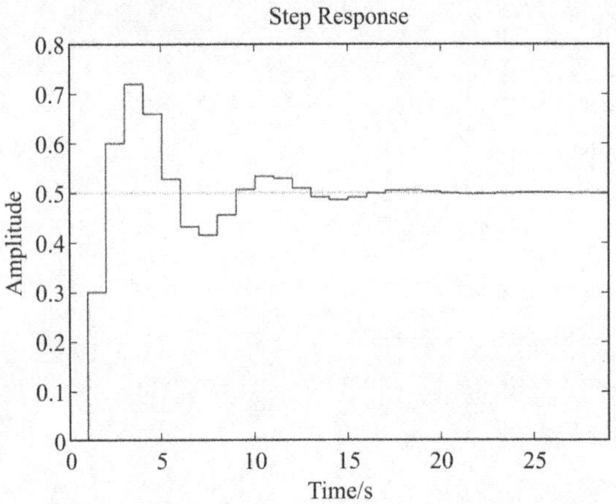

图 8.4 例 8.6 的单位阶跃响应

例 8.7　已知连续部分的开环传递函数为 $G(s)=\dfrac{10}{s(s+10)}$，采用零阶保持器法，将采样周期分别设为 $T=0.01$ s、0.2 s、0.25 s、0.28 s，观察采样周期对系统的阶跃响应的影响。

解　根据题目要求，建立的系统 Simulink 模型如图 8.5 所示。不同采样周期的系统单位阶跃响应运行结果如图 8.6 所示。

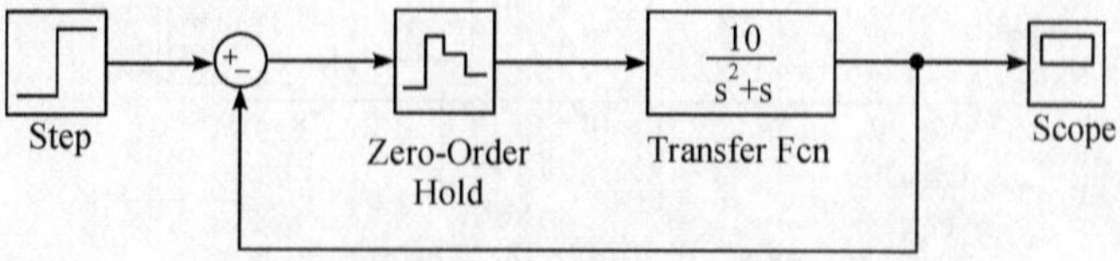

图 8.5　例 8.7 的 Simulink 模型

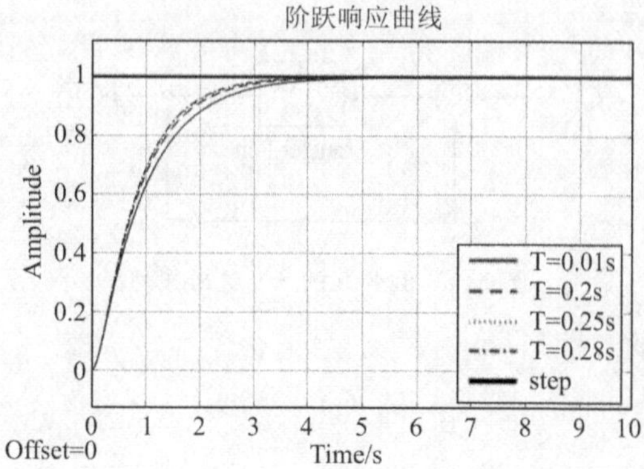

图 8.6　例 8.7 不同采样周期的单位阶跃响应

例 8.8　已知某离散控制系统的开环部分是串联有保持器的传递函数 $G(s)=\dfrac{2}{s+1}$ 离散化后得到的。假设采样周期 $T=0.5$ s，输入信号为单位阶跃信号，试确定采样零阶保持器、一阶保持器时的系统响应。

解　根据题目要求，建立的系统 Simulink 模型如图 8.7 所示。

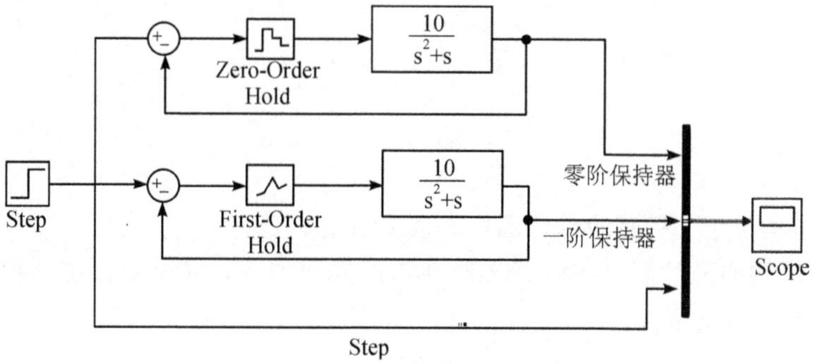

图 8.7　例 8.8 的 Simulink 模型

两种保持器的控制系统单位阶跃响应运行结果如图 8.8 所示。

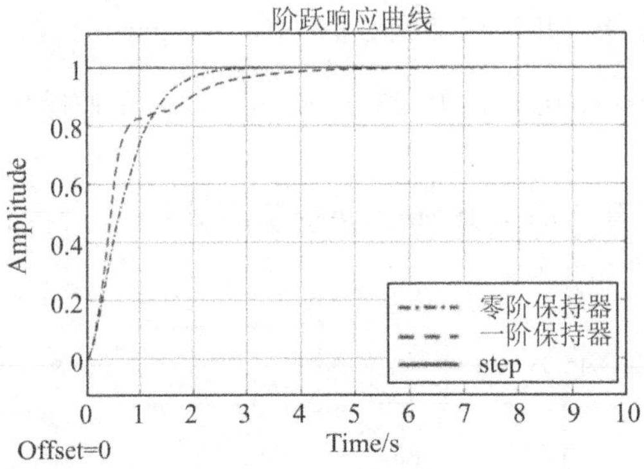

图 8.8 例 8.8 不同保持器系统单位阶跃响应

例 8.9 已知某控制系统的 Simulink 模型如图 8.9 所示，其中采样周期为 $T_s=0.1$ s，试判断离散系统的稳定性。

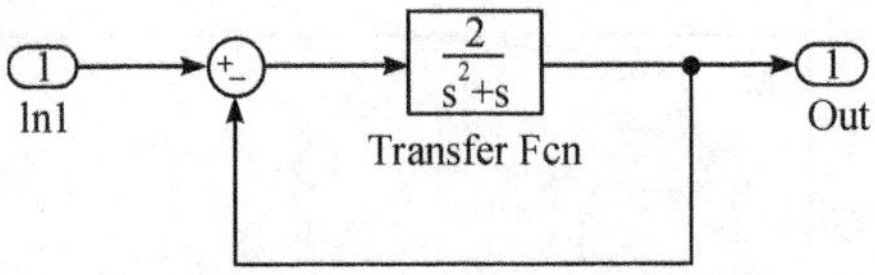

图 8.9 例 8.9 的 Simulink 模型

解 MATLAB 程序：

```
s1=tf(2, [1 1 0]);
T=0.1;
sd1=c2d(s1, T, 'zoh');
sdg=feedback(sd1, 1);
[dn dd]=tfdata(sdg, 'v');
a=roots(sdg.den{1})
abs(a)      %求 a 的模
```

运行结果：

```
a=
      0.9476 + 0.1276i
      0.9476 - 0.1276i
ns=
      0.9561
      0.9561
```

可知，极点均位于 z 平面的单位圆内，系统稳定。

例 8.10 已知离散控制系统的开环脉冲传递函数如下，试绘制系统的根轨迹，并判断使系统稳定的 k 的取值范围。

$$G(z)=\frac{k(z+0.4)}{(z-0.3)(z-0.6)}$$

解 MATLAB 程序：

```
num=[1 0.4];
```

```
den=conv([1 -0.3],[1 -0.6]);
sd=tf(num,den,-1);
rlocus(sd)
```

系统的根轨迹运行结果如图 8.10 所示。

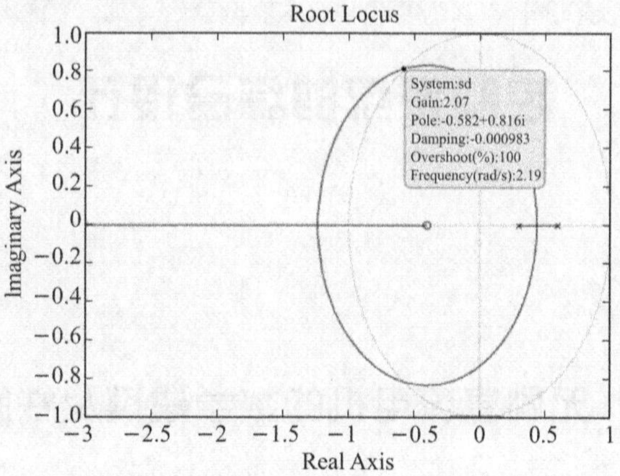

图 8.10　例 8.10 的系统根轨迹

可知，当 $k<2.07$ 时，根轨迹在单位圆内，系统稳定。

5. 实验思考题

(1) 求取离散控制系统脉冲传递函数有哪些方法?

(2) 在使用离散控制系统的脉冲传递函数时需要注意哪些问题?

6. 实验报告

(1) 列写已调试通过的实验程序。

(2) 分析实验内容中各条语句的功能。

(3) 完成实验思考题，打印实验程序及运行结果。

第 9 章

控制系统的综合设计

9.1 无刷直流电机的数学建模及性能分析

1. 设计目的

(1) 了解无刷直流电机控制系统的结构及工作原理。

(2) 掌握无刷直流电机数学模型的建立。

(3) 熟练采用 MATLAB 分析无刷直流电机控制系统的性能。

2. 设计要求及原理

1) 无刷直流电机控制系统的基本结构

无刷直流电机和永磁直流电机控制系统的结构基本相同，主要包括电机本体、位置传感器、控制器、逆变器四个部分，其中电机本体主要由含有电枢绕组的定子和含有永磁磁极的转子绕组两大部分构成。无刷直流电机控制系统的结构图如图 9.1 所示。

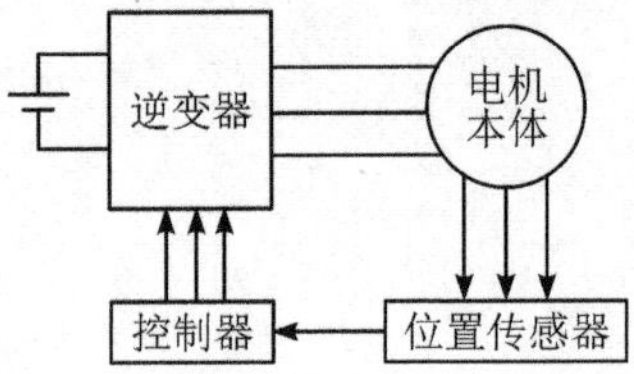

图 9.1　无刷直流电机控制系统的结构图

2) 无刷直流电机基本工作原理

与普通永磁直流电机相比，无刷直流电机取消了电刷，同时将电枢绕组置于定子上，将永磁体置于转子上。由于直流电机不能形成旋转磁场，因此通过位置传感器检测转子位置，并通过功率器件的开断使得定子绕组形成旋转磁场，通过电磁效应使得转子侧产生感应磁场，促使电机运转。下面以全桥驱动为例，分析无刷直流电机的工作原理，其接线图如图 9.2 所示。

当 Q_1 和 Q_6 导通时，定子绕组的 A 相和 B 相导通，电流从 A 相流入、从 B 相流出，电机定子绕组合成的磁势 F_a 与转子永磁体产生的磁势 F_r 相互作用，促使转子向顺时针方向

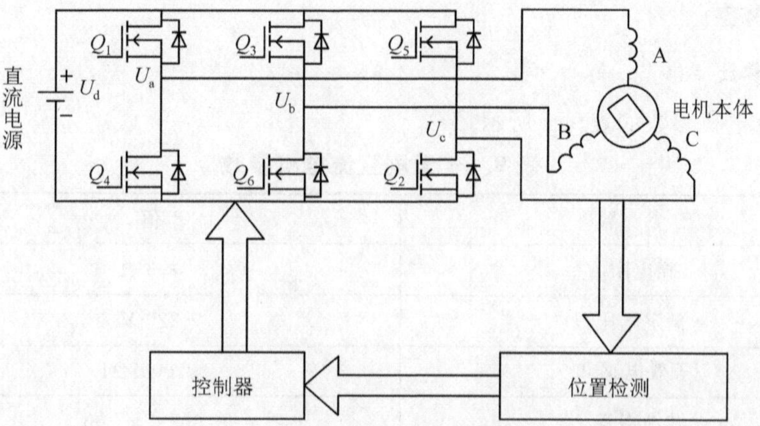

图 9.2　无刷直流电机全桥驱动接线图

旋转。当转过 60°电角度后，Q_6 关断，Q_2 导通，AC 相导通，电流从 A 相流入、从 C 相流出，二者产生的磁势继续推动转子沿顺时针方向旋转。由以上分析可知，电机的转子每转过 60°电角度，为了获得恒定转矩，定子绕组需要换一次相，相对应的导通顺序为 AB-AC-BC-BA-CA-CB。如此循环往复，使得转子持续转动。

3) PID 算法

PID 算法是一种经典的控制算法，它根据给定值 $r(t)$ 与实际输出值 $c(t)$ 比较产生的控制偏差 $e(t)=r(t)-c(t)$，将偏差的比例、积分、微分通过线性组合成控制量，对被控对象进行控制。PID 控制原理结构图如图 9.3 所示。

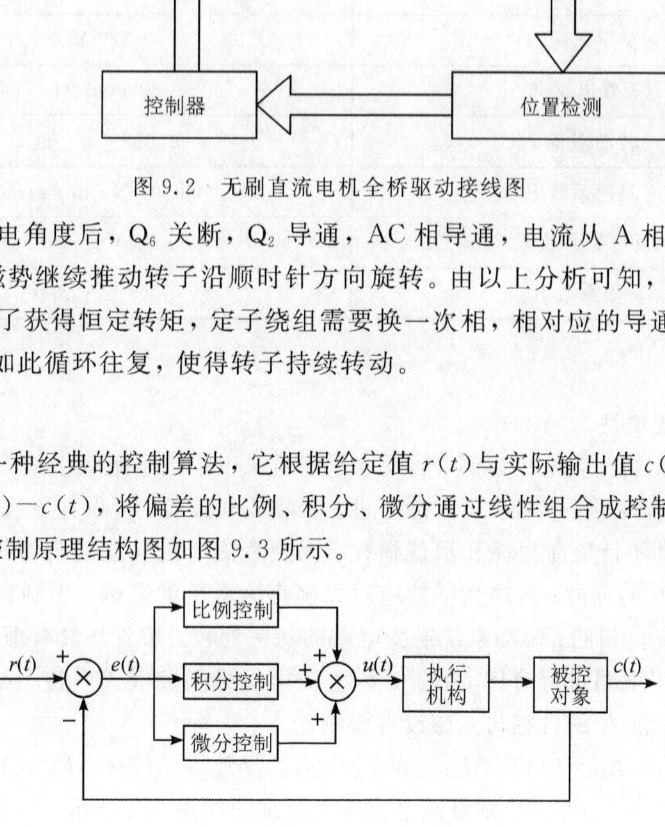

图 9.3　PID 控制原理结构图

连续 PID 模型为

$$U_t = K_p\left(e_t + \frac{1}{T_i}\int_0^1 e_t\,dt + T_d\,\frac{de_t}{dt}\right) \tag{9.1}$$

对连续 PID 模型进行离散化得到离散 PID 模型为

$$U(k) = K_p e(k) + K_i \sum_{i=0}^{k} e(k) + K_d[e(k) - e(k-1)] \tag{9.2}$$

由于增量式 PID 算法内存小、计算速度快、控制精度好，因此增量式 PID 算法在控制系统中被广泛使用。增量式 PID 模型为

$$\Delta U(k) = K_p[e(k) - e(k-1)] + K_i e(k) + K_d[e(k) - 2e(k-1) + e(k-2)] \tag{9.3}$$

3. 设计内容

1）电机参数

无刷直流电机参数如表 9.1 所示。

表 9.1 无刷直流电机参数

参　数	值
相电阻 R	2.3 Ω
额定电压 U	220 V
等效电感 L_a	0.0068 H
转动惯量 J	0.0003 kg·m²
阻尼系数 B	0.0001 N·m·s/rad
反电势系数 k_e	0.95 V·s /rad
转矩系数 K_T	0.93 N·m/A

2）数学建模

(1) 微分方程模型。

以两级三相无刷直流电机为例，假设定子绕组采用集中整距绕组的 Y 形接法，转子采用隐极式内转子结构，三个霍尔元件在空间上相隔 120°放置。再做如下假设简化分析过程：忽略铁芯损耗，即不计磁滞损耗和涡流损耗；无刷直流电机气隙磁场均匀分布，近似认为是平顶宽度为 120°的梯波；忽略齿槽效应对无刷直流电机的影响；无刷直流电机三相绕组完全对称，参数完全相同；驱动系统逆变电路的功率管和二极管均具有理想开关特性。

经上述假设对电路进行简化，由于无刷直流电机采用隐极式内转子结构，因此转子的转动对绕组磁通所产生的自感与互感没有影响。

假设 $L_A=L_B=L_C=L$，且 $M_{AB}=M_{AC}=M_{BC}=M_{BA}=M_{CA}=M_{CB}=M$，又因为三相电流满足 $i_A+i_B+i_C=0$，可得无刷直流电机等效原理图如图 9.4 所示。

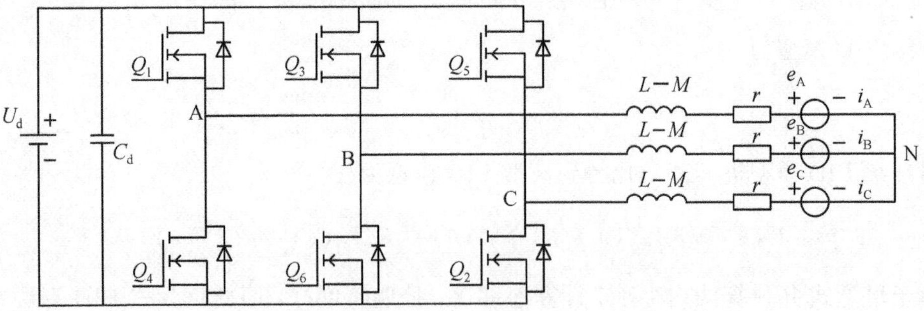

图 9.4 无刷直流电机等效原理图

无刷直流电机电压方程为

$$\begin{bmatrix} u_A \\ u_B \\ u_C \end{bmatrix} = \begin{bmatrix} R & 0 & 0 \\ 0 & R & 0 \\ 0 & 0 & R \end{bmatrix} \begin{bmatrix} i_A \\ i_B \\ i_C \end{bmatrix} + \begin{bmatrix} L-M & 0 & 0 \\ 0 & L-M & 0 \\ 0 & 0 & L-M \end{bmatrix} \frac{d}{dt} \begin{bmatrix} i_A \\ i_B \\ i_C \end{bmatrix} + \begin{bmatrix} e_A \\ e_B \\ e_C \end{bmatrix} \tag{9.4}$$

无刷直流电机从电源处吸收的电功率为

$$P_e = e_A i_A + e_B i_B + e_C i_C \tag{9.5}$$

电机的电磁转矩为

$$T_e = \frac{e_A i_A + e_B i_B + e_C i_C}{\omega} = K_T i \tag{9.6}$$

式中：ω 为电机机械角速度，K_T 为电机转矩系数。

电机的运动方程为

$$T_e - T_l = J\frac{d\omega}{dt} + B_v \omega \tag{9.7}$$

式中：T_l 为负载转矩，J 为转子转动惯量，B_v 为黏滞摩擦系数。

无刷直流电机的电压方程、电磁转矩方程及运动方程共同构成了无刷直流电机的微分方程模型。

(2) 传递函数模型。

假设 A、B 相绕组导通，在绕组导通过程中，近似电流大小相等、方向相反，即 $i_A = -i_B = i$，故 A、B 相线电压为

$$u_{AB} = r_a i + L_a \frac{di}{dt} + k_e \omega \tag{9.8}$$

式中：r_a 为等效电阻，$r_a = 2R$；L_a 为等效电感，$L_a = 2(L-M)$；k_e 为线反电势系数，$k_e = 4pNSB_m$。

电机空载(即 $T_l = 0$)时，由电机运动方程和电磁转矩方程可得电流为

$$i = \frac{J}{K_T}\frac{d\omega}{dt} + \frac{B_v}{K_T}\omega \tag{9.9}$$

将式(9.9)代入式(9.8)得电机的输出电压为

$$U = \frac{L_a J}{K_T}\frac{d^2\omega}{dt^2} + \frac{r_a J + L_a B_v}{K_T}\frac{d\omega}{dt} + \frac{r_a B_v + k_e K_T}{K_T}\omega \tag{9.10}$$

将式(9.10)通过拉普拉斯变换得

$$\frac{\omega(s)}{U(s)} = \frac{K_T}{L_a J s^2 + (r_a J + L_a B_v)s + (r_a B_v + k_e K_T)} \tag{9.11}$$

由于转速与角速度之间满足 $\omega(s) = \frac{\pi}{30}N(s)$，因此空载时无刷直流电机传递函数模型为

$$\frac{N(s)}{U(s)} = \frac{K_T \times \frac{30}{\pi}}{L_a J s^2 + (r_a J + L_a B_v)s + (r_a B_v + k_e K_T)} \tag{9.12}$$

则无刷直流电机空载时系统的结构图如图 9.5 所示。

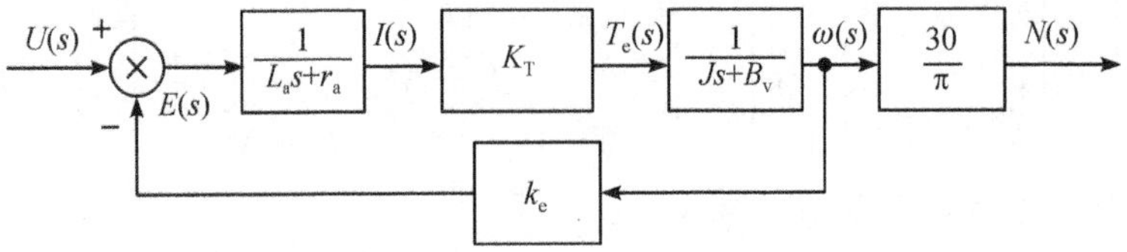

图 9.5　无刷直流电机空载时系统的结构图

电机带负载时，无刷直流电机控制系统的结构图如图 9.6 所示。

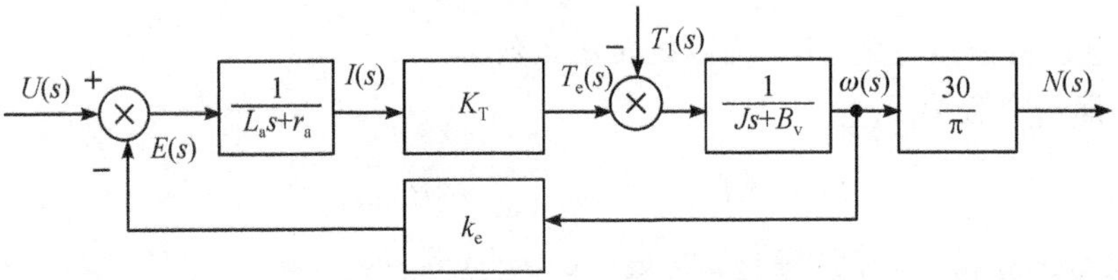

图 9.6　无刷直流电机带负载时系统的结构图

电机带负载时，转速可以看作是 $U(s)$ 和 $T_1(s)$ 单独作用时的响应之和。当 $T_1(s)$ 单独作用时，系统的传递函数为

$$\frac{N(s)}{T_1(s)}=-\frac{(r_a+L_a s)\times\dfrac{30}{\pi}}{(Js+B_v)(r_a+L_a s)+k_e K_T}\tag{9.13}$$

综上所述，无刷直流电机在带负载时的转速为

$$N(s)=\frac{\dfrac{30}{\pi}K_T U(s)}{L_a J s^2+(r_a J+L_a B_v)s+(r_a B_v+k_e K_T)}-\frac{\dfrac{30}{\pi}(r_a+L_a s)T_1(s)}{(Js+B_v)(r_a+L_a s)+k_e K_T}\tag{9.14}$$

(3) 脉冲传递函数模型。

电机空载时，式(9.12)可简化为

$$\frac{N(s)}{U(s)}=\frac{k}{s^2+ms+f}\tag{9.15}$$

式中：$k=\dfrac{30K_T}{J\pi L_a}$，$m=\dfrac{r_a J+L_a B_v}{JL_a}$，$f=\dfrac{r_a B_v+k_e k_T}{JL_a}$。

利用零阶保持器的方法对上式进行离散，T 为采样周期，得离散脉冲传递函数为

$$G_u(s)=\frac{N(s)}{U(s)}=\frac{b_1 z+b_2}{z^2+a_1 z+a_2}\tag{9.16}$$

式中：$a_1=-(e^{-\beta_1 T}+e^{-\beta_2 T})$，$a_2=e^{-\beta_1 T}e^{-\beta_2 T}$，$b_1=\dfrac{k(e^{-\beta_1 T}-e^{-\beta_2 T})}{\beta_2-\beta_1}$，$b_2=-\dfrac{k(e^{-\beta_1 T}-e^{-\beta_2 T})}{\beta_2-\beta_1}$。

(4) 差分方程模型。

对式(9.16)进行 z 反变换，可得无刷直流电机差分方程模型为

$$n_k = -a_1 n_{k-1} - a_2 n_{k-2} + b_1 u_{k-1} + b_2 u_{k-2} \tag{9.17}$$

3）性能分析

电机空载运行时，PI 参数为：$K_p = 0.01$，$K_i = 0.01$，参考转速为恒定值 1000 r/min 时，转速运行结果如图 9.7 所示。

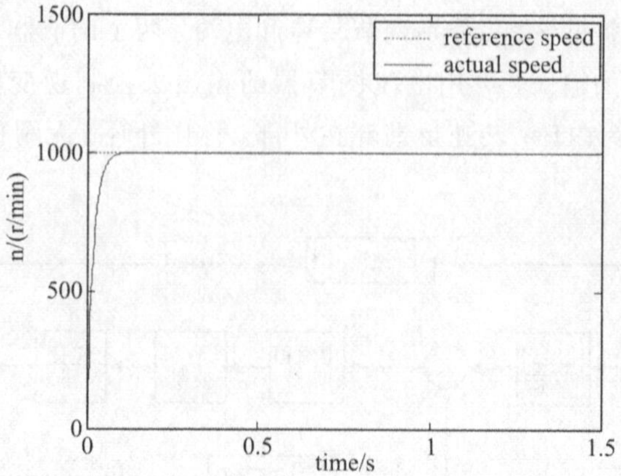

图 9.7　参考转速恒定时的转速曲线

参考转速在 0.5 s 内从 500 r/min 上升到 800 r/min，在 1 s 内从 800 r/min 上升到 1000 r/min 时，转速运行结果如图 9.8 所示。

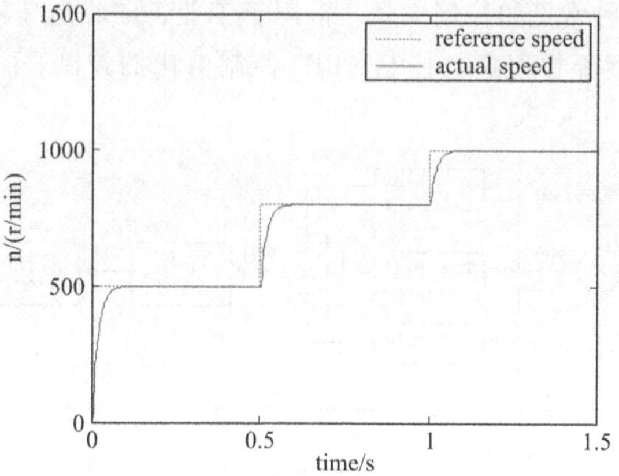

图 9.8　参考转速递增时的转速曲线

9.2　无刷直流电机双闭环调速系统的建模与仿真

1. 设计目的

（1）理解无刷直流电机双闭环调速系统的构成及工作原理。

（2）掌握 PID 算法及其原理。

(3) 掌握 Simulink 建模、仿真及测试的方法。

2. 设计原理

1) 无刷直流电机双闭环调速系统

无刷直流电机双闭环调速系统目前应用较为广泛。为了实现电机良好的静态、动态性能，在系统中设置了两个调节器，分别调节转速和电流，两个调节器串联连接。速度调节器的输出作为电流调节器的输入，再用电流调节器的输出去控制逆变器开关管的控制信号。电流反馈环在内部，称为内环；转速反馈环在外部，称作外环。无刷直流电机双闭环调速系统框图如图 9.9 所示。

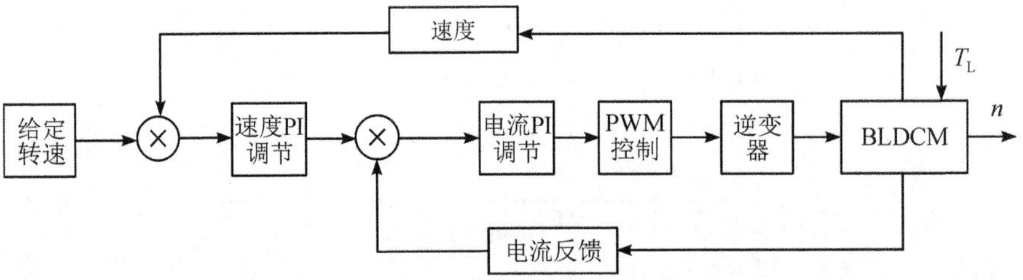

图 9.9 无刷直流电机双闭环调速系统框图

2) PID 控制

PID 控制算法是一种常见的控制方法，常用于工业、自动化等领域，并被广泛应用于温度、水位、压力、速度等物理量的控制。PID 控制由比例控制、积分控制和微分控制组成。其系统框图如图 9.10 所示。

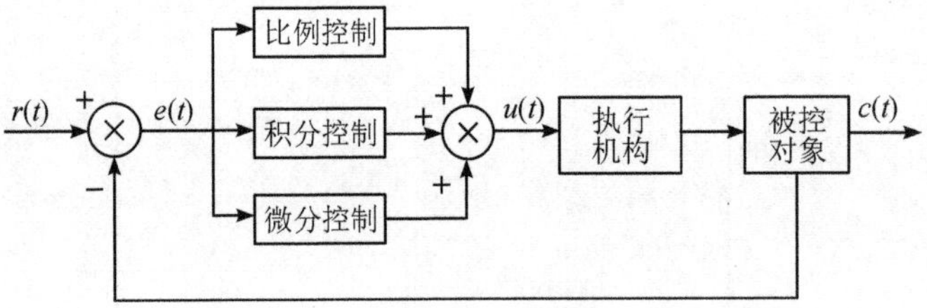

图 9.10 PID 控制系统框图

PID 控制的原理是反馈控制，即根据设定值和实际值之间的差值，产生相应的控制信号，该信号进入执行机构，调整控制对象状态，从而使实际值不断逼近设定值。

3. 设计内容

1) Simulink 建模

根据图 9.9 建立无刷直流电机双闭环调速系统 Simulink 模型，如图 9.11 所示。电机本体采用 Simulink 的 Simscape 库中的自带模块，逆变器选择 Universal Bridge，速度调节器和电流调节器利用了 PI 控制算法。

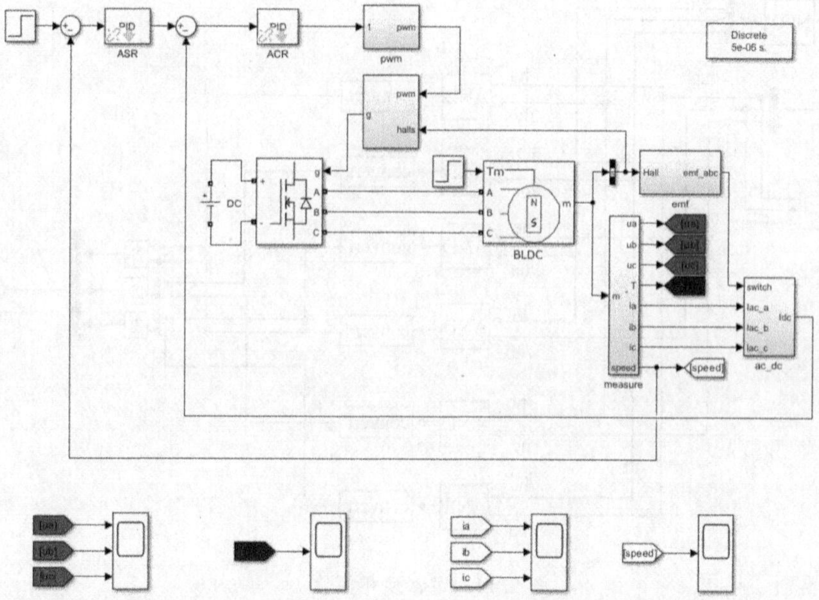

图 9.11　无刷直流电机双闭环调速系统仿真模型

(1) 转速 ASR 模块。

转速模块的输入为参考转速与实际转速的差值，输出为参考电流。仿真时，采用 PI 控制算法，使用 Saturation 模块对输出控制信号进行限幅。转速 ASR 模块如图 9.12 所示。

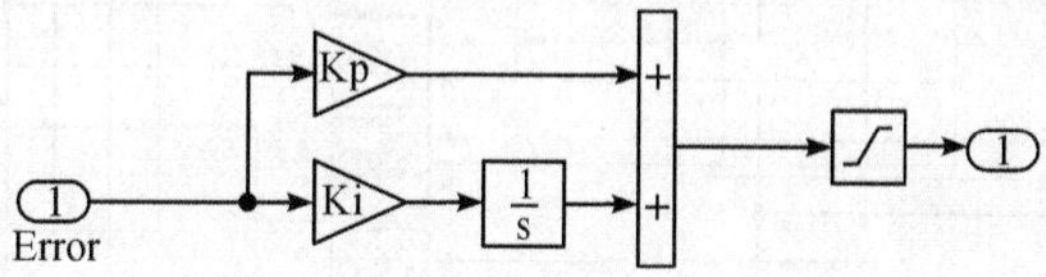

图 9.12　转速 ASR 模块

(2) 电流 ACR 模块。

电流模块工作原理：根据电机反馈的实际电流值与给定电流值之间的差值，通过 PI 控制器来产生相应的指令。电流环模块的实现方法和转速环一致。电流 ACR 模块如图 9.13 所示。

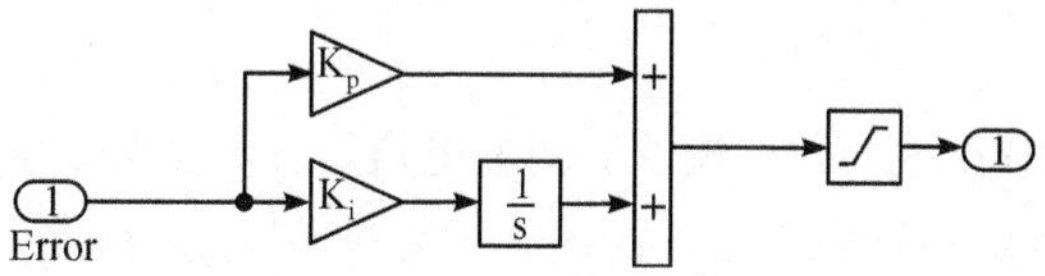

图 9.13　电流 ACR 模块

(3) 逻辑换向模块。

逻辑换向模块根据转子位置信号 Hall_a、Hall_b、Hall_c 获得反电动势信号 emf_a、emf_b、emf_c，进而产生逆变电路中功率管的控制信号。逻辑换相模块如图 9.14、图 9.15 所示。

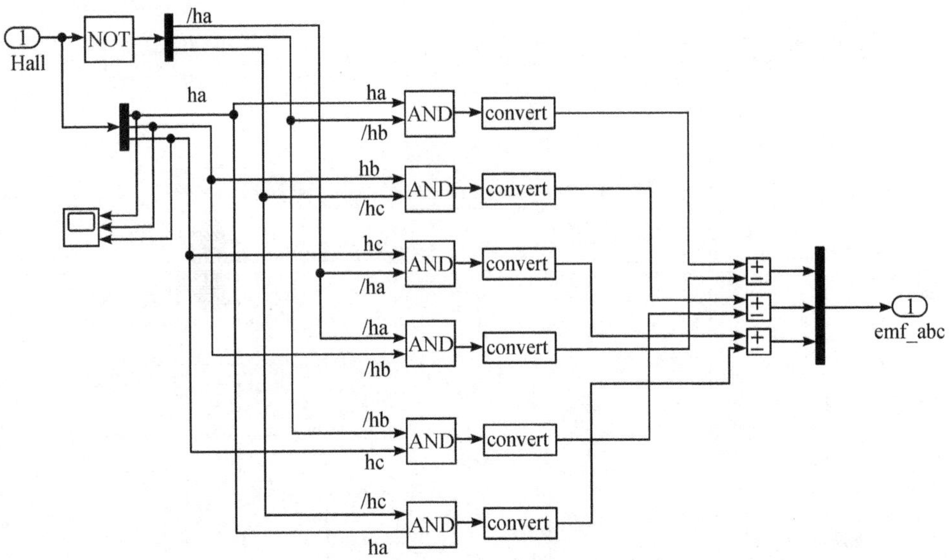

图 9.14 逻辑换相模块 1

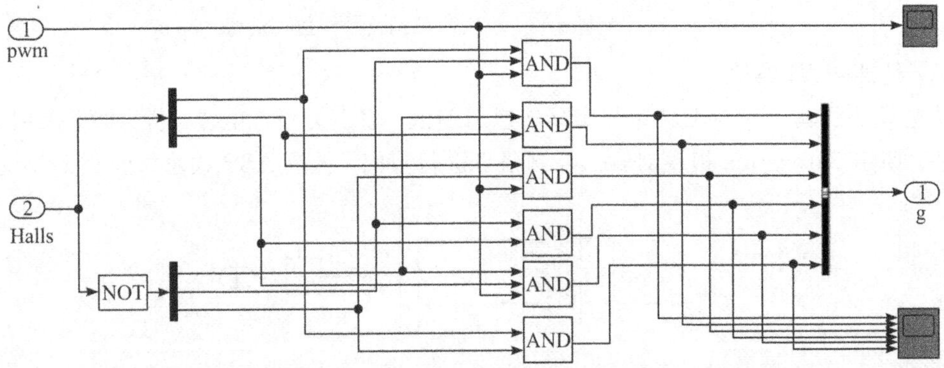

图 9.15 逻辑换相模块 2

（4）电流检测模块。

根据霍尔信号与绕组通电顺序的对应关系，利用 Simulink 中的 Switch 模块、函数模块和加乘、积分环节，可以获得相电流的实际值 Idc，将其与参考电流的差作为电流 PI 控制器的输入，构成电流负反馈。电流检测模块如图 9.16 所示。

（5）信号测量模块。

信号测量模块利用 Bus Selector 模块，测量电流、反电动势、电磁转矩及转速。信号测量模块如图 9.17 所示。

2）仿真实验

Simulink 仿真实验中，仿真时间设定为 0.3 s，电源电压为 500 V，PID 参数设置为 $K_p=0.03$，$K_i=0.009$。初始转速为 0，启动电机后，转速达到 3000 r/min 后保持恒定。空载时转速、电流及三相反电动势波形分别如图 9.18、图 9.19 和图 9.20 所示。

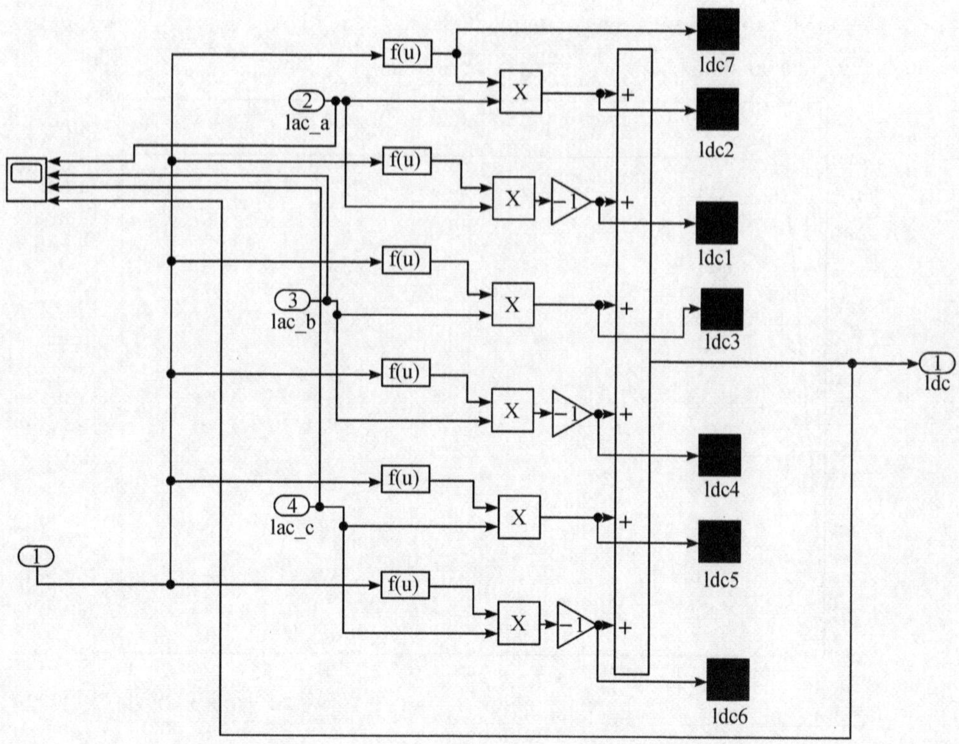

图 9.16 电流检测模块

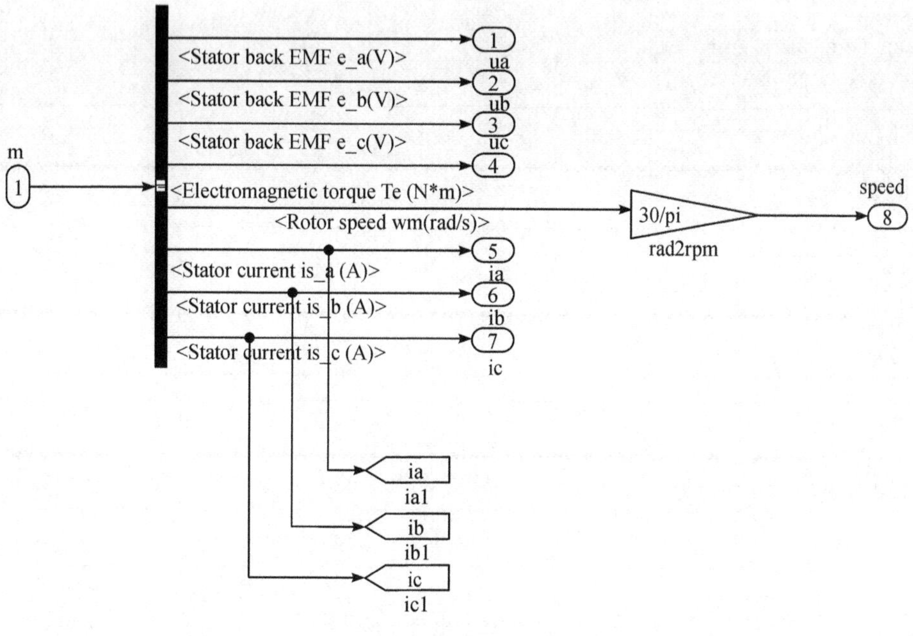

图 9.17 信号测量模块

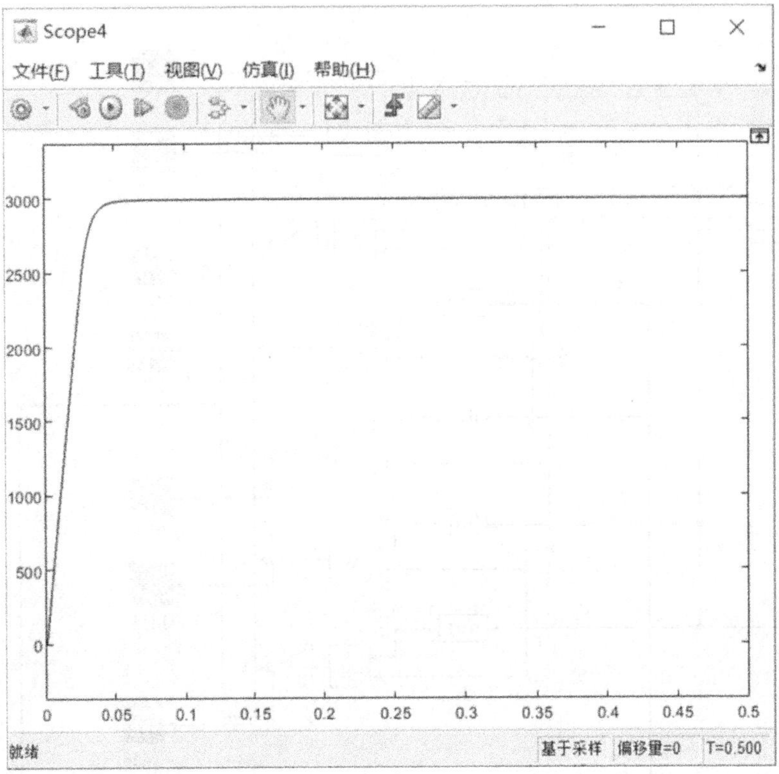

图 9.18 转速波形

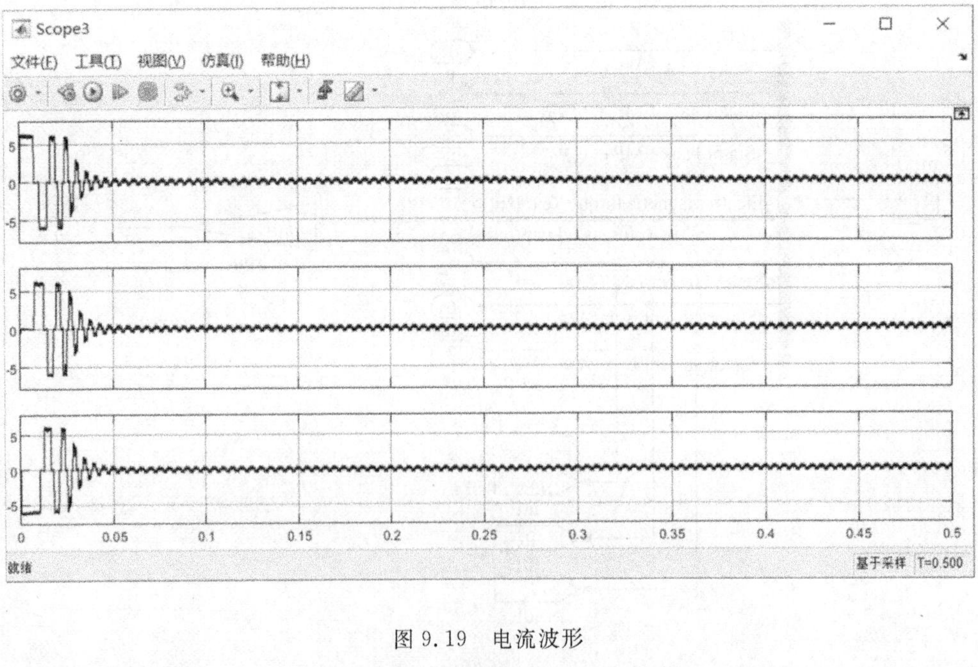

图 9.19 电流波形

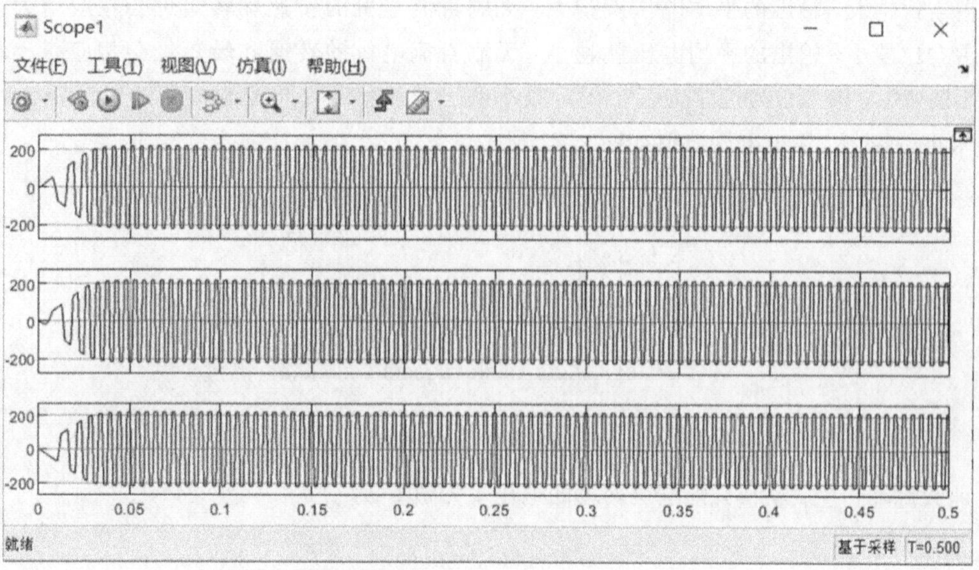

图 9.20　三相反电动势波形

9.3　无刷直流电机转速控制系统的设计

1. 设计目的

(1) 掌握无刷直流电机 PWM 调速原理。

(2) 掌握无刷直流电机硬件电路的设计。

(3) 理解 PID 算法及其原理，熟练采用 C 语言编写程序。

(4) 掌握 Proteus 仿真及测试方法。

2. 设计要求及 PWM 调速

1) 设计要求

① 能够对无刷直流电机转速进行加速、减速控制。

② 能够对无刷直流电机进行正转、反转、停止、复位控制。

③ 采用 LCD1602 显示无刷直流电机设定转速和实时转速。

④ 具有 5 个功能按键。

2) PWM 调速

PWM 调速技术是将控制信号(也称为调制信号)与参考信号进行比较，根据比较结果的大小和方向，控制输出 PWM 信号的占空比，从而对无刷直流电机的转速和转矩进行控制。占空比越大，输出的平均电压就越大，无刷直流电机的转速和转矩也会相应增大；反之，占空比越小，输出的平均电压就越小，无刷直流电机的转速和转矩也会相应减小。在PWM调速中，参考信号通常为一个固定频率的三角波信号，而控制信号则根据转速和转矩要求进行控制。输出电压波形如图9.21所示。

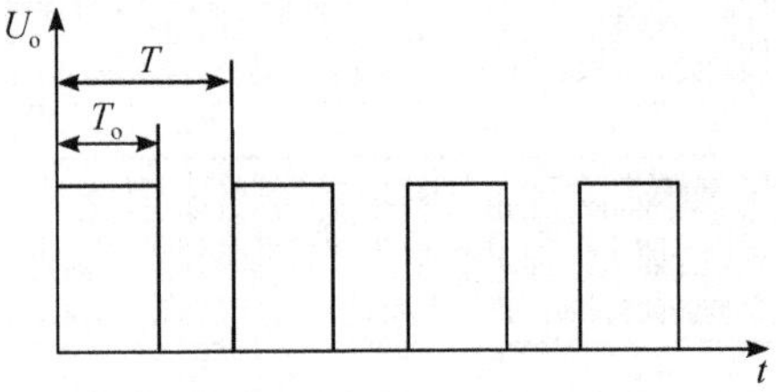

图9.21　输出电压波形

假设脉冲占空比为α，则电机两端的电压平均值U为

$$U=\frac{T_o}{T}U_o=\alpha U_o$$

3. 设计内容

1）无刷直流电机参数

输入电压：12 V直流。

额定转速：2400 r/min。

频率变化范围：1000～26 000 Hz。

控制方式：PWM控制方式。

2）总体方案设计

无刷直流电机转速控制系统主要包括无刷直流电机、霍尔传感器、主控制器STC89C52、显示电路、按键电路、电源电路、复位电路和晶振电路，如图9.22所示。

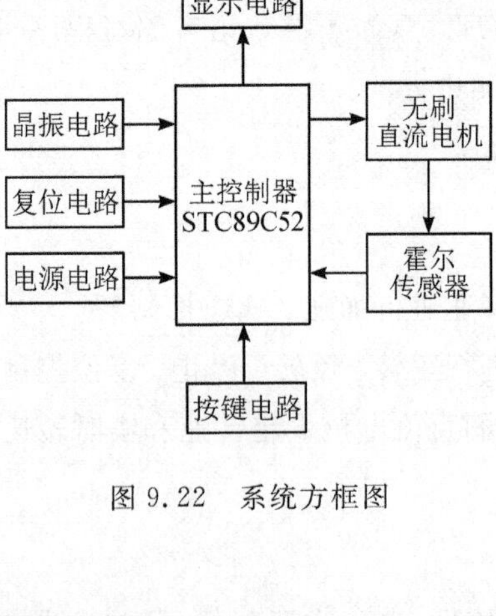

图9.22　系统方框图

3）硬件电路设计

(1) 主控制器STC89C52。

单片机最小系统电路为整个系统的控制核心，采用STC89C52单片机。

(2) 复位电路。

复位电路可以提高系统的稳定性和可靠性，减少系统出现故障的概率。复位电路如图 9.23 所示。

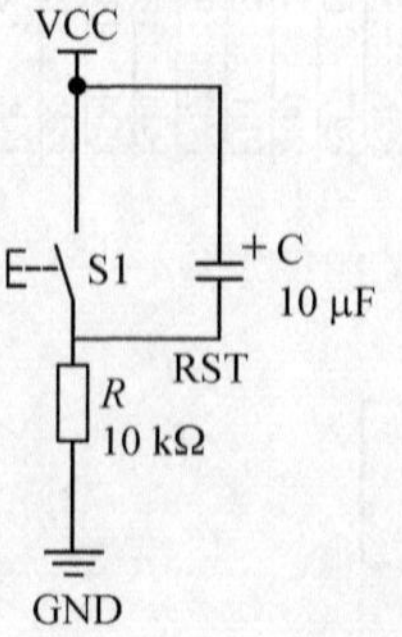

图 9.23　复位电路

(3) 晶振电路。

晶振电路为单片机提供稳定的时钟信号，使单片机能够按照预定的时间序列执行程序。晶振电路如图 9.24 所示。

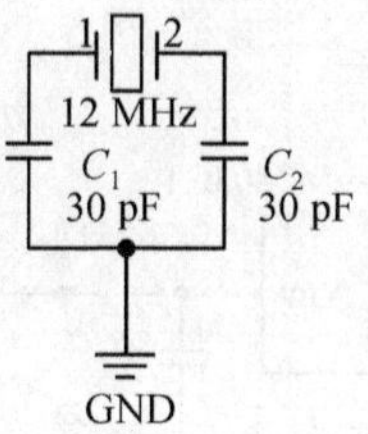

图 9.24　晶振电路

(4) 按键电路。

按键电路由四个独立按键组成。其中，S2 按键控制电机的正转与反转，S3 和 S4 按键通过程序使单片机改变输出脉冲的占空比，进而控制无刷直流电机转速的增大或减小；S5 按键控制无刷直流电机的启动与停止。按键电路图如图 9.25 所示。

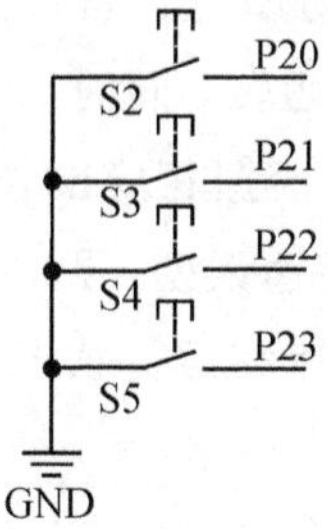

图 9.25　按键电路

(5) 显示电路。

显示电路以液晶显示器 LCD1602 为核心，实时显示电机转速。显示电路如图 9.26 所示。

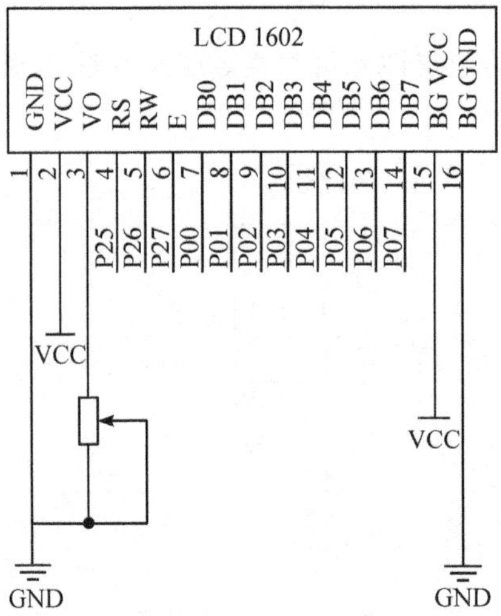

图 9.26 显示电路

(6) 电源电路。

电源电路以三端稳压器芯片 LM7805CT 为核心，产生 5 V 或 12 V 的稳定电压。电源电路如图 9.27 所示。

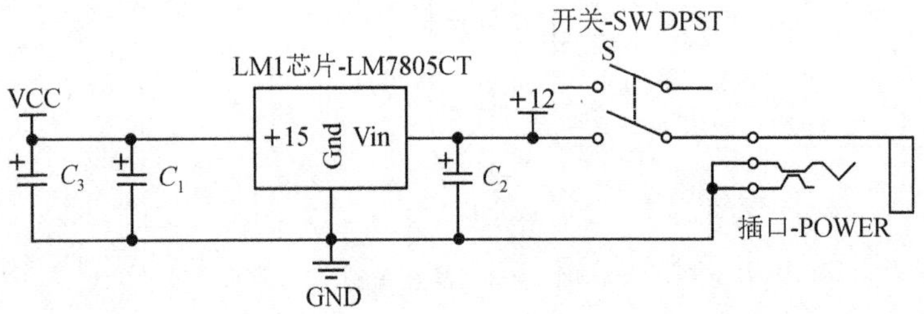

图 9.27 电源电路

4) 程序设计

(1) 主程序设计。

系统接通电源后，各电路将进行初始化。若没有按键控制，单片机将输出预设定的 PWM 脉冲电压，使无刷直流电机开始运转，同时 LCD1602 将显示无刷直流电机的初始转速和状态。若有按键控制，则单片机将根据相应的按键控制程序改变 PWM 占空比，采用 PID 算法计算设定转速与实时转速的转速误差，更新单片机的 PWM 信号。同时，单片机通过程序使 LCD1602 显示电机的实时转速和运行状态。主程序流程图如图 9.28 所示。

(2) 按键控制程序设计。

按键控制程序通过 4 个独立按键控制无刷直流电机的运行状态。按键控制程序流程图如图 9.29 所示。

(3) PID 算法程序设计。

PID 采用增量式，计算式如下：

$$u(n)=K_{\mathrm{p}}[e(n)-e(n-1)]+K_{\mathrm{i}}e(n)+K_{\mathrm{d}}[e(n)-2e(n-1)+e(n-2)]+u_0$$

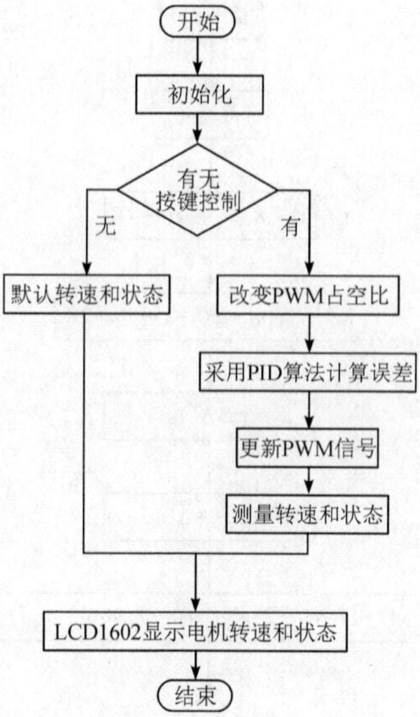

图 9.28　主程序流程图

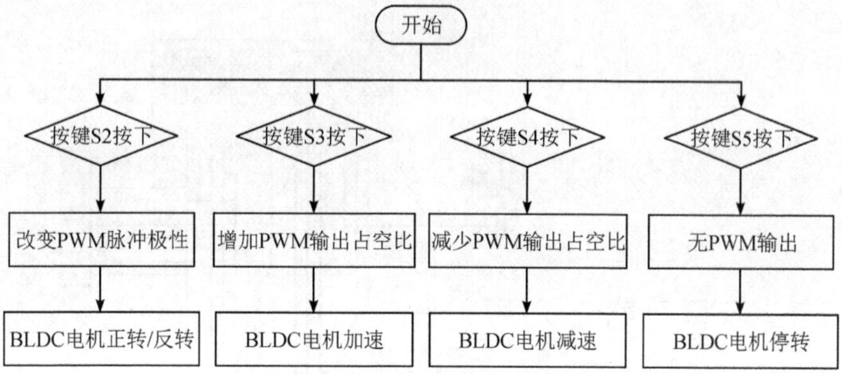

图 9.29　按键控制程序流程图

PID 算法流程图如图 9.30 所示。

5）仿真测试

系统仿真采用 Proteus 软件，仿真电路如图 9.31 所示。

图 9.31 中，LCD1602 显示无刷直流电机的状态信息。其中，左上方显示电机的启停状态，右上方显示电机实时转速，左下方显示电机的转向，右下方显示系统的设定转速。通过向 P2.2 和 P2.3 引脚发出低频电信号，可以实现电机加速和减速的功能。每次按键将使电机转速增加或减小 100 r/min。通过向 P2.1 引脚发出低频电信号，可以实现电机正转和反转的功能。同时，可以通过向 P2.0 引脚发出低频电信号，使电机实现启停的功能。

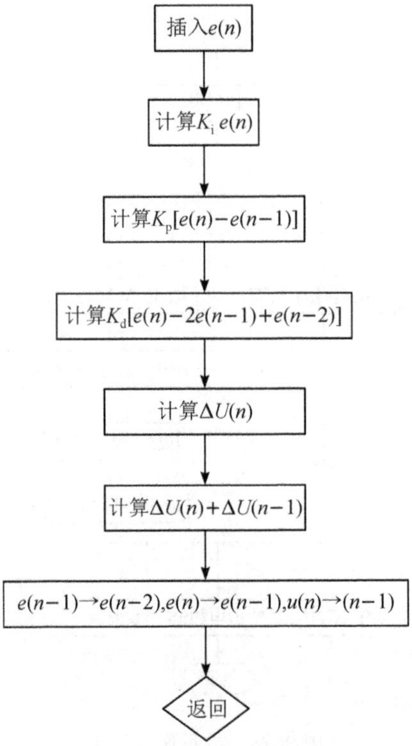

图 9.30 PID 算法流程图

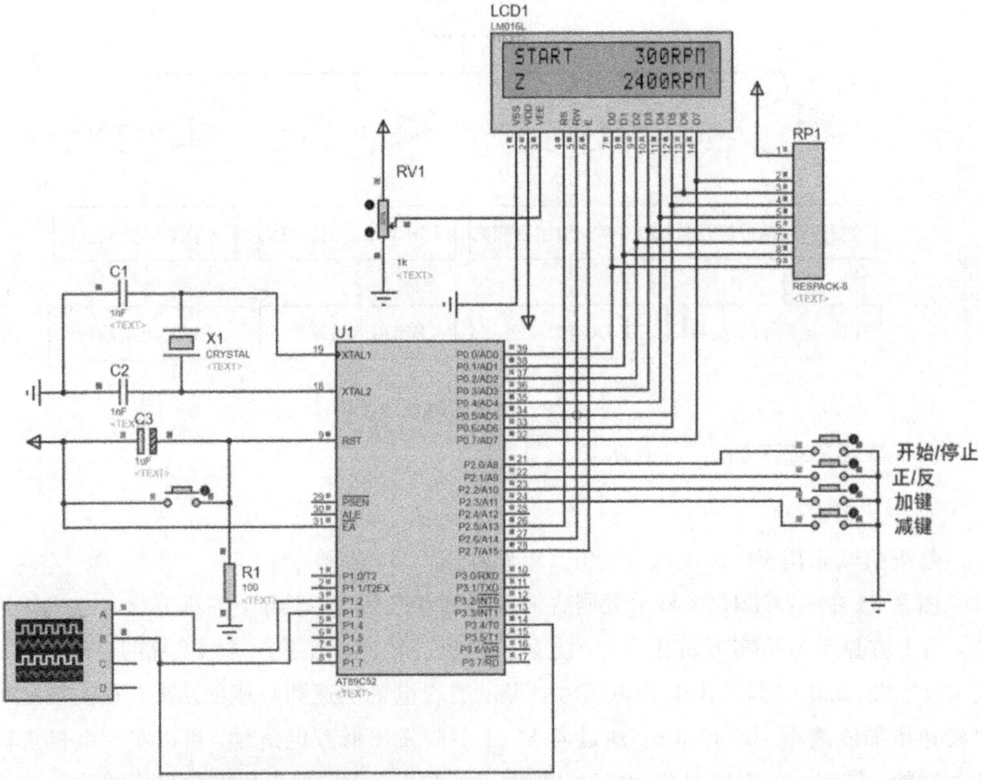

图 9.31 系统仿真图

9.4　风力摆控制系统的设计

1. 设计目的

(1) 了解风力摆控制系统的工作原理。

(2) 掌握风力摆控制系统的硬件电路设计。

(3) 理解 PID 算法及其原理，熟练采用 C 语言编写程序。

2. 设计要求及原理

1) 设计要求

(1) 从静止开始，15 s 内控制风力摆做类似自由摆运动，使激光笔稳定地在地面画出一条长度不短于 50 cm 的直线段，其线性度偏差不大于±2.5 cm，并且具有较好的重复性。

(2) 从静止开始，15 s 内完成幅度可控的摆动，画出长度在 30～60 cm 间可设置的直线段，其偏差不大于±2.5 cm，并且具有较好的重复性。

(3) 可设定摆动方向，让风力摆从静止开始，15 s 内按照设置的方向(角度)摆动，画出不短于 20 cm 的直线段。

(4) 将风力摆拉起一定的角度(30°～45°)后放开，5 s 内使风力摆达到静止状态。

2) 工作原理

风力摆控制系统是一个典型的闭环反馈控制系统，包括单片机控制模块、姿态采集模块、驱动模块、声光报警模块、显示模块、按键控制模块、光耦合器模块、风力摆。本系统中，被控对象风力摆由万向节、实心铝管构成，单片机控制模块采用 MSP430F149，姿态采集模块采用 MPU - 6050 六轴姿态传感器，驱动模块采用三洋直流风机，声光报警模块由蜂鸣器及 LED 构成，显示模块采用液晶显示器 1602。

具体工作原理：六轴姿态传感器 MPU - 6050 测量风力摆姿态角。单片机 MSP430 处理姿态角数据后采用 PID 控制算法，通过 PWM 调节电机，实现对风力摆运动的实时监测和控制。键盘模块实现参数输入。显示模块实现参数实时显示。为确保风力摆实现直线、曲线运动，采用两组风扇，每组两只，出风口相反，两组摆放方向垂直，类似直角坐标系摆放。四个风机分别指向正 X 轴、正 Y 轴、负 X 轴、负 Y 轴，保证了直线运动中的摆动幅度以及稳定性。计算相邻风机转速比例，使风力摆受两个相邻风机动力作用，进行某一角度的运动。通过查表，将风机转速比与相应角度对应，即可控制风力摆做任意角度的类自由摆运动。通过调整四个风扇的工作时序来控制风力大小，即可实现圆周运动。风力摆控制系统模型图如图 9.32 所示。

3) PID 控制算法

风力摆控制系统采用 PID 算法来控制风机转动的速度。风机开始工作后，姿态采集模块不断采集当前风力摆姿态角状态，并与之前的状态比较，使得风力摆的运动状态逐渐趋于平稳。PID 控制算法的输入与输出的关系为

$$u(t)=K_{\mathrm{p}}\left[e(t)+\frac{1}{T}\int_{0}^{t}e(t)\mathrm{d}t+\frac{T_{\mathrm{d}}\mathrm{d}e(t)}{\mathrm{d}t}\right]$$

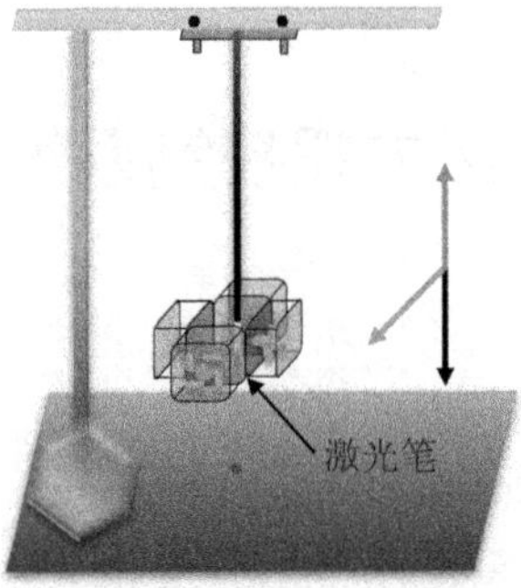

图 9.32 风力摆控制系统模型图

当对直流电机进行调速时(t 时刻)，输入量 $r(t)$ 为电机转速预定值，输出量 $c(t)$ 为电机转速实际值，偏差量为 $e(t)=r(t)-c(t)$。由于系统为数字系统，因此采用增量式 PID 控制，控制方程为

$$u(k-1)=K_{\mathrm{p}}\left[e_k+\frac{T}{T_1}\sum_{j=0}^{k}e_j+\frac{T_{\mathrm{d}}}{T}(e_k-e_{k-1})\right]$$

PID 控制原理图如图 9.33 所示。

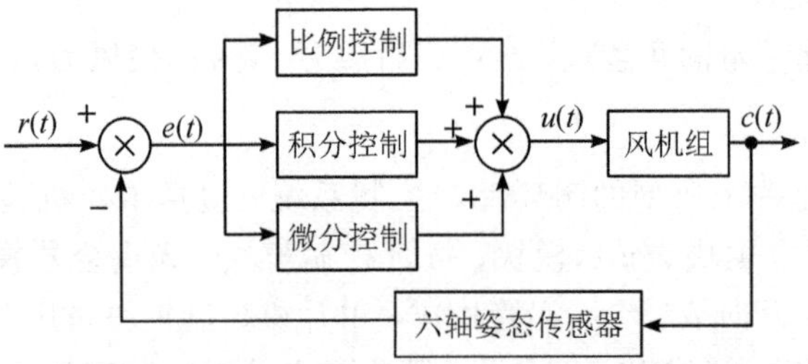

图 9.33 PID 控制原理图

3. 设计内容

1) 总体方案设计

风力摆控制系统整体设计框图如图 9.34 所示。

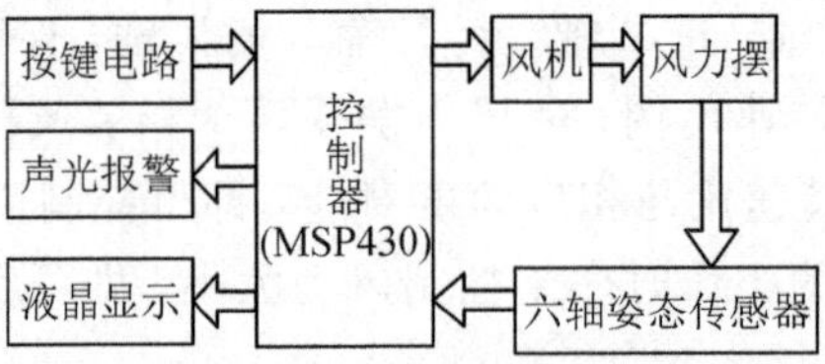

图 9.34 控制系统整体设计框图

2) 硬件设计

(1) 光耦合器模块。

采用光耦合器作为调速模块，通过主控制器的 P4.1～P4.4 引脚输出 PWM 波，调控风机组电机转速，以达到控制风力摆受力大小的目的。光耦合器模块电路图如图 9.35 所示。

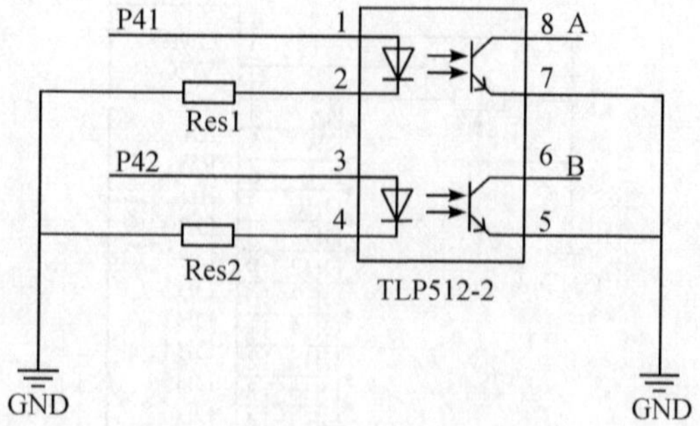

图 9.35　光耦合器模块电路图

(2) 声光报警模块。

声光报警系统由蜂鸣器驱动电路和发光二极管驱动电路组成。蜂鸣器驱动电路由三极管、蜂鸣器、续流二极管组成，三极管在这里作为开关使用。当 I/O 口输出低电平时，三极管饱和导通，蜂鸣器发声，发光二极管亮；当 I/O 口输出高电平时，三极管截止，蜂鸣器停止发声，发光二极管灭。声光报警模块电路图如图 9.36 所示。

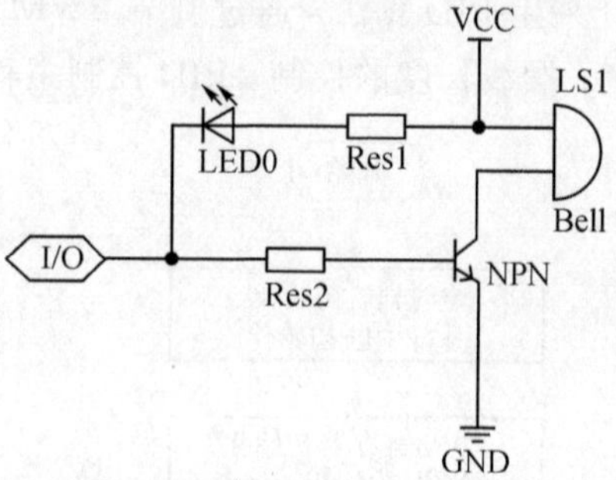

图 9.36　声光报警模块电路图

(3) 按键控制模块。

风力摆控制系统共有 9 个按键，分别由 I/O 口的 P6.0～P6.7 以及中断口控制，用来设置摆线的长度和角度数值。单个按键控制模块电路图如图 9.37 所示。

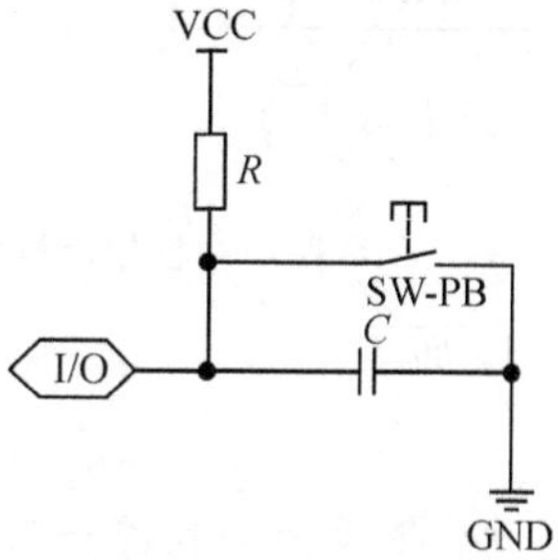

图 9.37　单个按键控制模块电路图

(4) 显示模块。

显示模块采用 LCD1602。其电路图如图 9.38 所示。显示模块、按键模块、声光报警模块均集成在一块电路板上。

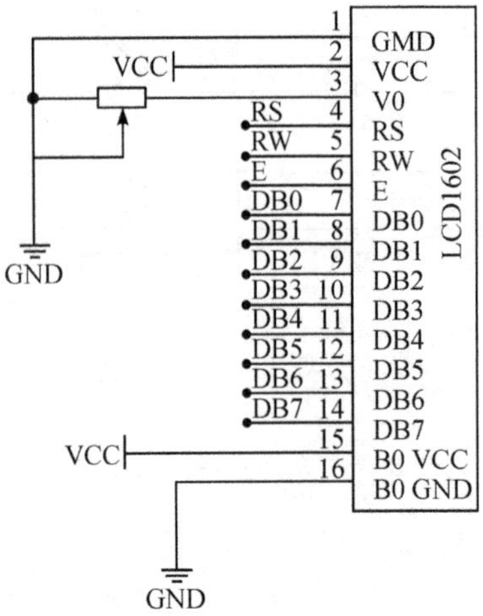

图 9.38 显示模块电路图

3）程序设计

风力摆控制系统软件设计采用 PID 算法，通过调节 PWM 波的占空比对风扇转速进行控制，实现对风力摆设定角度、摆线长度的控制。PID 控制主程序流程图如图 9.39 所示。

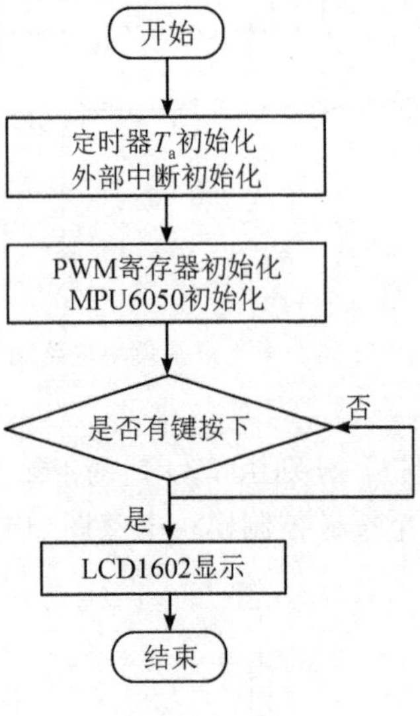

图 9.39 PID 控制主程序流程图

PID 控制子程序流程图如图 9.40 所示。

4）测试方案

针对风力摆控制系统的直线运动、曲线运动和停止进行测试，多次测试取平均值进行分析。测试时，为了帮助观察，在风力摆下方装一支激光笔。

（1）直线运动测试。

从静止开始，画长度为 30～60 cm 的直线段，完成幅度可控的摆动。测试结果如表 9.2 所示。

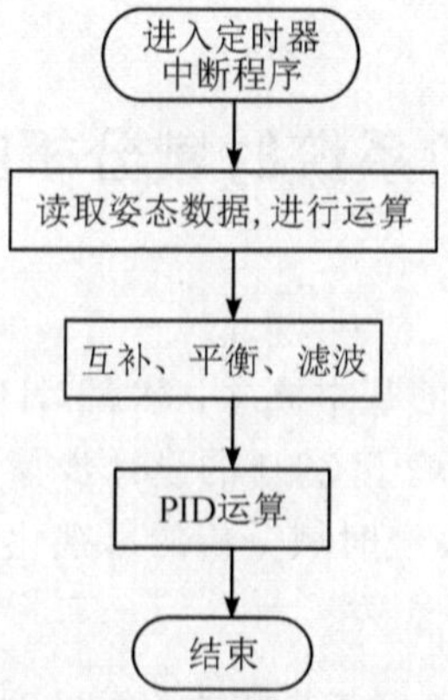

图 9.40　PID 控制子程序流程图

表 9.2　风力摆直线运动测试

次数	1	2	3	4	5	6	7	8
规定长度/cm								
时间/s								
最大偏差/cm								

(2) 曲线运动测试。

以风力摆静止时激光笔的光点为圆心，让风力摆做圆周运动，半径可在 15～35 cm 范围内设置。测试结果如表 9.3 所示。

表 9.3　风力摆曲线运动测试

次数	1	2	3	4	5	6	7	8
圆半径/cm								
时间/s								
最大偏差/cm								

(3) 停止测试。

将风力摆拉起一定角度后放开，使风力摆停止。测试结果如表 9.4 所示。

表 9.4　风力摆停止测试

次数	1	2	3	4	5	6	7	8
角度/°								
时间/s								
最大偏差/cm								

9.5 二阶系统时域分析的 GUI 设计

1. 设计目的

(1) 了解图形用户界面(GUI)的基本概念，掌握 GUI 窗口各个组件的使用方法。

(2) 熟悉在 MATLAB 编程环境下 GUI 的设计步骤。

(3) 利用 GUI 实现二阶控制系统时域分析的可视化。

2. 设计原理

GUI(Graphical User Interface)属于人机交互的一种方式，可以简化用户的操作，只需点击窗口上的按键或者菜单，就可以实现一个复杂的功能。

1) 新建 GUI

在 MATLAB 命令窗口输入 guide，或在主页窗口“新建”菜单中找到“GUIDE”并点击。即可打开如图 9.41 所示的 GUIDE 快速入门窗口。选择对应的模板，可在右边看到相应的预览。还可以改变存放文件的路径。

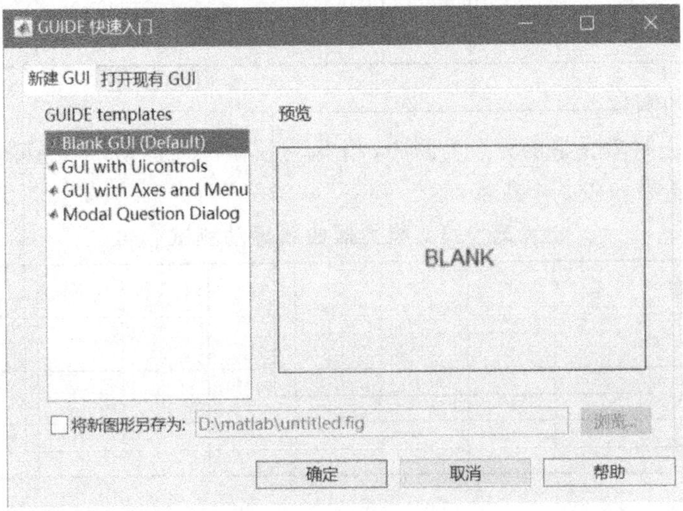

图 9.41 新建 GUI

选择 Blank GUI，然后指定好存放文件的位置并命名，点击“确定”按钮后，会出现对应的空白编辑窗口(*.fig)以及一个同名字的 M 文件，如图 9.42 所示。

编辑窗口左边的小图标即为控件。上方的菜单是一些快捷按钮，把鼠标放到菜单上方就会出现对应的功能描述。空白框的地方是布局工作区，即组件将要放置的位置。

生成 Blank GUI 后会产生一个 fig 文件和一个 M 文件。M 文件是 MATLAB 的程序文件，fig 文件是图窗文件。生成一个新的 GUI 完毕后会生成编辑窗口，这个图窗也可以通过右键点击 fig 文件在 guide 中打开。在 M 文件中，初始部分不需要修改。当 GUI 中添加了组件后，M 文件中会生成相应的回调函数，只需要编辑回调函数就可以实现相应的操作。

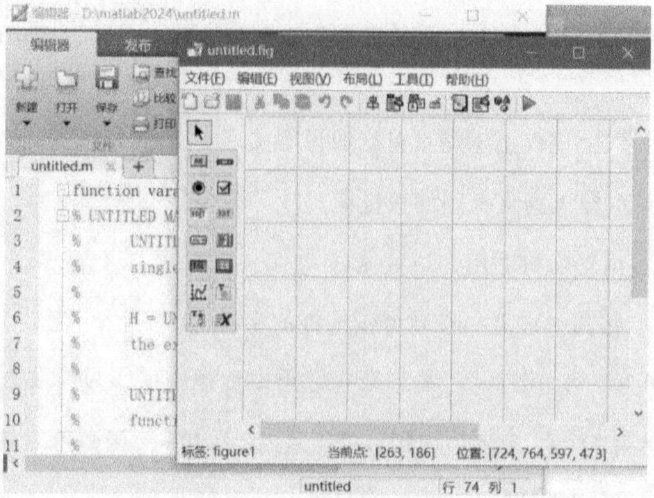

图 9.42　编辑界面

2）控件

控件对象是事件响应的图形界面对象。控件区界面如图 9.43 所示。

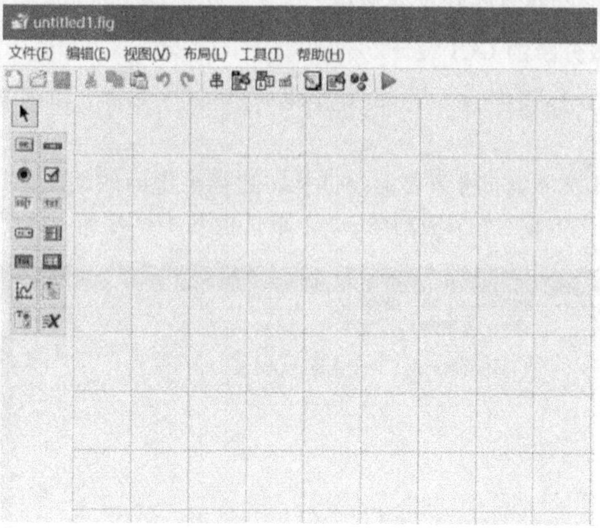

图 9.43　控件区界面

GUI 界面提供了以下几种控件：

① 按钮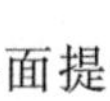：执行某种特定功能或操作。

② 开关按钮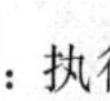：产生一个动作并指示一个二进制状态。

③ 单选按钮：用于让用户在多个选项中选择 1 种。必须与“按钮组”组合，否则作用和复选框没区别，将其放在控件“按钮组”内后，有且只有一个“单选按钮”会被选中(如果不在“按钮组”内则无该约束)。

④ 复选框：单个的复选框用来在两种状态之间切换，多个复选框组成一个复选框组时，可使用户在一组状态中作组合式的选择，或称为多选项。

⑤ 文本编辑器：用来使用键盘输入字符串的值，可以对编辑框中的内容进行编辑、删除和替换等操作。

⑥ 静态文本框：仅仅用于显示单行的说明文字。

⑦ 滚动条：可输入指定范国的数量值。

⑧ 面板：在图形窗口圈出一块区域。

⑨ 列表框：在其中定义一系列可供选择的字符串。

⑩ 弹出式菜单：让用户从一系列菜单选项中选择一项作为参数输入。

⑪ 表：属性为 Data，即表格内的数据，通过 get 和 set 函数可对其进行操作。

⑫ 坐标轴：可用于绘图。

⑬ Activex 控件：可以与其他应用程序进行交互，如 Microsoft Excel、word 等，从而实现更加丰富的功能和交互性。

⑭ “按钮组”：与单选按钮配套使用。

3. 二阶系统时域分析的 GUI 设计

(1) 在 MATLAB 界面中输入 guide，新建一个 GUI 文件，如图 9.41 所示，点击“确定”按钮。

(2) 进入 GUI 开发环境，将需要的控件从左边拖至中间的编辑窗口中。本次设计需要 1 个坐标、15 个静态文本框、2 个滚动条、2 个单选框和 1 个按钮，界面如图 9.44 所示。

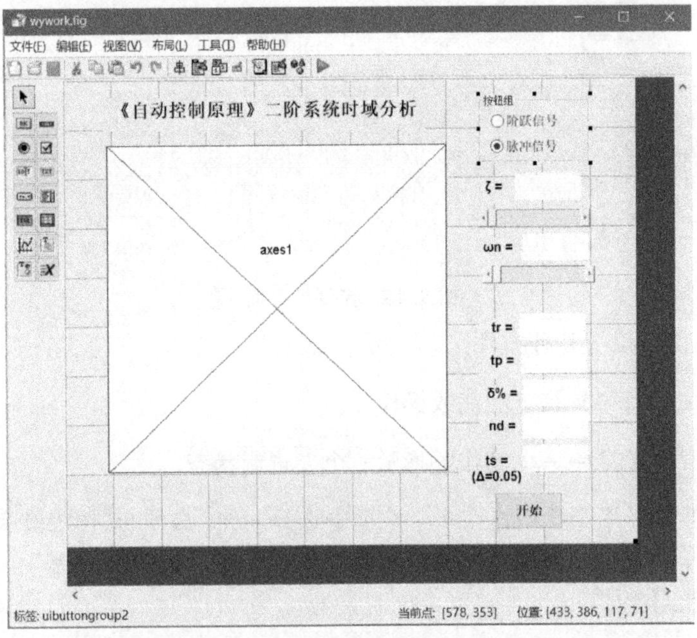

图 9.44 GUI 编辑

(3) 布置好各控件，修改控件相关属性。双击控件打开其属性窗口，调整滚动条“slider1”和“slider2”的取值范围，修改静态文本的“string”。图 9.45 为“slider1”的属性框图，可以修改最大值、最小值等各种属性。

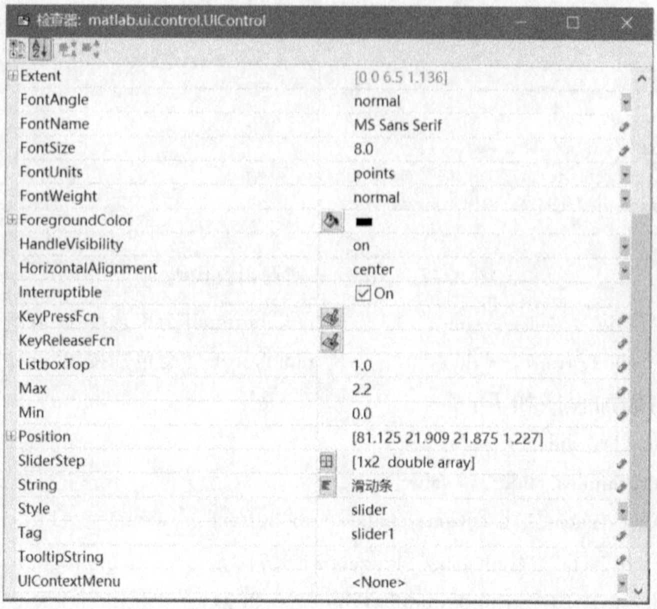

图 9.45　slider1 属性框图

(4) 给数据文本框添加代码。在 GUI 的 Opening Function 中加入如图 9.46 所示代码，用于显示程序开始时的图像。

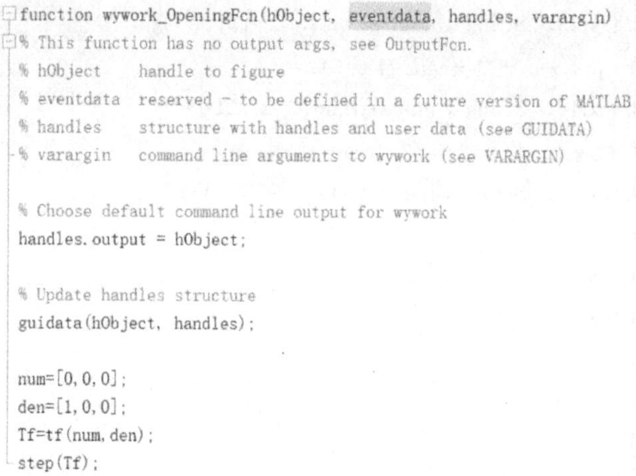

```
function wywork_OpeningFcn(hObject, eventdata, handles, varargin)
% This function has no output args, see OutputFcn.
% hObject    handle to figure
% eventdata  reserved - to be defined in a future version of MATLAB
% handles    structure with handles and user data (see GUIDATA)
% varargin   command line arguments to wywork (see VARARGIN)

% Choose default command line output for wywork
handles.output = hObject;

% Update handles structure
guidata(hObject, handles);

num=[0,0,0];
den=[1,0,0];
Tf=tf(num,den);
step(Tf);
```

图 9.46　Opening Function 回调函数代码

(5) 在阻尼系数 ζ 滑动条的回调函数中加入如图 9.47 所示代码。slider2 的回调函数修改方式与 slider1 的相同。

GUI 界面中的 radiobutton 按钮不提供互斥功能，要通过程序实现。在 radiobutton6 和 radiobutton7 的回调函数中分别添加如下程序：

```
function slider1_Callback(hObject, eventdata, handles)
% hObject    handle to slider1 (see GCBO)
% eventdata  reserved - to be defined in a future version of MATLAB
% handles    structure with handles and user data (see GUIDATA)

% Hints: get(hObject,'Value') returns position of slider
%        get(hObject,'Min') and get(hObject,'Max') to determine range of slider
% --- Executes during object creation, after setting all properties.

zeta = get(hObject,'value');
set(handles.text11,'String',num2str(zeta,'%5.2f'));
omegan=get(handles.slider2,'value');
```

图 9.47　ζ滑动条回调函数代码

```
set(handles.radiobutton6, 'value', 1);    %"radiobutton6"为单选按钮"阶跃信号"的 Tag 值
set(handles.radiobutton7, 'value', 0);    %"radiobutton7"为单选按钮"脉冲信号"的 Tag 值
```

给"开始"按钮添加程序如下：

```
zeta=get(handles.slider1, 'value');
omegan=get(handles.slider2, 'value');
if (zeta>0)&&(zeta<1)&&(get(handles.radiobutton6, 'value')==1)
  tr=(pi-acos(zeta))/(omegan * (1-zeta^2)^0.5);
  set(handles.text13, 'String', num2str(tr, '%5.2f'));
  tp=pi/(omegan * (1-zeta^2)^0.5);
  set(handles.text14, 'String', num2str(tp, '%5.2f'));
  delta=exp((-pi * zeta)/(1-zeta^2)^0.5);
  %delta=exp((-pi * zeta)/(1-zeta^2)^0.5);
  set(handles.text15, 'String', num2str(delta, '%5.2f'));
  nd=exp((2 * pi * zeta)/(1-zeta^2)^0.5);
  set(handles.text16, 'String', num2str(nd, '%5.2f'));
  ts=-log(0.05 * (1-zeta^2)^0.5)/(zeta * omegan);
  set(handles.text17, 'String', num2str(ts, '%5.2f'));
else
  set(handles.text13, 'String', '');
  set(handles.text14, 'String', '');
  set(handles.text15, 'String', '');
  set(handles.text16, 'String', '');
  set(handles.text17, 'String', '');
end
num=[0, 0, omegan^2];
den=[1, 2 * zeta * omegan, omegan^2];
Tf=tf(num, den);
axes(handles.axes1);
if get(handles.radiobutton6, 'value')==1
    step(Tf);
```

```
    elseif get(handles.radiobutton7,'value')==1
        impulse(Tf);
    end
```

选择阶跃信号，滑动阻尼比和无阻尼振荡角频率的滑动条，设定值分别为 0.66 和 1.93，此时系统处于欠阻尼状态，点击“开始”按钮，同时点击 tr、tp、σ%、nd、ts 这 5 个性能指标，运行结果如图 9.48 所示。

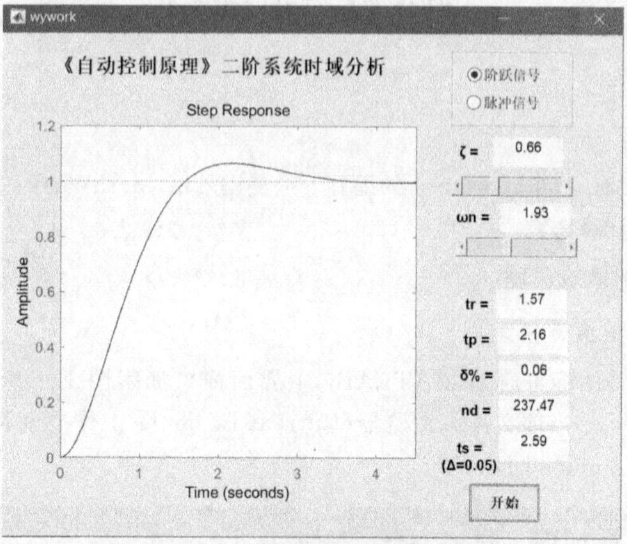

图 9.48　欠阻尼二阶系统时域分析

修改阻尼比和无阻尼振荡角频率的值，设定值分别为 2.06 和 1.93，此时系统处于过阻尼状态，点击“开始”按钮，运行结果如图 9.49 所示。

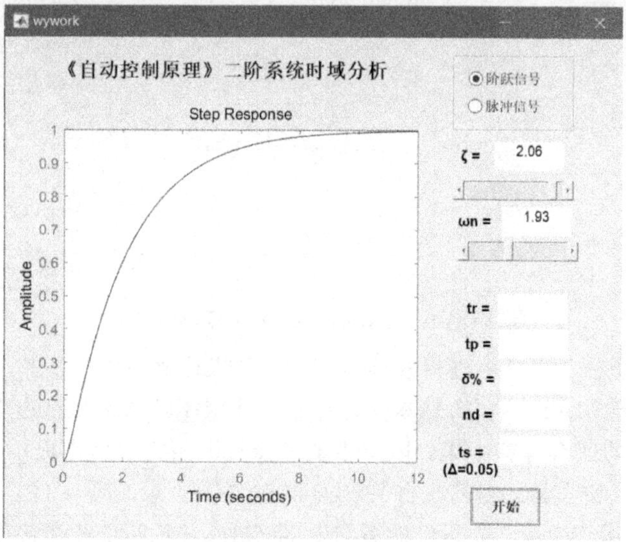

图 9.49　过阻尼二阶系统时域分析

附录 1

MATLAB 简介

MATLAB 是 Matrix Laboratory 的缩写，是美国 The MathWorks 公司于 1984 年推出的一种科学与工程计算语言。

1. MATLAB 的集成环境

1）MATLAB 主界面窗口

双击 MATLAB 图标可启动 MATLAB，主界面窗口如附图 1.1 所示，包括命令窗口(Command Window)、当前文件夹浏览器(Current Folder)、工作空间浏览器(Workspace)和命令历史窗口(Command History)。

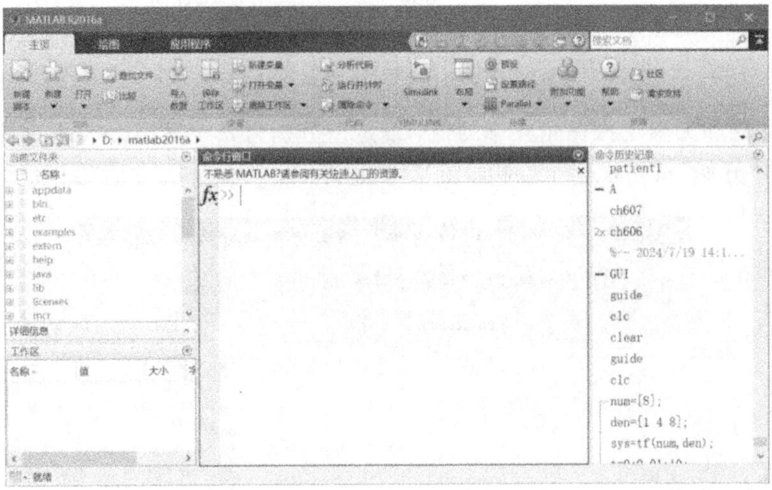

附图 1.1　MATLAB 的主界面窗口

(1) 命令窗口。命令窗口是进行各种 MATLAB 操作最主要的窗口。在该窗口中，用户可以运行函数、执行 MATLAB 的基本操作命令，对 MATLAB 系统的参数进行设置，此外还可显示除图形外的所有运算结果，运行错误时会给出相关的出错提示。

(2) 当前文件夹浏览器。当前文件夹浏览器包含子目录、M 文件、MAT 文件和 MDL 文件。子目录可进行 Windows 平台的各种标准操作，M 文件可直接复制、编辑和运行，MAT 文件可直接被送入 MATLAB 工作内存，MDL 文件是 MATLAB 下的 Simulink 所创建的模型文件。

(3) 工作空间浏览器。工作空间浏览器用来显示当前计算机内存中 MATLAB 变量的名称、类型、字节数和数据结构，并可对变量进行观察、编辑、提取和保存。

(4) 命令历史窗口。命令历史窗口主要显示曾经在命令窗口中执行过的命令，同时标明了使用时间，以方便用户查询。如果用户想再次执行某条命令时，直接在命令历史窗口中双击该命令即可。

MATLAB为命令的输入还提供了一些特殊的功能键，【↑】键可以调出历史命令行，【↓】键可以调出下一个命令行，【Esc】键可以恢复命令输入的空白状态。

2) 文本编辑器

如果一个程序稍复杂一些，则需要采用文件方式，把程序写成一个由多条语句构成的文件，这时就需要用到文本编辑器，编辑器窗口如附图1.2所示。它提供了一组菜单和快捷键，具有编辑M文件和调试M文件的两大功能。启动编辑器的方法有两种：

(1) 在工作空间中键入“edit fname”，这时可启动编辑器，并打开fname.m文件。

(2) 在命令窗口的File菜单或工具栏上选择New命令或NewFile图标。

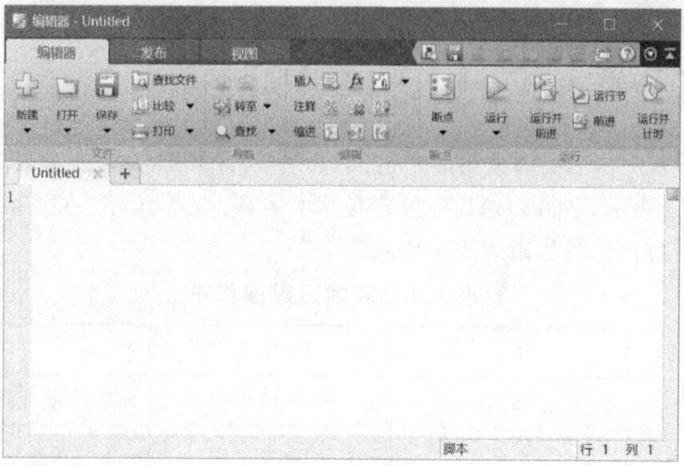

附图1.2 编辑器窗口

在MATLAB文本编辑器窗口中建立的文件默认为“.m”文件。如果要建立的文件是M函数文件，即希望被其他程序像MATLAB中的库函数那样被调用，则文件的第一句应是函数声明行，如：

function [y, w]=XYZ(x, t)

function为MATLAB的关键字，[ ]中放置输出变量，( )中放置输入变量，XYZ为函数名。当其他程序调用该函数时，只需在程序中直接使用function关键字后面的部分。函数声明行是M函数文件必不可少的一部分。

程序执行的结果以图形方式显示时，将自动打开图形窗口。在程序中，图形窗口命令为figure。MATLAB允许打开多个图形窗口。如果程序中对图形窗口没有编号，则将按程序执行的顺序自动编号。

3) 文件管理

在MATLAB命令窗下，还具有许多文件管理的功能。例如，将一个文件放在一个专门的文件夹中，需要将这个文件夹的路径存盘；否则，这个文件夹中的文件将不能在

MATLAB 环境下执行。在 MATLAB 命令窗口的“File”下选“setPath”(设置路径)，将打开一个路径设置窗口，在这个窗口的“Path”菜单下选“AddtoPath”，找到需要的文件夹，列入 MATLAB 路径，然后将该路径保存（Save）即可。

MATLAB 提供了许多演示程序供使用者参考学习。在 MATLAB 命令窗下键入“demo”，将出现 MATLAB 演示图形窗口，使用者可根据提示进行操作。

2. MATLAB 的基本操作

MATLAB 中的表达式由变量、数值、函数及操作符组成。MATLAB 中的变量不需要事先定义，在遇到新的变量名时，MATLAB 会自动建立该变量并分配存储空间。当遇到已存在的变量时，MATLAB 会更新其内容，如有必要会重新分配存储空间。变量名由字母、数字和下划线构成，并且必须以字母开头，最长为 31 个字符。MATLAB 能区分大小写字母，因此变量 A 和 a 是两个完全不同的变量。对变量的赋值可采用赋值语句：变量＝表达式。其中，“＝”为赋值号，赋值号右端表达式的结果赋给左边的变量；如果行末加上分号，则表达式结果不在屏幕上显示，否则在屏幕上显示出计算结果。当左端的变量名缺省时，表达式计算结果直接赋给系统默认的变量 ans。为显示出某变量的内容，只需键入变量名即可。

MATLAB 中采用人们习惯使用的十进制数，并可采用科学记数法表示特大数和特小数，虚数可用 i 或 j 表示。MATLAB 中包含有算术运算、逻辑运算、关系运算、位运算及其他操作符。算术运算操作符如附表 1.1 所示。

附表 1.1　算术运算操作符

操作符	含义	操作符	含义
＋	加法	()	指定运算顺序
－	减法	.*	元素对元素乘法
*	乘法	./	元素对元素除法
/	除法	.\	元素对元素左除法
\	左除法	.^	元素对元素指数
^	指数	.′	非共轭阵列转置

3. MATLAB 程序流程控制

1）顺序结构

将 MATLAB 函数与语句根据解决问题的需要依照顺序列写出的 MATLAB 程序就是顺序结构程序。

2）循环结构

(1) for 循环语句。

结构：for i=v，循环结构体，end

在 for 循环结构中，v 为一个向量，为循环变量的起始值、步长、终了值，三者之间用英文状态下的冒号分隔。循环变量 i 每次从 v 向量中取一个数值，执行一次循环体的内容，如此下去，直至执行完 v 向量中所有的分量，将自动结束循环体的执行。

(2) while 循环语句。

结构：while(条件式)，循环结构体，end

while 循环中的"条件式"是一个逻辑表达式，若其值为真(非零)则将自动执行循环体的结构，执行完后再判定"条件式"的真伪，为真则仍然执行结构体，否则将退出循环结构。

3) 条件转移结构

(1) if-end 条件语句。

格式为：

```
if 逻辑表达式
语句
end
```

这种条件语句的执行规则是，当逻辑表达式的值为真(即 1)时，则执行 if 与 end 之间的语句，执行完之后继续向下执行；当逻辑表达式的值为假(即 0)时，将跳过 if 与 end 之间的语句，继续执行下面的语句。

(2) if-else-end 条件语句。

格式为：

```
if 逻辑表达式
语句 1
else
语句 2
end
```

这种条件语句的执行规则是，当逻辑表达式的值为真时，则执行语句 1，然后跳过语句 2 向下执行；当逻辑表达式的值为假时，则执行语句 2，然后向下执行。

(3) 完整 if-else if-end 条件语句。

格式为：

```
if 逻辑表达式 1
执行语句 1
else if 逻辑表达式 2
执行语句 2
else
执行语句 n
end
```

4) 开关结构

switch 开关分支语句格式为：

```
switch 表达式(标量或字符串)
case 值 1
语句 1
```

case 值 2
语句 2
otherwise 语句 3
end

4. MATLAB 图形绘制

1）图形绘制

常用的绘图函数如附表 1.2 所示。

附表 1.2 常用的绘图函数

函数名	功能
plot(x, y)	绘制二维平面上的线性坐标曲线图
figure(N)	创建绘图窗口，N 为所创建绘图窗口序号
subplot(m, n, k)	图形窗口的分割
plot3	绘制三维图形
polar	在极坐标系中绘制图形
stem	绘制二维脉冲杆图(离散序列)图形
stairs	绘制二维阶梯图形

2）图形注释

常用的图形注释函数如附表 1.3 所示。

附表 1.3 常用的图形注释函数

函数名	功能
title('string', 'FontSize', size)	添加图形标题
xlable('string', 'FontSize', size)	添加横坐标名称
ylable('string', 'FontSize', size)	添加纵坐标名称
text(X, Y, 'string')	添加注释文字
gtext('string')	用鼠标在图上添加文字
legend('string')	添加图例
grid on	添加坐标网格(on 可以省略)
grid off	去掉坐标网格
grid minor	添加更细化的坐标网格

3）坐标设置

常用的坐标设置函数如附表 1.4 所示。

附表 1.4　常用的坐标设置函数

函数名	功能
axis auto	使用默认的坐标轴属性
axis on	显示坐标轴背景
axis off	取消坐标轴背景
axis([xmin, xmax, ymin, ymax])	设定 x 和 y 轴的坐标值范围
axis equal	横轴和纵轴的单位刻度相同
axis square	横轴和纵轴的长度相同
axis tight	把数据范围直接设置为坐标值范围
axis image	采用相同的单位刻度，且坐标框紧贴数据范围

4) 刻度设置

格式为：

```
set(gca, 'Xtick', xs, 'Ytick', ys)
set(句柄, '属性名 1', 属性值 1, '属性名 2', 属性值 2, …)
v=get(句柄, '属性名')
```

说明：xs 和 ys 分别是横轴和纵轴的刻度行向量。

附录 2

Multisim 简介

Multisim 是美国国家仪器 NI 推出的用于电路设计和电子教学的仿真软件，具有使用灵活、功能强大的特性。

1. Multisim 14 的操作环境

双击 Multisim 14 图标，进入主界面窗口，如附图 2.1 所示。主界面窗口主要由菜单栏、设计工具栏、电路编辑窗口、仪器仪表栏和设计信息显示窗口等组成。

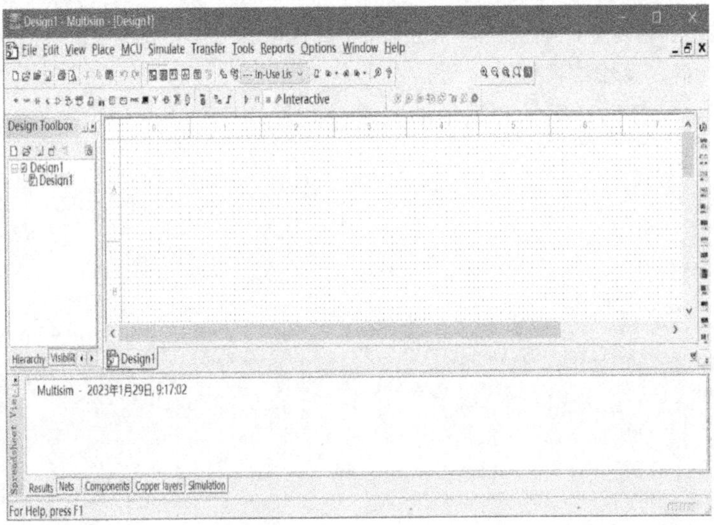

附图 2.1　Multisim 14 的主窗口界面

1）菜单栏

菜单栏(Menus)位于主窗口的最上方，包括 File、Edit、View、Place、MCU、Simulate、Transfer、Tools、Reports、Options、Window 和 Help 共 12 个主菜单，每个主菜单下都包含若干个子菜单。其中：

① File(文件)菜单主要用于管理所创建的电路文件。

② Edit(编辑)菜单包括一些最基本的编辑操作命令(如 Cut、Copy、Paste、Undo 等命令)，以及元器件的位置操作命令，如对元器件进行旋转和对称操作的定位(Orientation)等命令。

③ View(视图)菜单包括调整窗口视图的命令，用于添加或隐藏工具条、元件库栏和状态栏。

④ Place(放置)菜单包括放置元器件、结点、线、文本、标注等常用的绘图元素，同时包括创建新层次模块、层次模块替换、新建子电路等关于层次化电路设计的选项。

⑤ MCU(微控制器)菜单包括一些与 MCU 调试相关的选项，如调试视图格式、MCU 窗口等，该选项还包括一些调试状态的选项，如单步调试的部分选项。

⑥ Simulate(仿真)菜单包括一些与电路仿真相关的选项，如运行、暂停、停止、仪表、误差设置、交互仿真设置等。

⑦ Transfer(文件传输)菜单用于将所搭建电路及分析结果传输给其他应用程序，如 PCB、MathCAD 和 Excel 等。

⑧ Tools(工具)菜单用于创建、编辑、复制、删除元器件，可管理、更新元器件库等。

⑨ Reports(报表)菜单包括与各种报表相关的选项。

⑩ Options(选项)菜单可对程序的运行和界面进行设置。

⑪ Window(窗口)菜单包括与窗口显示方式相关的选项。

⑫ Help(帮助)菜单提供帮助文件，按下键盘上的【F1】键也可获得帮助。

2) 设计工具栏

为了使用户更加方便快捷地操作软件和设计电路，设计工具栏中提供了大量的工具按钮，包括标准工具栏、主工具栏、视图工具栏、元器件工具栏、仿真工具栏、探针工具栏、梯形图工具栏等常用工具栏及其他工具栏。

(1) 标准工具栏(Standard Toolbar)。标准工具栏包括新建 、打开 、打印 、保存 、放大 、剪切 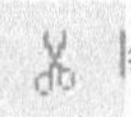 等常见的功能按钮，如附图 2.2 所示。

附图 2.2　标准工具栏

(2) 主工具栏(Main Toolbar)。主工具栏是 Multisim 14 的核心，包含 Multisim 的一般性功能按钮，例如界面中各个窗口的取舍、后处理、元器件向导、数据库管理器等。元器件列表(In - Use List)列出了当前电路所使用的全部元器件，如附图 2.3 所示。

附图 2.3　主工具栏

(3) 视图工具栏(View Toolbar)。视图工具栏包含了放大 、缩小 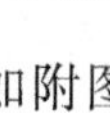、全屏显示 、对指定区域进行放大 和在工作空间一次显示整个电路 按钮，如附图 2.4 所示。

附图 2.4　视图工具栏

(4) 元器件工具栏(Component Toolbar)。元器件工具栏是用户在电路仿真中可以使用的所有元器件符号库，与 Multisim 14 的元器件模型库对应，共有 18 个分类库，每个库中放置着同一类型的元器件。此外，元器件工具栏还包括放置层次电路和总线的命令，如附图 2.5 所示。

附图 2.5 元器件工具栏

元器件工具栏从左到右的模块分别为：电源库、基本元件库、二极管库、晶体管库、模拟器件库、TTL 器件库、CMOS 器件库、其他数字元件库、混合元件库、显示元件库、功率元件库、其他元件库、高级外围元件库、RF 射频元件库、机电类元件库、NI 元件库、连接元件库、微处理器模块、层次化模块和总线模块。

(5) 仿真工具栏(Simulation Toolbar)。仿真工具栏提供了仿真和分析电路的快捷工具按钮，包括运行、暂停、停止和活动分析功能按钮，如附图 2.6 所示。

附图 2.6 仿真工具栏

(6) 探针工具栏。探针工具栏包含了在设计电路时放置各种探针的按钮，还能对探针进行设置，如附图 2.7 所示。

附图 2.7 探针工具栏

(7) 梯形图工具栏。梯形图工具栏提供了绘制梯形图的按钮，可以方便地设计 PLC 控制系统和继电器控制系统，如附图 2.8 所示。

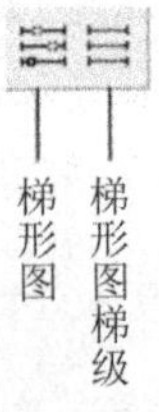

附图 2.8 梯形图工具栏

3) 电路编辑窗口

电路编辑窗口(Circuit Window)又称为 Workspace，位于主窗口界面的正右方，是基本工作界面的最主要部分，用来创建用户需要检验的各种仿真电路，相当于一个现实工作中的操作平台。电路图的编辑绘制、仿真分析、波形数据显示等都将在此窗口中进行，如附图 2.9 所示。

附图 2.9　电路编辑窗口

4）仪器仪表栏

Multisim 14 提供了 31 种用来对电路工作状态进行测试的仪器、仪表，这些仪表的使用方法和外观与真实仪表相当，感觉就像实验室使用的仪器，如附图 2.10 所示。

附图 2.10　仪器库工具栏

仪器库工具栏从左到右分别为：数字万用表、函数信号发生器、瓦特表、双通道示波器、四通道示波器、波特图仪、频率计、字信号发生器、逻辑分析仪、逻辑转换仪、伏安特性分析仪、失真分析仪、频谱分析仪、网络分析仪、安捷伦函数发生器、安捷伦万用表、安捷伦示波器、泰克示波器、LabVIEW 虚拟仪器、NI ELVIS 仪器工具、电流探针。

5）设计信息显示窗口

设计信息显示窗口位于主窗口界面的最下方，当电路存在错误时，该视窗用于显示检验结果以及作为当前电路文件中所有元件的属性统计窗口，可以通过该窗口改变元件的部分或全部属性，如附图 2.11 所示。

附图 2.11　设计信息显示窗口

2. Multisim 14 的基本操作

1）创建电路窗口

电路窗口是用户放置元器件、创建电路的工作区域。运行 Multisim 14 时，软件会自动打开一个空白的电路窗口。用户也可以通过单击工具栏中的按钮 （或按【Ctrl+N】组合键），新建一个空白的电路窗口。

2）选取元器件

通过电路窗口上方的元器件工具栏或选择菜单“Place”→“Component”命令浏览所有的元器件系列，如附图 2.12 所示。

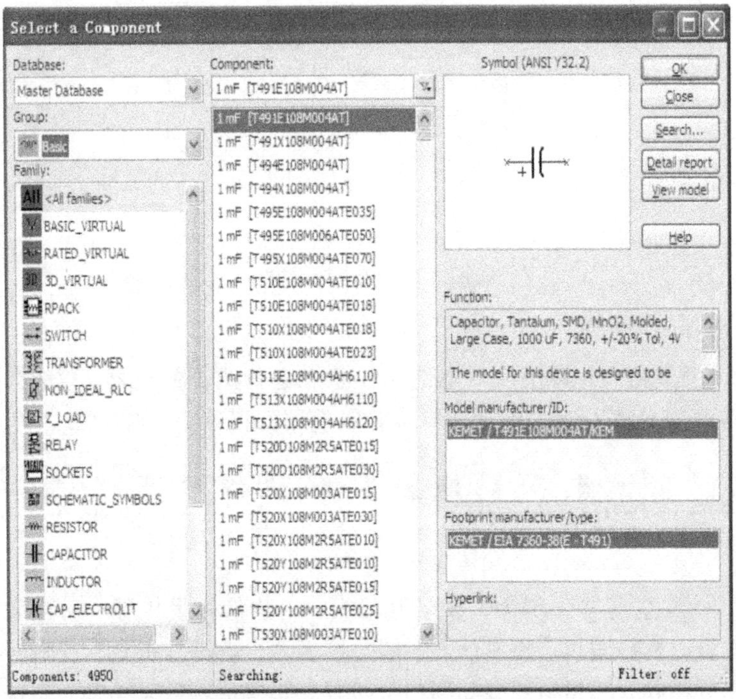

附图 2.12 元器件窗口浏览器

3）放置元器件

从“Component”列表框中选择需要的元器件，拖动元器件至电路窗口，选好位置后，单击鼠标即可在该位置放下元器件。每次放入元器件或子电路时，元器件和子电路都会被“记忆”，并被添加进正在使用的元器件清单“In-Use List”中，如附图 2.13 所示。

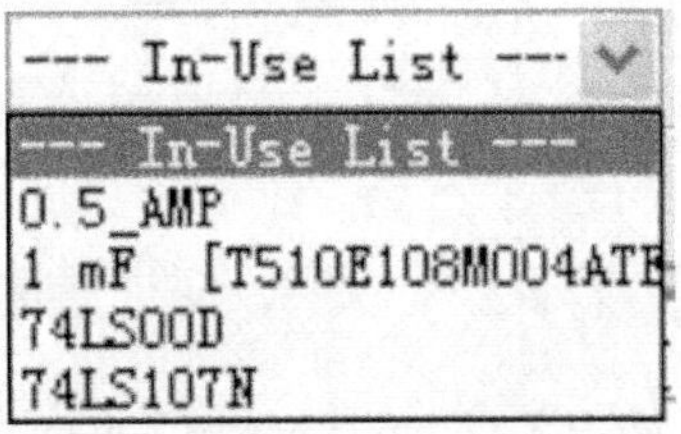

附图 2.13 使用的元器件清单

元器件的颜色和电路窗口的背景颜色可以通过打开“Option”→“Sheet Properties”→“Colors”窗口进行设置。更改元器件的颜色，可以在该元器件上单击鼠标右键，在弹出的菜单中选择“Colors”选项，从调色板上选取一种颜色，再单击“OK”按钮。也可更改背景颜色和整个电路的颜色配置，在电路窗口中单击鼠标右键，在弹出的菜单中选择"Properties"选项，在出现窗口的"Colors"选项中设定颜色。

4）连线

在两个元器件之间连线，把光标放在第一个元器件的引脚上(此时光标变成一个"+"符号)，单击鼠标，移动鼠标，就会出现一根连线随光标移动。在第二个元器件的引脚上单击鼠标，完成连接。

5）手动添加结点

选择菜单"Place"→"Place Junction"命令，鼠标箭头的变化表明准备添加一个结点；也可以通过单击鼠标右键，在弹出的菜单中选择"Place Schematic"命令。然后单击连线上想要放置结点的位置，在该位置出现一个结点。

6）旋转元器件

单击鼠标右键，从弹出的菜单中选择"Rotate 90° Clockwise"(顺时针旋转 90°)命令，或"Rotate 90° counter Clockwise"(逆时针旋转 90°)命令。

3. 虚拟仪器

虚拟仪器在仪器栏中以图标方式显示，仪器面板上能显示测量结果。Multisim 14 提供了丰富的虚拟仪器，用户通过虚拟仪器可以分析运行结果，判断设计是否正确合理。下面介绍几种常用的虚拟仪器的使用方法。

1）数字万用表

Multisim 14 提供的万用表外观和操作与实际的万用表相似，可以测电流(A)、电压(V)、电阻(Ω)和分贝值(dB)，测直流信号或交流信号。在仪器栏选中数字万用表后，双击数字万用表图标，弹出如附图 2.14 所示的数字万用表的面板。单击"Set"按钮，在弹出的对话框中可以对数字万用表的内部参数进行设置。

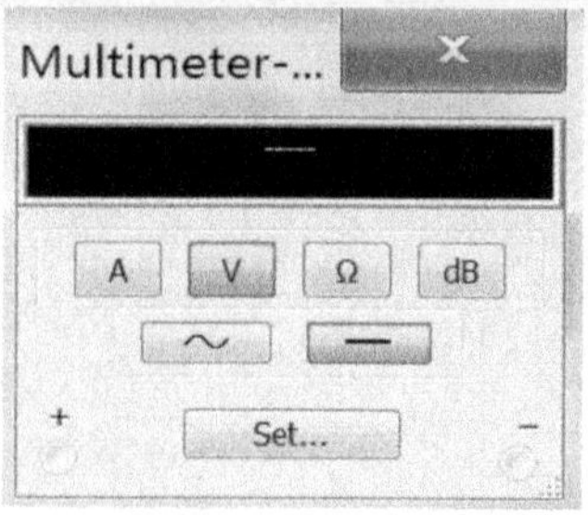

附图 2.14　数字万用表面板

2）函数信号发生器

Multisim 14 提供的函数信号发生器可以产生正弦波、三角波和矩形波，信号频率可在 1 Hz～999 MHz 范围内调整，信号的幅值以及占空比等参数也可以根据需要进行调节。信号发生器有三个引线端口：负极、正极和公共端。双击函数信号发生器图标、仪器接线符号，弹出函数信号发生器的参数设置控制面板，如附图 2.15 所示。

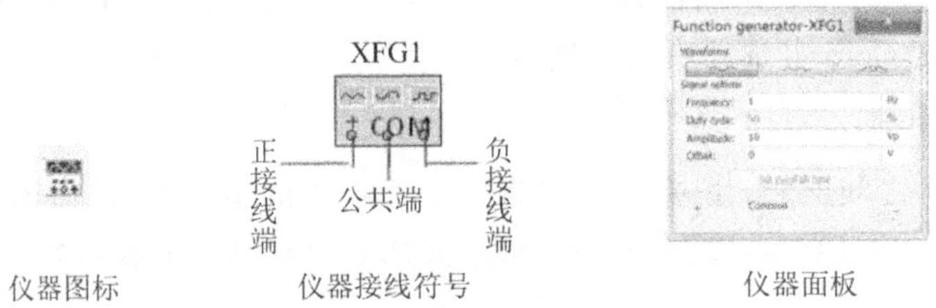

附图 2.15　函数信号发生器

3）双踪示波器

示波器是实验中常使用的仪器之一。Multisim 14 提供的双通道示波器（Oscilloscope）与实际的示波器在外观和操作上基本相同，用来观察一路或两路信号波形的形状，分析被测周期信号的幅值和频率，时间基准可在秒直至纳秒范围内调节。双通道示波器图标如附图 2.16 所示。

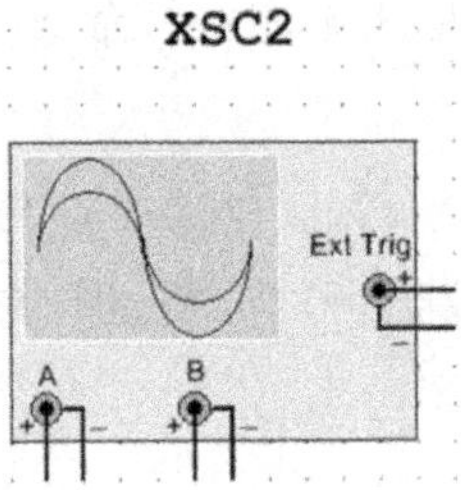

附图 2.16　双通道示波器

双通道示波器面板如附图 2.17 所示，面板由两部分组成，上面是示波器的观察窗口，显示 A、B 两通道的信号波形，下面是它的控制面板和数轴数据显示区。

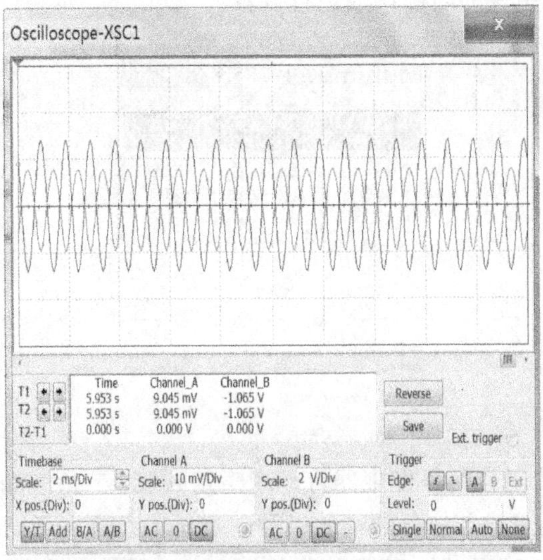

附图 2.17　双通道示波器面板

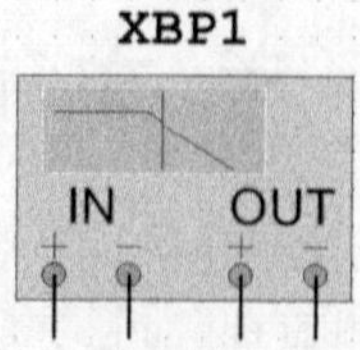

附图 2.18　波特图仪

4）波特图仪

波特图仪是一种用来测量电路幅频特性和相频特性的仪器，类似于实际电路测量中常用的扫频仪，其图标如附图 2.18 所示。图标上有 IN＋、IN－、OUT＋、OUT－四个端子，其中 IN 两个端子连接信号输入端，OUT 两个端子连接信号输出端。

波特图仪控制面板如附图 2.19 所示，分为 Magnitude（幅值）或 Phase（相位）的选择、Horizontal（横轴）设置、Vertical（纵轴）设置、显示方式的其他控制信号，面板中的 F 指的是终值，I 指的是初值。在波特图仪的面板上，可以直接设置横轴和纵轴的坐标及其参数。

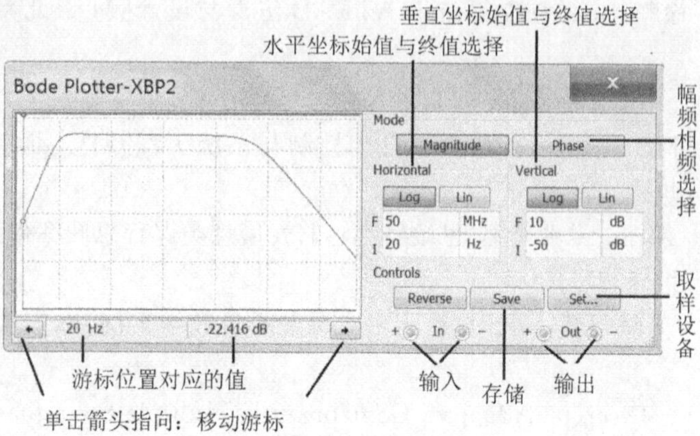

附图 2.19　波特图仪控制面板

参考文献

[1] 胡寿松，姜斌，张绍杰. 自动控制原理[M]. 8 版. 北京：科学出版社，2023.
[2] 余成波，张莲，胡晓倩. 自动控制原理[M]. 3 版. 北京：清华大学出版社，2018.
[3] 吴麒，王诗宓. 自动控制原理[M]. 2. 北京：清华大学出版社，2006.
[4] 丁红，贾玉瑛. 自动控制原理实验教程[M]. 北京：北京大学出版社，2015.
[5] 熊晓君. 自动控制原理实验教程(硬件模拟与 MATLAB 仿真)[M]. 北京：机械工业出版社，2009.
[6] 张清勇，杨杨. 自动控制原理实验教程[M]. 西安：西安电子科技大学出版社，2021.
[7] 楼顺天，姚若玉，沈俊霞. MATLAB 7.x 程序设计语言[M]. 2 版. 西安：西安电子科技大学出版社，2007.
[8] 杨平，余杰，徐春梅，等. 自动控制原理：实验与实践篇[M]. 3 版. 北京：中国电力出版社，2019.
[9] 杨佳，许强，徐鹏，等. 控制系统 MATLAB 仿真与设计[M]. 北京：清华大学出版社，2012.
[10] 中国大百科全书总编辑委员会《自动控制与系统工程》编辑委员会，中国大百科全书出版社编辑部编. 中国大百科全书自动控制与系统工程[M]. 北京：中国大百科全书出版社，1991.
[11] 唐欣，张静，邓丰. 专业为基 思政铸魂：电气信息类课程思政案例集[M]. 湖南：中南大学出版社，2021.
[12] 董密，凌玉华，蒋朝辉，等. 自动化专业课程思政教学案例[M]. 湖南：中南大学出版社，2021.
[13] SHAO G R. Discrete Adaptive Control with Multiple-Step-guess Estimation for Brushless DC Motor[J]. JACIII. 2019，23(5)：810－822.
[14] 邵桂荣. 二阶控制系统稳态误差的可视化研究[J]. 电子技术. 2016，17(7)：17－19.
[15] 邵桂荣. 二阶控制系统的 Multisim 建模与仿真[J]. 山西大同大学学报. 2016，32(5)：31－36.
[16] 张甜，邵桂荣. 二阶控制系统校正的建模与仿真[J]. 电子制作. 2016(9)：5－6.
[17] 邵桂荣. 自动控制原理课程实践教学的改革探索[J]. 运城学院学报. 2016，34(6)：75－76.
[18] 邵桂荣. 非零初始条件下二阶控制系统响应问题的讨论[J]. 长春师范学院学报. 2011，30(2)：27－29.
[19] 邵桂荣. MATLAB 在《自动控制原理》教学中的应用[J]. 科技咨询导报 2007，17(19)：194－195.